böhlau

Damit es nicht verlorengeht …

60

Begründet von Michael Mitterauer.
Herausgegeben vom Verein
„Dokumentation lebensgeschichtlicher Aufzeichnungen"

Rosa Scheuringer (Hg.)

Bäuerinnen erzählen

Vom Leben, Arbeiten, Kinderkriegen, Älterwerden

2., ÜBERARBEITETE AUFLAGE

2015

BÖHLAU VERLAG WIEN KÖLN WEIMAR

Bibliografische Information der Deutschen Nationalbibliothek:
Die Deutsche Nationalbibliothek verzeichnet diese Publikation in der
Deutschen Nationalbibliografie; detaillierte bibliografische Daten sind
im Internet über http://portal.dnb.de abrufbar.

1. Auflage 2007
2., überarbeitete Auflage 2015
© 2015 by Böhlau Verlag GesmbH & Co.KG Wien Köln Weimar
Wiesingerstraße 1, 1010 Wien www.boehlau-verlag.com

Einbandgestaltung: Michael Haderer, Wien
Druck und Bindung: Dimograf, Bielsko-Biala
Gedruckt auf chlor- und säurefreiem Papier
Printed in the EU

ISBN 978-3-205-20134-2

Inhalt

BÄUERINNEN ERZÄHLEN

Vorwort der Herausgeberin

In diesem Buch erzählen zwölf Bäuerinnen aus ihrem Leben.
Alle wurden im ersten Drittel des 20. Jahrhunderts geboren und
können als Altbäuerinnen auf Erfahrungen aus mindestens acht
Lebensjahrzehnten zurückblicken. In vieler Hinsicht ähneln
sich die Lebensläufe dieser Frauen. Jede von ihnen wuchs in
einem landwirtschaftlichen Betrieb auf. Sie halfen von Kindheit an bei bäuerlichen Arbeiten auf dem Hof der Eltern mit,
erwarben sich so die erforderlichen Kenntnisse und Fertig-
keiten und wuchsen langsam in die Rolle der Bäuerin hinein.
Zwischen dem 21. und dem 28. Lebensjahr heirateten sie und
brachten zwischen zwei und zehn Kinder auf die Welt. Außer
Maria Widauer, die aus Südmähren vertrieben wurde und sich
nach mehreren Zwischenstationen schließlich im Waldviertel
niederließ, hat keine der Bäuerinnen mehr als 50 Kilometer von
ihrem Geburtsort weggeheiratet. Keine ist geschieden. Wenn sie
nicht den Hof der Eltern oder Zieheltern übernahmen, wurden
sie durch die Ehe zu Bäuerinnen.

Die augenfälligste Parallele in den Lebensgeschichten ist,
dass die Bäuerinnen dieser Generation die gewaltigen Umwäl-
zungen in der Landwirtschaft im 20. Jahrhundert miterlebten
und selbst mitgestalteten. In der landwirtschaftlichen Produktion kamen mehr und mehr Maschinen zum Einsatz – kaum
eine Erzählung, in der nicht vom Kauf des ersten Traktors und
einem Aus- oder Weiterbau des Gehöfts die Rede ist. Die Arbeitsabläufe wurden rationalisiert, und die Betriebe hatten sich
der Logik der Kapitalwirtschaft zu unterwerfen. Die arbei-
tenden Hände auf den Höfen wurden weniger, weil Knechte
und Mägde in andere Berufszweige abwanderten.

Mit dem Modernisierungsschub ging in der zweiten Hälfte
des 20. Jahrhunderts ein Wandel in der Rolle der Bäuerin einher.
Diese Rolle war ehemals begehrt, weil sie materielle Sicherheit
und Prestige brachte. Bäuerinnen gehörten zu den Besitzenden,

in den meisten Fällen waren sie auf dem Hof zur Hälfte ange-
schrieben. Für eine Vielzahl von Arbeiten waren sie entweder
alleine verantwortlich, oder sie hatten Dienstboten, die ihnen
unterstanden. Sie leisteten einen nicht unbeträchtlichen Beitrag
zur Gesamtökonomie des Hofes. In der Hierarchie der Frauen
auf dem Land standen Bäuerinnen ganz oben. Sie gehörten zu
denen, die „anschaffen" konnten.

So wie landwirtschaftliche Arbeit insgesamt an Ansehen
verlor, so waren auch Bäuerinnen in den vergangenen 50 Jahren zunehmend mit einem Imageverlust konfrontiert. Vielfach
prägen bis in die Gegenwart Klischees und Vorurteile das Bild
der Bäuerin: Sie gilt als wenig gebildet und rückständig in ihren
Ansichten, als wenig gepflegt und konservativ, als unterwürfig
und wenig emanzipiert. Aus öffentlichen Angelegenheiten hält
sie sich heraus, die überlässt sie ihrem Mann, sie hat überdurch-
schnittlich viele Kinder und besucht häufiger Gottesdienste.
Ihre Arbeitshaltung ist selbstausbeuterisch. Im Gegenzug versuchen Interessenvertretungen, das Rollenbild neu zu akzentu-
ieren, indem angebliche „Jungbäuerinnen" (un)ziemlich knapp
bekleidet auf Traktoren oder Heustöcken posieren und Frauen,
die in der Landwirtschaft tätig sind, neuerdings vermehrt als
Landwirtinnen, Betriebsführerinnen oder Unternehmerinnen
bezeichnet werden.

Dennoch führte diese Entwicklung so weit, dass junge Bauern gegenwärtig Schwierigkeiten haben, eine Partnerin zu finden. Immer weniger junge Frauen sind gewillt, auf einen Hof
einzuheiraten. Für viele ältere Menschen ist es wohl nur schwer
nachvollziehbar, wenn selbst wohlhabende und sympathische
Hoferben gezwungen sind, Flirtseminare zu besuchen oder
über eine Fernsehshow eine Partnerin zu finden.

Schreibanlässe und Erzählmotive

Diesen Brüchen im Rollenbild der Bäuerin korrespondieren
massive Veränderungen in der landwirtschaftlichen Produktion
wie auch in der bäuerlichen Lebenswelt. „Ich glaube, unsere

Generation hat die meisten Veränderungen durchgemacht", schreibt Maria Schneider, eine Bäuerin aus dem Weinviertel. Für die meisten Autorinnen sind diese Veränderungen das zentrale Motiv für ihr autobiographisches Schreiben.

Oft sind es die eigenen Kinder oder Enkelkinder, denen die Autorinnen vermitteln wollten, wie sie früher gelebt und gearbeitet haben. Insbesondere die Beschreibung von Arbeitsabläufen nimmt in den Lebenserinnerungen der Bäuerinnen viel Raum ein. Häufig sind das Tätigkeiten, die von einer Zeit zeugen, als viele Güter des alltäglichen Bedarfs, vor allem Lebensmittel und Textilien, noch auf den Höfen selbst hergestellt wurden und nur wenige gewerbliche Produkte zugekauft wurden. Die Frauen erzählen von der Flachsgewinnung, vom Spinnen, Brotbacken oder Federnschleißen, meistens auch von der harten Arbeit auf den Feldern, im Weingarten oder bei der Ernte, bevor Maschinen zum Einsatz kamen.

Die Texte lassen keinen Zweifel daran, dass sich diese Frauen stark mit ihren Arbeitsaufgaben identifizieren. Sie wollen zeigen, wie arbeitsintensiv das Wirtschaften auf den Höfen vor der Technisierung war. Oft schwingt mit, dass sich „die Jungen" diese Belastungen ja nicht mehr vorstellen könnten. Die Haltung der heutigen Altbäuerinnen gegenüber der Modernisierung ist jedoch ambivalent. Zum einen sind alle hier schreibenden Frauen gewissermaßen Protagonistinnen der Modernisierung. Man sparte, um sich Maschinen und funktionelle Wirtschaftsgebäude leisten zu können, und freute sich über die Arbeitserleichterungen, die diese Investitionen mit sich brachten. Zum anderen blicken die Bäuerinnen größtenteils wehmütig auf eine untergegangene Welt des noch stärker auf Selbstversorgung ausgerichteten bäuerlichen Wirtschaftens zurück. Es geht nicht zuletzt auch um Anerkennung des Geleisteten. Wenn der Hof nicht in der herkömmlichen Weise weiterbewirtschaftet oder überhaupt aufgegeben wird, wird das in der Lebensbilanz oft als besonders bitter erlebt. „Wir haben gearbeitet bis spät in die Nacht hinein und nichts als gespart … damit manche Junge sagen: Warum wart ihr so blöd?", schreibt etwa Juliane Veitinger.

Ebenso wie die Arbeit werden Traditionen, religiöse Bräuche

und Feste von vielen Autorinnen als identitäts- und gemein-
schaftsstiftend erlebt bzw. beschrieben.[1] Wer weiß noch, welche
Bewandtnis es mit dem „Tenndlboss", dem „Do-bleib-Sterz"
oder dem „Bettstaffltreten" hat? Die äußere Strukturierung des
Jahres durch Rituale und Feste ist häufig Gegenstand und Er-
zählleitlinie der Aufzeichnungen; wohl auch, weil diese Traditionen ihre ordnungsstiftende Macht längst eingebüßt haben.
Marianne Handler reflektiert diesen Umstand am deutlichsten:
„Die Bräuche und Feste haben uns zusammengehalten und dem
Leben einen Sinn gegeben. Es gab Höhepunkte im Jahreskreis,
wo nicht das Materielle im Vordergrund stand ..."

Auch aus akuten Umbruchs- oder Verlusterfahrungen kann
ein verstärktes Bedürfnis resultieren, Erlebtes aufzuschreiben
bzw. Gedanken und Gefühle schreibend zu ordnen. So begannen einige Autorinnen mit der Niederschrift ihrer Erinnerungen
nach dem Tod des Ehegatten. Im Schreibakt finden sie eine
Form, um ihrer Trauer Ausdruck zu verleihen. „Um meinen
Schmerz etwas zu lindern, versuchte ich ihn aufzuschreiben.
Tränen rannen ununterbrochen aufs Papier. Doch es half mir
zu schreiben, es wurde mir so nach und nach zur Hilfe, Freude
und Gewohnheit"[2], so Friederike Hahn über ihre Schreibmo-
tive. Für Maria Huber war eine Parkinsonerkrankung Anlass,
mit dem Aufschreiben von Erinnerungen zu beginnen: „Da ich
meinen Geist etwas auffrischen und die schlaflose Zeit nützen
möchte, schreibe ich Dinge nieder, wie sie mir halt in Erinnerung kommen."

Sechs Frauen, deren Texte hier abgedruckt sind, nahmen an
einem „Literaturwettbewerb für Senioren" teil, der im Jahr 1999
vom Land Niederösterreich ausgeschrieben wurde. Da viele
der über 800 Personen, die an diesem Wettbewerb teilgenom-
men hatten, autobiographische Texte einsandten, kam es zu

---

1   Zu ländlichen Festen im Zusammenhang mit dem bäuerlichen Arbeitsrhyth-
    mus vgl. Ingrid Teufl: Lebenswelten der bäuerlichen Familie. Das Beispiel
    Mostviertel in der ersten Hälfte des 20. Jahrhunderts. Wien: Univ. Dipl. 1999.
2   Dokumentation lebensgeschichtlicher Aufzeichnungen (Hg.): Beiträge der Ak-
    tion „Schreiben macht Freu(n)de". Einsendungen nach einem Schreibaufruf im
    Dezember 1996. Teil II: Bundesländer. Wien 1997.

einer Kooperation mit der „Dokumentation lebensgeschichtlicher Aufzeichnungen" am Institut für Wirtschafts- und Sozialgeschichte der Universität Wien. Unter den Schreibenden, die in
der Folge mit der Dokumentationsstelle in Kontakt traten und
im Laufe der letzten Jahre ihre lebensgeschichtlichen Aufzeichnungen zum Teil kontinuierlich erweiterten und zur Verfügung
stellten, waren auffällig viele Bäuerinnen.

Aber auch unabhängig von dieser Sammelaktion waren Bäuerinnen aus Niederösterreich – im Vergleich mit anderen Bundesländern – im Autorenkreis der „Dokumentation lebensgeschichtlicher Aufzeichnungen" besonders stark repräsentiert.
Demgegenüber sind schriftliche Lebenserinnerungen von Bauern geradezu eine Rarität, und auch Dienstbotenerinnerungen
sind aus dem Raum Niederösterreich seltener überliefert als
aus anderen Bundesländern. Auf Basis einer Gesamtheit von
rund 30 einschlägigen lebensgeschichtlichen Manuskripten entstand die Idee, einen Sammelband mit Lebenserinnerungen von
Bäuerinnen aus Niederösterreich herauszugeben und so deren
Selbstbild und den Besonderheiten dieser weiblichen Lebensform nachzuspüren.

Marianne Handler, Maria Huber, Emma Jagersberger, Maria
Neuhauser, Juliane Veitinger und Margareta Wurm waren unter den Teilnehmerinnen des Literaturwettbewerbs. Die übrigen
Autorinnen dieses Bandes wurden entweder durch Bücher aus
der Reihe „Damit es nicht verlorengeht …" auf das Textarchiv
aufmerksam oder über persönliche Kontakte vermittelt. Rosalia
Pichler wurde durch die Lektüre der Lebenserinnerungen von
Maria Gremel[3], die aus demselben Ort wie sie stammte, zum
Schreiben angeregt. Auch Berta Dörrer und Friederike Hahn
wandten sich an den Verlag bzw. an die „Dokumentation lebensgeschichtlicher Aufzeichnungen", nachdem sie Bände dieser Buchreihe gelesen hatten. Die Texte von Katharina Gassler,
Maria Widauer und Maria Schneider wurden von Bekannten
übermittelt.

---

3   Maria Gremel: Mit neun Jahren im Dienst. Mein Leben im Stübel und am Bau-
    ernhof 1900–1930. Wien/Köln ²1991 (= Damit es nicht verlorengeht …, Band 1).

Bei der Auswahl der Texte wurde darauf geachtet, dass möglichst alle Regionen Niederösterreichs vertreten sind. Drei Texte stammen aus dem Waldviertel, drei aus dem Weinviertel, zwei aus der Bucklingen Welt und vier aus dem Alpenvorland. Die Geburtsjahrgänge der Frauen erstrecken sich über die Zeitspanne etwa einer Generation.

Trotz des Bedürfnisses, mit der eigenen Geschichte an die Öffentlichkeit zu gehen, gab es bei den meisten Autorinnen ein gehöriges Maß an Zurückhaltung und Unsicherheit hinsichtlich der eigenen „Schreiberei". Die erste Annäherung an die universitäre Öffentlichkeit verlief manchmal recht zaghaft. Einige Zeit, nachdem Berta Dörrer ihr Manuskript eingesandt hatte, wandte sie sich in einem Brief erneut an die „Dokumentation lebensgeschichtlicher Aufzeichnungen": „Ich hoffe, keinen Blödsinn gemacht zu haben. Hat mir viel Mühe gekostet."[4] Friederike Hahn steht seit Mitte der 1990er-Jahre mit der Dokumentationsstelle in Kontakt. „War halt schwer, alles so in Worten wiederzugeben. Noch dazu sehe ich schlecht, dann meine Schrift. Und Fehler haben sich eingeschlichen. Für eine Veröffentlichung wird es nicht taugen"[5], so kommentiert sie ihr Manuskript in einem Begleitbrief.

Beinahe alle Frauen schrieben neben ihren autobiographischen Texten bisher vor allem Gedichte. Viele davon wurden für bestimmte Anlässe, für familiäre Feiern, Jubiläen oder verschiedene öffentliche Veranstaltungen verfasst. Maria Neuhauser notiert über diese Form der Gebrauchsliteratur: „Ich schreibe gelegentlich zu Feiern, oder wenn bei verschiedenen Anlässen etwas gebraucht wird." Viele Autorinnen meinten, ihre Gedichte wären eher wert, veröffentlicht zu werden als ihre lebensgeschichtlichen Aufzeichnungen.

---

4   Berta Dörrer: Brief an die „Dokumentation lebensgeschichtlicher Aufzeichnungen", undatiert, ca. 1999.
5   Friederike Hahn: Brief an die „Dokumentation lebensgeschichtlicher Aufzeichnungen", 11. 8. 1995.

Textstruktur und sprachliche Gestaltung

Alle hier vorgestellten Lebensgeschichten wurden original mit der Hand geschrieben. Von einigen Texten liegt eine überarbeitete, meistens von den Kindern oder Enkelkindern hergestellte Abschrift vor. Um Originaltreue zu gewährleisten, wurden für die Edition nur solche Texte ausgewählt, bei denen auch das handschriftliche Originalmanuskript zur Verfügung stand.

Vom äußeren Aufbau lassen sich zwei Typen von Erinnerungstexten unterscheiden: Zum einen gibt es ganzheitliche Lebenserzählungen. Diese scheinen „wie aus einem Guss" entstanden zu sein; die Lebensgeschichte wird fortlaufend erzählt und ist weitgehend chronologisch aufgebaut. Meistens weisen diese Texte einen größeren Seitenumfang auf. Diese ausführlichen Lebenserzählungen – dazu zählen jene von Berta Dörrer, Friederike Hahn, Rosalia Pichler, Maria Schneider und Maria Widauer – werden mehr oder weniger stark gekürzt wiedergegeben.

Der zweite Typus von Erinnerungstexten folgt einem anderen Erzählmodus. Die Autorinnen erzählen aus ihrem Leben in Form mehrerer kürzerer, episodenhafter Texte. Sie behandeln bestimmte Themen oder Lebensabschnitte. Bei dieser Form des erinnernden Schreibens kommt es nicht selten zu inhaltlichen Wiederholungen. Einzelne Episoden oder ganze Lebensabschnitte tauchen in mehreren Texten bzw. Textfassungen auf oder werden jeweils aus einem anderen Blickwinkel erzählt. Zu einem kleinen Teil basieren diese Erzähltexte auf öffentlichen, zum Teil thematischen Schreibaufrufen. Zu diesem Typus gehören die Beiträge von Katharina Gassler, Marianne Handler, Maria Huber, Emma Jagersberger, Maria Neuhauser, Juliane Veitinger und Margareta Wurm.

Um unabhängig vom ausgewählten Textausschnitt den Lebensweg der Frauen kurz zu skizzieren, sind den Textbeiträgen Angaben zum Lebenslauf der Autorinnen voran- bzw. nachgestellt.

In vielen lebensgeschichtlichen Aufzeichnungen werden nur Teile einer Lebensgeschichte erzählt, häufig konzentrieren sich die Schreibenden auf die Kindheit und Jugendzeit. Ein Charakteristikum der Selbstzeugnisse von Bäuerinnen ist, dass der Erzählzeitraum bei fast allen Texten bis in die Schreibgegenwart heraufreicht. Zumindest in geraffter Form werden die Geschichte der Familie, der Werdegang der Kinder und vor allem die Entwicklung des Hofes bis in die Gegenwart nachgezeichnet. Nur in seltenen Ausnahmefällen findet in den autobiographischen Schriften von Bäuerinnen keine Erwähnung, ob bzw. in welcher Form der Hof weitergeführt wird, was aus dem traditionellen „Hofdenken" heraus verständlich wird. Es wird darin offenkundig, dass der familiären Existenzsicherung bzw. dem Weiterbestand des Hofes im bäuerlichen Leben traditionellerweise ein Vorrang gegenüber der Verwirklichung anderer individueller Lebensziele eingeräumt wurde.

Um den originalen Sprachduktus der Erzählungen zu erhalten, wurde so behutsam wie möglich, und nur wenn es zugunsten der Lesbarkeit erforderlich schien, in die sprachliche Gestaltung eingegriffen. Rechtschreib- bzw. Grammatikfehler wurden ausgebessert; manchmal wurde auch die Wortstellung verändert, um einen besseren Lesefluss zu gewährleisten. Längere Textbeiträge wurden zum Teil durch Zwischentitel untergliedert. Sofern in den Originaltexten keine Gliederung bzw. entsprechende Kapitelüberschriften vorlagen, wurden für diesen Zweck aussagekräftige Kurzzitate aus den jeweils nachfolgenden Textabschnitten entnommen bzw. hervorgehoben.

Mündliche und dialektnahe Formen des Ausdrucks sollten erhalten bleiben. Grundsatz der sprachlichen Überarbeitung war, dass sprachliche Form und inhaltliche Aussage jeweils aufeinander bezogen sind und jede sprachliche Korrektur auch einen potenziellen Eingriff auf der inhaltlichen Ebene darstellt. Nach Recherchen stellte sich häufig heraus, dass stilistische Auffälligkeiten oder Formulierungen, die zunächst nicht der standardsprachlichen Norm zu entsprechen schienen, nicht ohne Grund gewählt wurden und einen Sachverhalt eigentlich treffend wiedergeben.

Das Bedürfnis, vorschnell zu korrigieren, entsteht leicht aus Unkenntnis früherer Lebensgewohnheiten oder heute nicht mehr geläufiger Vorgänge. Man darf nicht aus den Augen verlieren, dass auch die eigene sprachliche Kompetenz als Bearbeiterin eine regionale und vor allem auch zeitlich begrenzte ist. Wenn etwa Katharina Gassler schreibt: „Morgens nach der Stallarbeit wurde Kaffee *gegessen*", so scheint das zwar sprachlich nicht korrekt zu sein, inhaltlich bringt sie jedoch ganz klar das von ihr Intendierte zum Ausdruck. Dazu muss man allerdings wissen, dass zu dieser Zeit Kaffee nicht aus der Tasse *getrunken*, sondern die morgendliche „Kaffeesuppe", in die häufig Brot einbrockt war, aus einer Schüssel *gegessen* wurde.

Manchen Autorinnen ist es ein Anliegen, vertraute Dialektausdrücke oder „alte Wörter" in ihren Geschichten unterzubringen. Dazu Friederike Hahn in einem Brief: „Habe versucht, viele Ausdrücke im Dialekt und noch ganz alte Wörter wiederzugeben, wie sie gesprochen wurden."[6] Dahinter steht die Erfahrung, dass sich nicht nur die äußere Lebenswelt verändert, sondern mit ihr die Sprache. Nicht immer sind diese Veränderungen so offenkundig und bewusst wie in der Aussage von Maria Schneider: „Das Wort Sex hat es in meiner Jugend noch nicht gegeben. Das muss erst später erfunden worden sein."

In der Schreibung wurden die Ausdrücke im Dialekt einerseits an die Aussprache angepasst, gleichzeitig wurde darauf geachtet, die Charakteristika der standardsprachlichen Schreibung beizubehalten (so wird z.B. „Fahrl" – die Fuhre – mit einem „h" geschrieben). Mundartsprachliche Wörter bzw. Wendungen und andere unbekannte, veraltete oder nicht mehr gebräuchliche Bezeichnungen sowie Fachausdrücke werden im Anschluss an die Textbeiträge in einem Glossar erklärt. Eine Liste der verwendeten Nachschlagewerke, Lexika und Dialektwörterbücher findet sich ebenfalls im Anhang.

---

6 Friederike Hahn: Brief an die „Dokumentation lebensgeschichtlicher Aufzeichnungen", 11. 8. 1995.

Vom bäuerlichen Leben und Arbeiten im 20. Jahrhundert

Das Bäuerinsein zeichnet sich dadurch aus, dass es keine Trennung von Arbeitsbereich und Familienleben gibt – bis heute nicht. Eine Studie zur „Situation der Bäuerinnen in Österreich 2006" belegt, dass viele Bäuerinnen neben der Selbständigkeit an ihrem Beruf besonders schätzen, dass der Arbeitsplatz zugleich der Wohnort ist und sie die Möglichkeit haben, ihre Kinder den ganzen Tag über zu betreuen.[7]

Bäuerinnen waren immer schon stark in die Arbeitsprozesse auf dem Hof eingebunden. Traditionellerweise waren die Zuständigkeitsbereiche zwischen Bauer und Bäuerin bzw. zwischen weiblichen und männlichen Dienstboten recht klar aufgeteilt. Außenarbeit galt als männlich, Innenarbeit – und dazu zählte großteils auch die Stallarbeit – als weiblich.

Die Bäuerin war zuständig für die Kinder, für die Haushaltsführung, für Wäsche, Kleidung und Reinigungsarbeiten; ebenso war sie verantwortlich für die Versorgung der Tiere (Schweine, Kühe, Hühner …) bzw. die Verarbeitung tierischer Produkte (Melken bzw. Milchverarbeitung …). Abgesehen von Viehverkäufen standen auch die Einkünfte aus diesen Wirtschaftszweigen der Bäuerin zur Verfügung. Rosalia Pichler schreibt: „Hühner hielten wir uns. Die Eier waren die Einnahmequelle der Bäuerin. Jede Woche kam der Händler und holte die Eier, auch Butter, Junghendl und alte Hennen zu einem günstigen Preis." Milch- und Eiergeld waren traditionellerweise die Einkünfte der Bäuerin, von denen sie alle anfallenden Ausgaben im Haushalt bestreiten musste. Viel wurde in den weitgehend auf Selbstversorgung ausgerichteten bäuerlichen Haushalten ohnehin nicht zugekauft. „Was wurde früher schon gekauft? Salz, Germ, vielleicht ein paar Semmeln für Knödel, Essig, Gewürze, Zwirn zum Knöpfeannähen, Schuhbänder, vielleicht noch blaue Schürzenbandl. Da hätte doch niemand einen Apfel gekauft", erzählt Maria Schneider.

---

7   Vgl. Landwirtschaftskammer Österreich (Hg.): Situation der Bäuerinnen in Österreich 2006. Zusammenfassung der Bäuerinnenbefragung 2006.

Zu den traditionell als weiblich definierten Arbeitsbereichen kamen die saisonal bedingten Arbeiten auf den Feldern bzw. im Weingarten, wie die Mitarbeit bei der Ernte. Meistens waren es die wenig mechanisierten Arbeitsvorgänge, die als Frauenarbeit galten. Dazu zählten zum Beispiel das Ausbringen von Mist, der Anbau von Hackfrüchten oder die Rüben- und Kartoffelernte.

In Krisenzeiten, wie in der Zeit des Zweiten Weltkriegs und in den Nachkriegsjahren, wurde diese geschlechtsspezifische Arbeitsteilung aufgebrochen. Wenn die männlichen Arbeitskräfte einrücken mussten oder gar im Krieg umgekommen waren, waren die Frauen gezwungen, Männerarbeiten zu übernehmen. Einige Autorinnen berichten, wie ungewohnt für sie vor allem der Umgang mit Zugtieren war. Ochsen und Pferde fielen ja traditionell in den Zuständigkeitsbereich der männlichen Arbeitskräfte. „In meiner ganzen Jugend brauchte ich mich mit keinem Gespann abmühen, und jetzt musste ich täglich die Ochsen einspannen und das Futter für die Kühe holen", schreibt Maria Neuhauser. Berta Dörrer berichtet, wie sie in den Wirren der ersten Nachkriegsmonate den Bürgermeister bat, ihr ein Pferd zu überlassen, damit sie die Ernte einbringen konnte: „Er gab mir ein Pferd einmal zur Probe, ob wir Frauen mit dem Vieh überhaupt fertig werden."

Eine Aufweichung der geschlechtsspezifischen Arbeitsteilung in die andere Richtung fand meistens erst im Zuge der Technisierung statt. Sobald technische Geräte zum Einsatz kamen, gingen ehemals weibliche Arbeitsbereiche in die Hände von Männern über.[8]

Die kriegsbedingte Entwicklung, dass viele Bäuerinnen die Aufgaben des Bauern übernahmen, war gegenläufig zur Ideologie des Nationalsozialismus. Darin wurde die Rolle der Bäuerin auf den Bereich der Reproduktion festgelegt; ihr angestammter Platz wurde in der Küche und bei den Kindern gesehen und dieses Rollenbild propagandistisch stark idealisiert. De facto brachte das nationalsozialistische Reichserbhofgesetz aber eine objektive Schlechterstellung der Frauen. Bäuerinnen konnten

---

8   Vgl. Reinhard Sieder: Sozialgeschichte der Familie. Frankfurt/Main 1987. S. 30 ff.

nicht mehr Miteigentümerinnen (allenfalls Alleineigentüme-
rinnen) sein und waren auch von der Erbfolge ausgeschlossen.[9]
Für die meisten Autorinnen war der Zweite Weltkrieg zunächst vor allem durch die Abwesenheit der Väter, Brüder,
Ehemänner, Knechte oder Freunde spürbar. Zur unmittelbar
erfahrenen Realität wurde der Krieg meistens erst 1945, als zuerst Flüchtlingsströme und später Soldaten durch die Dörfer
zogen. Die Besetzung durch die Rote Armee – Niederösterreich
gehörte zur sowjetischen Besatzungszone – ist zentrales Thema
einiger Erinnerungstexte. Bei der Textauswahl wurde im Allgemeinen dennoch der Darstellung des Alltagslebens gegenüber
der Schilderung der Ausnahmesituationen rund um das Kriegsende 1945 der Vorzug gegeben.[10]
Die Partnerwahl nach dem Krieg gestaltete sich nicht immer
einfach. Viele junge Männer waren gefallen oder befanden sich
noch in Kriegsgefangenschaft. Maria Schneider erzählt von Gesprächen unter jungen Frauen: „Da haben wir oft geblödelt und
beschlossen, dass wir alle zusammenziehen, weil unsere Burschen im Krieg gefallen waren." Wenn die Bauernsöhne dann
zurückkehrten, ging es allerdings oft recht schnell, berichtet
Maria Schneider weiter: „Die durch den Krieg und die wenigen
Arbeitskräfte im Argen liegende Landwirtschaft brauchte junge
Leute, die wieder alles in Ordnung brachten, und der Bauer
brauchte eine Bäuerin."
Manche Texte geben über Partnerwahl und Heiratsanbah-
nung recht offenherzig Auskunft. Nicht selten waren pragma-
tische Motive für die Heirat ausschlaggebend. Rosalia Pichler

---

9   Vgl. Ernst Bruckmüller: Vom „Bauernstand" zur „Gesellschaft des ländlichen
    Raums". Sozialer Wandel in der bäuerlichen Gesellschaft des 20. Jahrhunderts.
    In: Franz Ledermüller (Hg.): Geschichte der österreichischen Land- und Forst-
    wirtschaft im 20. Jahrhundert. Politik, Gesellschaft, Wirtschaft. Wien 2002. S.
    409–591; S. 451 f.
10 Zu lebensgeschichtlichen Erzählungen von Frauen über das Kriegserleben, ins-
    besondere auch sexuelle Übergriffe durch Besatzungssoldaten, vgl. Marianne
    Baumgartner: „Jo, des waren halt schlechte Zeiten …" Das Kriegsende und die
    unmittelbare Nachkriegszeit in den lebensgeschichtlichen Erzählungen von
    Frauen aus dem Mostviertel. Frankfurt/Main 1994. S. 93–149.

beschreibt zunächst ihren zukünftigen Ehemann: „Er hatte braune Augen, welche mir schon immer gut gefielen, und war nicht unsympathisch." Mit der Hochzeit wurde nicht lange zugewartet: „Er hatte den unteren Moorhof gekauft, schilderte den Schuldenstand und benötigte dringend eine Bäuerin … Alles trieb zur Eile, da die Ernte sich schon ankündigte." Das Ideal der Liebesheirat tritt eher erst bei jüngeren Schreiberinnen gegenüber ökonomischen Motiven deutlicher in den Vordergrund.

In den meisten Textbeiträgen nimmt die Beschreibung der Mutterschaft viel Raum ein. Von einigen Frauen wird auch thematisiert, dass in arbeitsintensiven Zeiten die Kinder vorwiegend von anderen Bezugspersonen, in den meisten Fällen von der Schwiegermutter, betreut wurden. Im Verhältnis zur Schwiegermutter kam es auch am häufigsten zu Reibereien. Zentrale Konfliktherde waren die traditionell weiblichen Bereiche wie Kindererziehung und Haushalt. Die Altbäuerin verlor durch die junge Bäuerin einerseits ihren zentralen Wirkungsbereich, andererseits tendenziell auch an Macht und Einfluss. „Nach der Hochzeit", schreibt Margareta Wurm, „war die Enttäuschung perfekt, weniger von Seiten meines Mannes als wegen der noch rüstigen Schwiegermutter. Wie eine Bombe schlug es in mein Leben ein. Ich war das fünfte Rad am Wagen."

Nach dem Zweiten Weltkrieg strebten auch Bauernkinder immer stärker in andere Berufe, vor allem Bauerntöchtern war es erstmals möglich, weiterführende Schulen zu besuchen. Durch die Mechanisierung wurden immer weniger Arbeitskräfte auf den Höfen benötigt. War es für viele Autorinnen noch undenkbar, eine Hauswirtschaftsschule zu besuchen oder gar eine Lehre zu absolvieren, wird das in der Generation ihrer Töchter schon eine Selbstverständlichkeit.

Es ist eine in ländlichen Autobiographien immer wiederkehrende Klage, dass zum Lernen keine Zeit war und Schulbildung als nachrangig erachtet wurde. Die Sommerbefreiung ermöglichte es, dass Bauernkinder in der Zeit von Ostern bis Allerheiligen der Schule fernbleiben konnten, um in der elterlichen Landwirtschaft mitzuhelfen. Über diese Regelung waren viele der Schreiberinnen nicht glücklich. „Natürlich tat man sich beim Wiedereinstieg schwer", schreibt Rosalia Pichler. Als dramatisch wurde es oft auch erlebt, wenn die Ausschulung mitten im Schuljahr erfolgte, da die Schulpflicht exakt mit der Vollendung des 14. Lebensjahres endete.

Die 1915 geborene Margareta Wurm hätte gerne eine Haushaltungsschule besucht, doch sie getraute sich ihren Vater gar nicht zu fragen, „denn das kostete ja Geld". Sie resümiert: „Es war eine Unterdrückung der Bildung statt einer Förderung. Damals zählten Muskelkräfte mehr als Hirnschmalz." Drei ihrer fünf zwischen 1936 und 1950 geborenen Kinder kamen dann bereits in nicht-landwirtschaftlichen Berufen unter. Für die Nachfahren der hier schreibenden Autorinnen tut sich insgesamt bereits eine Mehrzahl an Bildungsmöglichkeiten bzw. Berufschancen auf. In der Landwirtschaft werden immer weniger Arbeitskräfte benötigt, sodass individuelle Begabung und persönliche Wünsche und Zielvorstellungen auch in der bäuerlichen Welt zu Kriterien der Berufswahl werden konnten.

Viel Konfliktpotenzial bergen auch das Zusammenleben mehrerer Generationen und die Übergabe des Hofes. Besonders schmerzhaft erleben es die hier schreibenden Bäuerinnen, wenn der Hof von den Erben aufgegeben wird. Auch wenn der Betrieb in einer anderen Form als gewohnt weiterbewirtschaftet wird, wird das gewissermaßen als persönliches Scheitern empfunden. Nicht selten werden etwa im niederösterreichischen Alpenvorland die Milchwirtschaft und der Getreideanbau ganz aufgegeben.[11] Manchmal heiratet der Erbe auf einen anderen Hof ein, und es wird in der Folge nur mehr der Grund mitbewirtschaftet, wie etwa im Fall der Weinviertlerin Maria Schneider. Mithilfe eines Gedankenexperiments führt sie sich das Ausmaß der Veränderungen vor Augen: „Wenn ich oft draußen

---

11 Vgl.: Ernst Langthaler: Agrarwende in den Bergen. Eine Region in den niederösterreichischen Voralpen (1880–2000). In: Ernst Bruckmüller u. a. (Hg.): Geschichte der österreichischen Land- und Forstwirtschaft im 20. Jahrhundert. Regionen, Betriebe, Menschen. Wien 2003. S. 563–650; S. 572 f.

sitze, da komme ich ins Sinnieren und denke: Wenn der Großvater aufstehen würde, der möchte wohl sagen: ,Nicht *einen* Stadel haben sie mehr', und würde wieder verschwinden."

Wie in weiten Teilen Österreichs gilt in Niederösterreich
überwiegend das Anerbenrecht. Damit der Hof geschlossen erhalten werden kann, wird er einem Nachkommen – meistens
dem jüngsten oder ältesten Sohn – vererbt. Die anderen Kinder
werden finanziell abgefunden. Eine andere Form der Vererbung
herrscht im äußersten Osten – im Weinviertel und im Burgenland – sowie im äußersten Westen Österreichs. Nach der dort
üblichen Realteilung wird der landwirtschaftliche Besitz unter
den Kindern zu gleichen Teilen aufgeteilt.[12]

Einige der hier abgedruckten Texte thematisieren Übergabe-
und Erbstreitigkeiten. Teils bleibt es bei vorsichtigen Andeutungen, teils sehen die Autorinnen im Schreiben ein Ventil, um
ihrer Enttäuschung und ihrem Ärger Luft zu machen.

Die Thematisierung von Konflikten war auch Inhalt von eingehenden Gesprächen mit den Autorinnen im Zuge der Textauswahl bzw. der editorischen Bearbeitung. Es stellte sich die
Frage, wie viel von innerfamiliären Konflikten an die Öffentlichkeit getragen werden darf und inwieweit Formulierungen,
die zu einem Zeitpunkt intensiver emotionaler Auseinandersetzung gewählt wurden und im Moment des Schreibens Gültigkeit hatten, auch nach weitgehender Klärung der Verhältnisse
noch ein entsprechender Aussagegehalt zukommt. Da die
Drucklegung bzw. Veröffentlichung solchen Aussagen zudem
unweigerlich einen grundlegend anderen Stellenwert verleiht
als ihnen in der persönlichen Alltagskommunikation zukommt,
wurden manche diesbezüglichen Textpassagen revidiert oder
gänzlich ausgelassen.

Grundsätzlich gilt für Erinnerungstexte wie die hier zusammengestellten, dass die darin vorgenommene Darstellung
und Wertung von Beziehungen, insbesondere von Konflikten,
immer nur *eine* subjektive Perspektive repräsentiert, jene der

---

12 Vgl. Ernst Bruckmüller: Vom „Bauernstand" zur „Gesellschaft des ländlichen
Raums", a.a.O.; S. 451.

Schreiberin. Die Sichtweise anderer Beteiligter bleibt naturgemäß ausgeblendet.

Auch wenn Generationskonflikte selten direkt angesprochen werden, äußern sich die meisten Autorinnen darüber, wie das Zusammenleben von mehreren Generationen am besten geregelt werden kann. „Ich möchte allen Übergebern einer Liegenschaft raten, sich eine getrennte Wohnung zu richten, damit keine Generationsprobleme entstehen, denn der Friede ist unbezahlbar", schreibt etwa Margareta Wurm.

Insgesamt ist die Zahl der auf einem Bauernhof lebenden Menschen seit dem Zweiten Weltkrieg stark rückläufig. Viele Dienstboten verließen die Landwirtschaft und kamen in Gewerbe und Industrie unter. Diese Entwicklung wurde durch die zunehmende Technisierung und Rationalisierung der bäuerlichen Arbeit ermöglicht. Für Bäuerinnen brachten der Traktor und andere landwirtschaftliche Maschinen nicht zwangsläufig eine Arbeitserleichterung. Die Maschinen konnten die Arbeitskraft der abwandernden Knechte und Mägde meist nicht zur Gänze kompensieren. Außerdem führte die Maschinisierung zu einer neuen Form der geschlechtsspezifischen Arbeitsteilung: Kamen Maschinen zum Einsatz, wurde eine Tätigkeit zur Männerarbeit; Hand- und Hilfsarbeiten blieben Frauenarbeit.[13]

Zeitgleich wurde in den Fünfziger- und Sechzigerjahren des 20. Jahrhunderts die Rolle der Bäuerin als Hausfrau immer stärker akzentuiert. Man spricht deshalb von einer zunehmenden Verbürgerlichung des bäuerlichen Haushalts.[14] Bürgerliche Standards hinsichtlich Hygiene, Sauberkeit und Komfort setzten sich nach und nach auch in den Bauernhäusern durch. Das führte tendenziell wiederum zu einer höheren Belastung der Frauen. Viele Frauen waren gezwungen, weiterhin in der Landwirtschaft mitzuhelfen, gleichzeitig jedoch wurden sie mit höheren Erwartungen im Haushalt konfrontiert. Dazu

---

13   Vgl. Christine Goldberg: Postmoderne Frauen in traditionellen Welten. Zur Weiblichkeitskonstruktion von Bäuerinnen. Frankfurt/Main 2003. S. 79 ff.

14   Vgl. Heide Inhetveen, Margret Blasche: Frauen in der kleinbäuerlichen Landwirtschaft. „Wenn's Weiber gibt, kann's weitergehn …". Opladen 1983. 186 ff.

kam, dass die Anschaffung von Haushaltsgeräten, die, wie die Waschmaschine, für Frauen tatsächlich eine große Arbeitserleichterung mit sich brachten, zunächst hinausgezögert wurde. Der Kauf von Erntemaschinen und Gerätschaften für die Hofarbeit hatte jedenfalls Vorrang.[15]

Der Traum der Agrartheoretiker in der zweiten Hälfte des 20. Jahrhunderts war, dass der Bauer den voll technisierten Betrieb praktisch allein bewirtschaftet und die Bäuerin sich auf den Haushalt und die Kindererziehung konzentrieren kann.[16] In der aktiven Zeit der hier erzählenden Bäuerinnen wurde dieses „Ideal" nicht verwirklicht. Im Gegenteil: Vielfach sicherten die Bäuerinnen die wirtschaftliche Existenz des Hofes durch ein Zusatzeinkommen ab; beispielsweise durch die Direktvermarktung von Produkten oder durch die Vermietung von Zimmern an Feriengäste.

Gegenwärtig lassen sich europaweit in der Landwirtschaft vorwiegend zwei Tendenzen ausmachen. Zu einer „Feminisierung" der Landwirtschaft kommt es meist in kleineren Betrieben, wenn Frauen die Betriebsleitung übernehmen und die Männer einer außerlandwirtschaftlichen Tätigkeit nachgehen. Im Gegenzug dazu lässt sich ein deutlicher Trend zur „Maskulinisierung" in großen, hoch technisierten landwirtschaftlichen Produktionsstätten ausmachen. Sie werden als 1-Mann-Betrieb geführt, die Frauen gehen einer außerbetrieblichen Beschäftigung nach.[17]

Die Bäuerinnen erzählen in den nachfolgenden Lebensberichten von einer Zeit des Übergangs. Sie sind in eine Lebenswelt hineingeboren, die nach und nach brüchig wurde. In ihren Erzählungen versuchen sie, diese überkommene Zeit lebendig zu halten, indem sie von alten Arbeitsformen, von einer an Selbstversorgung orientierten Form des Wirtschaftens und einer

---

15 Vgl. Roman Sandgruber: Die Landwirtschaft in der Wirtschaft. Menschen, Maschinen, Märkte. In: Franz Ledermüller (Hg.): a.a.O., S. 191–408; S. 339 ff.

16 Ebda., S. 270.

17 Vgl. Theresia Oedl-Wieser: Frauen in der Landwirtschaft und am Land – eine vergessene Dimension in Wissenschaft und Politik. Versuch einer Ursachenanalyse und Formulierung von Handlungsansätzen. Wien 1997. S. 75 ff.

Lebensweise berichten, die nach einer rigiden Werteordnung ausgerichtet war. Gleichzeitig spiegeln diese Lebensgeschichten den massiven strukturellen Wandel in der Landwirtschaft wider. Auf den meisten Höfen blieb kein Stein auf dem anderen. Es wurde gebaut, zugekauft und umstrukturiert. Die landwirtschaftlichen Betriebe waren mehr und mehr gezwungen, sich marktwirtschaftlichen Regeln zu unterwerfen und die Produktivität zu steigern.

Dieser tief greifende Wandel in der Landwirtschaft und der ambivalent erlebte Abschied von einer alten Lebenswelt bilden das Grundmotiv für die Niederschrift dieser Lebenserinnerungen wie auch einen der zentralen Erzählinhalte. Im Schreiben haben diese Frauen eine Verarbeitungs- und Bewältigungsstrategie gefunden, um mit diesen nachhaltigen Veränderungen in ihrer Lebenswelt umzugehen. Die Beschäftigung mit der eigenen Lebensgeschichte und die in diese Texte hineingelegten Botschaften an die engere und weitere soziale Umgebung zeugen von den Bemühungen der Autorinnen um persönliche Kontinuität, um Selbstbehauptung und Selbstverortung in einer sich rasch wandelnden Gesellschaft. Auch wenn sich die Schreiberinnen altersbedingt aus der aktiven Mitgestaltung ihrer ländlichen und familiären Umwelt schon großteils zurückgezogen haben, enthalten ihre schriftlichen Vermächtnisse viel mehr als bloß rückwärts gewandte nostalgische Verklärungen oder verkrustete Lebensweisheiten. Bei entsprechender Bereitschaft, unspektakulären Alltagsschilderungen aus vergangenen Tagen und sprachlich oft unverwandt zum Ausdruck gebrachten persönlichen Empfindungen und Gedankengängen aufmerksam zu folgen, finden Leser/innen im Folgenden vielmehr ein enormes Repertoire an milieu- und generationsspezifischem weiblichem Wissen, das nicht nur Angehörige zur Anteilnahme und kritischen Auseinandersetzung einlädt.

Lebensgeschichtliche Erzählungen

ROSALIA PICHLER

wurde am 19. Juni 1915 in Krumbach, in der Buckligen Welt, gebo-
ren. Gemeinsam mit fünf großteils älteren Brüdern wuchs sie auf dem
elterlichen Hof auf; zwei Schwestern starben im Kleinkindalter. 1936
heiratete sie Michael Pichler, mit dem sie einen Hof in Aigen bei Kirch-
schlag bewirtschaftete und fünf Kinder großzog.

Auf Wunsch ihrer Kinder schrieb Rosalia Pichler im Jahr 1996, vor
ihrer diamantenen Hochzeit, ihre Kindheits- und Jugenderinnerungen
sowie die Geschichte ihrer Vorfahren nieder.

Zusätzlich zum Schreiben angeregt wurde sie durch einige Bände
der Buchreihe „Damit es nicht verlorengeht ...", insbesondere durch
die Lebensgeschichte von Maria Gremel („Mit neun Jahren im
Dienst"), die in Rosalia Pichlers Wohnort Aigen aufgewachsen war.

„Ich hätte nicht geglaubt, dass diese Offenlegung unseres Herzens
so großes Echo finden würde." So leitet die Verfasserin die zweite Nie-
derschrift ihrer Erinnerungen ein, die 1998, unmittelbar nach dem
Tod ihres Mannes, entstanden ist.

Der nachfolgende Textbeitrag bietet eine Auswahl aus beiden Nie-
derschriften und umfasst die Lebensgeschichte Rosalia Pichlers bis zur
Geburt des letzten Kindes im Jahr 1953.

Im Dezember 2004 wurden Teile der Familiengeschichte Rosalia
Pichlers von einem Enkel ins Reine geschrieben und unter dem Titel
„Jugenderinnerungen" für den familiären Gebrauch vervielfältigt.

„Mutter wurde immer schwächer"

Mutter war von Gestalt groß und schlank, hatte dunkles Haar
und rote Wangen. Sie hatte ein Herz für die Armen. Solche hat
es zur damaligen Zeit genug gegeben. Es ist niemand ohne
Gabe fortgegangen. Wir Kinder mussten oft mit Lebensmitteln
ins Armenhaus gehen, da diese alten Leute nur von den Bauern der Umgebung lebten. Meine Mutter war auch sehr fromm.
Später hat mir eine Frau erzählt, dass sie schon im Vorzimmer

lautes Singen hörte, als sie einmal auf Besuch gekommen ist. Mutter hat den Kinderwagen hin- und hergeschoben und das Lied „Geleite durch die Wellen" gesungen. Die Frau blickte in den Kinderwagen und sah ein schwer krankes, fieberndes Kind. Die Frau sagte: „Wie kann man singen bei so einem kranken Kind?" Mutter gab zur Antwort: „Ein Gebet kriecht zum Himmel, und ein Lied fliegt zum Himmel." Die Frau war der Meinung, dass ich das fiebernde Kind war. …

Die Eltern waren öfters zu Fuß in Mariazell, Vater gar achtmal. Mutter verehrte „Maria Hasel" sehr, die schmerzhafte Muttergottes in Pinggau. Sie hat öfters geweint, aber wir Kinder wussten nicht, warum. Waren es Schmerzen oder Eheprobleme?

Frühzeitig war sie körperlich verbraucht. Ihre letzten Feldarbeiten waren im Herbst 1924. Da hat sie sich oft beim Mistbreiten auf den Gabelstiel gestützt und geklagt. Mistbreiten war ja auch damals eine der schwersten Feldarbeiten. Sie wurde immer kränklicher, und es wurde der Edlitzer Doktor gerufen, der viel verstand. Er ordnete an, Mutter in seiner Nähe zu haben, um sie täglich behandeln zu können. So wurde Mutter nach Edlitz in ein Gasthaus gebracht. Vater meldete mich für eine Woche von der Schule ab, und ich musste als kleine Bedienerin nachkommen. Ich musste mir auch eine Tuchent mitnehmen. Diese wurde in einen Überzug gesteckt und dreimal gebunden, wie ein Rucksack. So ging ich zu Fuß nach Edlitz. Ich war damals neun Jahre alt. Zu dieser Zeit waren noch mehr Fußgänger unterwegs, sie nahmen mir die Last ab.

Mutter wurde immer schwächer, am Heiligen Abend stand sie das letzte Mal auf, um uns Kinder für das Christkind zu richten. Sie hatte große Schmerzen, man hörte sie oft die Heiligen anrufen. Am 25. Jänner 1925 hauchte sie ihr Leben aus, im Alter von 45 Jahren. Diese trostlose Zeit wirkte sich auch in der Schule aus, mit schlechten Noten. Die Todesursache waren Leberschwellung und Herzwassersucht.

„Ihr bekommt bald eine neue Mutter"

In diesem Jahr kamen Bruder Johann und ich zur Erstkommunion. Bruder Johann war zwar älter, aber er musste ein Jahr wiederholen, da er vier Monate gefehlt hatte. Er hatte einen schweren Magenkatarrh. Damals musste man schon ein Jahr früher zur ersten Beichte gehen. Aus diesem Anlass kam die Reingruber-Tante, um Nachschau zu halten, was wir an Kleidung und Schuhen brauchten.

Einmal sagte der Vater: „Ihr bekommt bald eine neue Mutter, tut ihr brav folgen!" Wir trauten uns nicht zu fragen, er war sehr streng. Der Erstkommunionstag war am 3. Mai. Beim Kommunionsfrühstück sagte der Herr Pfarrer zu mir: „Die Sali hat heute einen großen Tag, Vormittag Erstkommunion und Nachmittag Hochzeit." Ich traute es mir nicht zu sagen, dass wir das gar nicht wussten. Wir mussten wieder zu Fuß nach Hause gehen, da standen vor dem Haus zwei Pferdegespanne und warteten schon auf uns, fertig zum Einsteigen. Los ging's zu Vaters Hochzeit nach Schönau.

Wir landeten am Merkatzhof in Ödhöfen. Sie hieß Cäcilia Riegler, 37 Jahre alt, von Gestalt zart. Mit dieser neuen Mutter blühte für uns Kinder wieder Leben auf. Mit den Sorgen und Freuden kamen wir nur zu ihr. Sie kaufte uns neue Kleidung, was wir ja schon nötig hatten. Sie war fleißig, sparsam, lebensfroh und lehrte uns die Arbeit. Von ihr hatte ich mein Können erworben, als ich 1936 heiratete.

Unsere Hauptarbeit zu dieser Zeit war, zweimal am Tag die Kühe zu weiden. Mutter Cäcilias Kuh war die schlimmste. Sie war immer die Erste beim Davonlaufen. Aber sie gab sehr viel Milch. So hatte ich nachts Träume, stand im Schlaf auf, ging zum Fenster und schrie „Blasa!", so hieß sie.

Oft fürchtete ich mich nachts und ging zu Mutter Cäcilia. Sie rückte ein Stück zu Vater, ich legte mich zu ihr und schlief gleich wieder ein. Einmal träumte Mutter Cäcilia: Sie war gerade beim Kochen, da erschien ihr unsere Mutter. Cäcilia war so erschrocken, wollte ihr den Kochlöffel zurückgeben und fliehen. Doch unsere Mutter sagte: „Bleib nur, wie du es machst, so ist es

29

richtig", und verschwunden war sie wieder. Es war für sie eine Beruhigung. Ob das die heutige Jugend noch glaubt?

Diese schöne Zeit dauerte nicht lange. Im Jahr 1939 traf mich die Nachricht, dass Mutter Magenkrebs hatte. Nach schwerem Leiden und mit einem Gewicht von 29 Kilo starb auch sie, im Alter von 52 Jahren. Für die Brüder kam eine schwere Zeit. Es war der Zweite Weltkrieg, und einer nach dem andern musste einrücken. Vater war ratlos. Er wollte das Haus übergeben, aber welcher kommt aus dem Krieg heil zurück? Er wollte die Wirtschaft immer Franz geben, er war sein Lieblingssohn. Im Jahr 1940 war Vater 58 Jahre alt. Er nahm sich nochmals eine Frau. Mit dieser Mutter, Theresia Binder, hatte ich nicht viel zu tun, da ich nicht mehr zu Hause war. …

„Das kann man sich heute gar nicht mehr vorstellen"

Nun will ich über Erzeugnisse in der Landwirtschaft berichten, welche heute alle gekauft werden. Der Mohn wurde im Frühjahr gesät und gejätet. Wenn er reif war, wurde er mit der Hand geköpft, gedroschen und mit der Windmühle gesäubert. Was man für den häuslichen Gebrauch nicht benötigte, wurde verkauft. Es waren bis zu 100 Kilo. Der häusliche Bedarf wurde mit einer Eisenstange im Mörser zerstoßen. Das war auch eine schwere Arbeit, aber dieser Mohn war saftig, besser als der jetzige geriebene.

Es wurde auch Schafzucht betrieben, wir hatten bis zu zwanzig Stück. Sie wurden zweimal im Jahr gewaschen, im Sautrog, dann auf die Wiese getrieben zum Trocknen. Es musste ein schöner Tag sein. Das Waschen war eine schwere Arbeit. Die Tiere wehrten sich, so wurde man auch nass. Wenn das Fell trocken war, wurde eins nach dem andern mit einer Schafschere geschoren. Mit einem Strick wurden die Füße gebunden, und am Boden sitzend wurde gearbeitet. Es war für beide anstrengend, für das Tier und unsereins. Es kam vor, dass man mit dem Scherenspitz eins zwickte, dann blutete es. Wo heute noch Schafzucht ist, wird mit der Elektroschere geschnitten.

Wenn es die Zeit erlaubte, wurde die Wolle gekämmt und gesponnen. Wolle gesponnen haben wir selbst nicht, da gab es Frauen, welche darauf spezialisiert waren. Sie bekamen als Lohn Lebensmittel. Die Wolle durfte nicht zu stark gedreht werden, da die Strickware sonst hart wurde. Später wurde Wolle für fertige Wollsträhne eingetauscht.

Das Öl wurde auch selbst gewonnen. Es hieß Leinöl. Der Leinsamen wurde im Frühjahr angebaut, wenn die Pollen* reif waren, gemäht, zum Trocknen aufgelegt und in Bündel gebunden. Die Pollen wurden mit einer Riffel vom Flachs geriffelt. Wie ein Eisenkamm sah eine Riffel aus. Die Pollen wurden dann gedroschen und mit der Windmühle gereinigt. Nach Anmeldung wurde die Linsat* zur Steirer-Mühle gebracht, dort gemahlen, gestampft (drei Stampf* standen zur Verfügung) und gepresst. Dies dauerte einen ganzen Tag. Da hat man sich eine Jause mitgenommen. Das gepresste Öl wurde abgefüllt. Der Rest wurde zu Laiben geformt und für die Tiere verwendet.

Die Hausleinenerzeugung war eine ganz mühsame Arbeit. Der von den Pollen befreite Flachs wurde in kleine Bündel gebunden und nach dem Brotbacken mit der Ofengabel in den noch heißen Ofen gesteckt, gebrechelt*, mit einer Spindel die letzte Spreu ausgeschüttelt.

Das Spinnen war eine heikle Arbeit. Das musste gelernt werden. Von der Spule wurde das Garn mit einer Haspel zu Strähnen gewickelt. Wenn es die Zeit erlaubte, wurden die Strähne lagenweise mit Asche in den Waschkessel gelegt, mit Wasser aufgegossen und gekocht. Dann fuhr man zum Bach, und es wurde geschwemmt.

Da dies alles Winterarbeit war, war das Wasser eisig kalt. Wenn ich daran denke, tut mir heute noch das Herz weh. Das gewaschene Garn wurde auf dem Dachboden auf Stangen gehängt, zum Trocknen. Nach Anmeldung beim Weber – er war in Zöbern – brachte man die Strähne in Buckelkörben zum Weben.

Nach längerer Zeit war das Linnen zum Abholen. Vor dem Bleichen wurde es in zwei Stücke geteilt, damit es nicht so schwer zu tragen war. Ein Stück maß so zehn bis zwölf Meter.

Die Leinwand wurde vor dem Haus auf die Wiese gelegt und zweimal am Tag mit dem Sprengamper* begossen. Die Sonne tat ihre Wirkung. Das musste so zwei Monate lang gemacht werden. Am Abend wurde sie zusammengelegt und am Morgen wieder hinausgetragen, wegen der Diebe. Wenn man zur gleichen Zeit auch Gänse hatte, gab es ein Ärgernis. Sie setzten sich drauf und beschmutzen sie. Dann wurde sie nochmals im Waschkessel gekocht, auf Stangen oder auf dem Zaun getrocknet und in Rollen gewickelt.

Verwendung fand dieses Leinen zum Großteil für Leintücher, Handtücher und Herrenschürzen. Noch früher verwendete man es auch für Herrenhemden, Frauenhemden und Schultaschen. Die Frauenhemden wurden in Kimono* geschnitten. Heute ist es nur noch für Tischtücher gefragt. Es wurde auch der Handzwirn selbst gesponnen. Das Zwirnen war eine heikle Arbeit. Das machte Mutter. Einen Teil hat man schwarz gefärbt.

Auch Gänse wurden gefüttert zur Federngewinnung. Zeitig im Frühjahr ging ich mit Vater ins Burgenland, und wir kauften einen Wurf, manchmal waren es acht bis zehn kleine Ganserl. Im Sommer wurden sie das erste Mal gerupft. Diese Arbeit kostete viel Aufmerksamkeit; zuerst die Federn, dann die Daunen. Das hat ihnen auch wehgetan, und auch für unsereins war es anstrengend. Nachher waren sie eine Zeit lang traurig. Man hörte kein Gackern. Zu Weihnachten wurden sie geschlachtet, noch warm gerupft, ausgeräumt und sauber gewaschen dem Händler verkauft.

Im Fasching wurden die Federn geschlissen*. Den Gewinn bekamen wir zur Ausstattung. Das kostete auch viel Fleiß. Abends nach der Stallarbeit bewältigten wir noch einen Haufen. Einige Male kamen auch die Nachbarn und halfen. Da war es freilich gleich unterhaltsamer. Es wurde dabei gesungen, Witze wurden erzählt; beim Lachen musste man sich zurückhalten, sonst waren die Federn fort. Am letzten Abend kamen der Wiesenlaschober-Jogl und noch einige andere junge Tänzer. Da habe ich das Tanzen gelernt. War das schön!

Hühner hielten wir uns viele. Die Eier waren die Einnahmequelle der Bäuerin. Jede Woche kam der Händler und holte die

Eier, auch Butter, Junghendl und alte Hennen zu einem billigen Preis. Die Kücken hatte man selbst aufgezogen. Das ginge heute nicht mehr, da die hybriden Rassen nicht brüten. 13 Eier wurden der Bruthenne untergelegt, bis auf die kurze Fresszeit blieb sie darauf sitzen. Das war für die Kinder immer ein Ereignis, wenn die Küken nach drei Wochen schlüpften.

Die Schuhe wurden im Haus erzeugt. Da kam der Störschuster* mit einem Gesellen oder Lehrling und einer Kraxe. Er maß die benötigten Schuhe an. Schusterbankl und Stuhl hatten wir selber. Die alten Schuhe wurden repariert und neue gemacht, natürlich nur hohe. Später bekam man Halbschuhe zu kaufen.

Mit Wasser musste sparsam umgegangen werden. Es war knapp und der Brunnen nur schwer zu läuten*. Zum Wäscheeinweichen benützte man, wenn es möglich war, Regenwasser. Als Waschmittel wurden Soda oder Kernseife verwendet. Zum Waschen benützte man eine Waschrumpel, später eine Bürste. Zum Schwemmen musste man, wie schon erwähnt, zum Bach fahren. Im Winter musste man zuerst das Eis aufhacken. Das kann man sich heute gar nicht mehr vorstellen.

Wenn die Feldfrucht eingebracht war, die Halme gerecht und das „G'rittert"* zu Hause war, kam aus Krumbach ein älteres Lehrerehepaar und suchte noch die letzten Ähren zusammen, für die Hendln. So wurde die Gottesgabe geschätzt.

Die Ernte wurde in die Scheune gefahren. Erst wenn die Herbstarbeiten auf dem Feld gemacht waren – die Erdäpfel, Kraut und Rüben –, wurde mit dem Dreschen begonnen. In dieser Zeit hatten sich die Mäuse in den Garben angesiedelt. Da hatten es die Katzen eilig. Ich habe auch noch das Drischeldreschen* zu viert gelernt. Da musste man sehr aufpassen, dass man im Takt blieb. Dieses Stroh wurde zu Schab* verarbeitet; alles Unkraut und Weiche weggestreift. Es wurde zum Dachdecken verwendet. Ein Teil des Hauses hatte noch ein Strohdach. Da kam ein gelernter Strohdecker. Unter diesem Dach war es im Sommer kühl und im Winter warm. Wenn ein Feuer ausbrach, war das Dach im Nu weg …

„Die Ernährung im Bauernhaus war einfach und billig"

Den Kaffee haben wir selbst erzeugt. Vater baute auch Kaffeegerste an, sie war etwas kleiner als die Futtergerste und rötlich. Ungefähr 60 Garben wurden geerntet, das war ein Schober. Dies reichte für einige Jahre. Die Gerste wurde gedroschen, mit der Windmühle gereinigt und auf dem Küchentisch ausgeklaubt; dann mit etwas Fett, damit sie glänzte, in einer großen Rein geröstet und gemahlen. Sie war für den täglichen Gebrauch bestimmt. Nur sonntags wurde etwas Bohnenkaffee beigemischt, oder wenn Besuch kam. Abends war die Milchrahmsuppe üblich.

Den Sauerteig für das Brotbacken hat man selbst aufgehoben. Wenn einem aus irgendeinem Grund das Brot ausgegangen war, hat man vom Nachbarn einen Laib ausgeliehen. Die Brösel hat man auch nicht gekauft. Es wurde aus Weizenmehl, Milch und Germ ein Striezel gemacht, beim Brotbacken mitgebacken, aufgeschnitten, getrocknet, mit dem Nudelwalker fein gerieben und gesiebt, der Rest wurde wieder gerieben. Für Knödel wurden Würfel geschnitten. Semmeln wurden nur gekauft, wenn jemand krank war.

Die Nudeln und Fleckerln wurden auch selbst gemacht. Die Ofenfleckerln*, das war ein billiges Essen. Aus Roggenmehl und Wasser wurde ein Nudelteig geknetet, wie bei Nudeln ein Fleck ausgerollt und mit der Ofenschüssel* nach dem Brotbacken in den noch heißen Backofen geschoben. Nach kurzer Zeit waren es hellbraune, knusprige Blätter; mit dem Bartwisch entfernte man das Mehl, mit dem Nudelwalker wurden sie zerkleinert und aufbewahrt. Sie waren auch zum Knabbern sehr gut. Bei der Zubereitung wurden sie mit kochendem Wasser übergossen, eine Zeit lang stehen gelassen und mit Grieß und Fett fertig gemacht. Grieß bekam man auf Bestellung mit dem Mehl von der Mühle zugeschickt. Zucker und Reis musste man kaufen.

Zur Obstzeit wurden die Kirschen und Zwetschken nach dem Brotbacken auf alte Korbtüten* gelegt, getrocknet und im Winter als Kompott verwendet. Auch Apfelspalten wurden geschnitten und getrocknet. Apfelgelee und Zwetschkenpowidl wurden schon gemacht.

Zum Schlachten wurden die Schweine schwer gefüttert. Man legte auf Speck und Schmalz großen Wert; gemacht wurden Presswurst, Blunzen, Bratwürstel und Sulz, damit die Schwarten Verwendung fanden. Die Leber und das Beuschel* hat man auch gegessen. Alles hatte man auf einmal. Man hatte keine Möglichkeit, etwas für längere Zeit aufzubewahren. Da hatten der Hund und die Katzen gute Zeiten. Ein paar Stück Fleisch wurden gebraten, ins Schmalz gelegt und so luftdicht abgeschlossen. Das Fleisch und der geplante Jausenspeck wurden eingepökelt und nach drei Wochen geselcht. Im Sommer kam es vor, dass es gar nicht gut roch. Das Geselchte musste auch schleunigst gegessen werden, da es austrocknete oder in der warmen Jahreszeit die Bumfliegen* dazu kamen.

Schnitzel hatte man nur am ersten Sonntag nach dem Schlachten, am zweiten war es schon ein Surbraten. Wenn ein Besuch angesagt war, wurden ein halbes Kilo Schnitzelfleisch und ein halber Liter Wein gekauft, oder es gab Selchfleisch. Kam ein Besuch überraschend, wurde ein guter Schöberlteig* gemacht, schwimmend in heißem Fett wurden dünne Rädchen gebacken, und dazu wurde ein guter Bohnenkaffee serviert. Als Haustrunk* war der Most bestimmt.

Das Sauerkraut wird heute noch in den meisten Bauernhöfen erzeugt, nur kommt es heutzutage nicht mehr so oft auf den Tisch. Mit klein geschnittenem Selchfleisch oder Grammeln wurde es serviert.

Die Zubereitung: Die Krauthäuptel wurden geputzt und der Strunk herausgeschnitten. Mit dem Krauthobel wurde es gehobelt, lagenweise in ein großes Schaff oder einen Bottich geschüttet und mit Salz und Kümmel bestreut. Dazwischen wurde das Kraut mit einem Stampf gestoßen oder barfuß getreten, bis Saft entstand. Mit einem Tuch oder mit Krautblättern wurde es abgedeckt, mit Bretteln und Steinen beschwert, mit Wasser aufgegossen und im Keller gelagert. Nach sechs Wochen war die Gärung fertig.

„Auch wir Kinder mussten unseren Beitrag leisten"

Als Zugtiere hatten wir zwei Pferde und zwei Paar Ochsen. Im Sommer kam Vater um vier Uhr Früh aufwecken und im Winter um halb fünf. Auch wir Kinder mussten unseren Beitrag leisten. In den Ferien mussten wir wegen dem Kühhalten früh aus dem Bett. Wenn es heiß war, blieben die Tiere nach halb neun nicht mehr auf der Weide. Die Bremfliegen* stachen sie, sie drehten den Schwanz auf und flüchteten nach Hause. Besonders das Jungvieh war empfindlich.

Oft regnete es, und man wurde bis auf die Haut nass. Nahte ein Gewitter und krachte es, dann trieben wir sie heimwärts. Über den Sommer mussten wir Kinder meist barfuß gehen. Wenn uns kalt wurde, wärmten wir uns die Füße manchmal in den frisch gemachten Kuhfladen. Es klingt heute nach Rohheit, aber es war einmal so.

Wenn wir Jause oder etwas zum Trinken nachtrugen, stachen uns die Halme der frisch gemähten Frucht*. Bei der Heuernte mussten wir auf dem Wagen treten. Da rutschten wir öfter herunter. Halmrechen war auch unsere Arbeit. Zwei Brüder waren in der landwirtschaftlichen Schule in Kirchschlag.

Im Wald wurde Streu gerecht. Sie musste ziemlich trocken sein. Man benötigte sie für das Vieh, zum Einstreuen im Stall. Die Männer trugen das Gerechte mit dem Buckelkorb auf einen Haufen. Bei Bedarf wurde die Streu nach Hause geführt. Heutzutage recht niemand mehr Streu. Man ist der Meinung, der Wald braucht sie als Nahrung.

Wir mussten auch Rüben schneiden, Eier abnehmen, Geschirr abwaschen, auskehren und vieles mehr.

„An Leistung war ich eine mittelmäßige Schülerin"

Nun etwas von der Schule: Unsere Gehzeit zur Schule war eine halbe Stunde. Unser Hof liegt auf dem Berg, und es dauerte zirka zehn Minuten, bis wir die Straße erreichten. Das Schulgebäude ist jetzt ein Wohnhaus. Gegenüber dem Eingang ist die

Kirche. Natürlich drang der Kinderlärm in die Kirche, sodass der Herr Pfarrer oft schimpfte. Es war ein alter Herr und hieß Justin Sedlacek. An Leistung war ich eine mittelmäßige Schülerin. Naturlehre hat mich sehr interessiert. Ich kenne heute noch die Blumen, welche wir im Unterricht besprachen. Im Rechnen war ich schwach, im Zeichnen mittel, im Aufsatz aber – ich will mich nicht verschönern – eine von den Besten. Der Lehrer schrieb mir oft mit roter Tinte ein besonderes Lob.

Meine Vorgesetzten hießen: Oberlehrer Schwarz und Siegl – dieser war sehr streng –, Franz Rauscher und Adolfine Beutel. Sie hatte ihre Familie in Mariensee, das war ganz schön weit zum Gehen. Jeden Samstag ging sie nach Haus. Da ging sie ein Stück Weges mit uns Schulkindern. Von einer Lehrerin weiß ich den Namen nicht mehr. Sie war schon eine ältere Dame. Wir hatten sie in Handarbeiten. Wenn wir sie nicht brauchten, las sie uns aus einem Buch vor. Ein Buch hieß „Rosa von Tannenburg"*. Es war rührend, was das Mädchen erlebt hat. Oft frug mich die Lehrerin, wie es meiner kranken Mutter geht.

Mehrere Semester war ein Judenmädchen meine Sitznachbarin. Sie war talentierter als ich. Sie hieß Grete Blum. So schaute ich von ihr manches ab. In Krumbach waren drei Familien Juden. Sie waren Kaufleute, alle mit Besitz, und einen Judentempel* gab es auch.

Ich habe nach dem Krieg nachgefragt, ob die Blum-Familie überlebt hat. Leider war die Nazizeit für sie der Untergang. Auch von meinen Schulfreunden sind die meisten gefallen oder schon verstorben.

Vor den Schulferien war auch ein Ausflug üblich. Meistens wurde er zu Fuß gemacht. Einmal durften wir mit einem Pferdeleiterwagen – die Sitze waren Bretter zwischen den Leitern – nach Seebenstein fahren. Zu Fuß gingen wir dann auf den Türkensturz*. Es wurde uns erklärt, wieso er Türkensturz heißt. In Seebenstein haben wir dann Rast gemacht.

Mit großem Eifer gingen wir Kinder im Advent zur 6-Uhr-Rorate*. Nachher durften wir schon in die Schule, da der Schuldiener die Öfen einheizte.

Ab zwölf Jahren wurden die Bauernkinder sommerbefreit*, von Mai bis Allerheiligen. Natürlich tat man sich beim Wiedereinstieg schwer.

Nach den Kinderjahren brach die Jugendzeit an. Vater spielte mit den Brüdern öfters Karten. Ich durfte es nicht erlernen. Er war der Ansicht, es schickt sich für ein Mädchen nicht – eine Näh- oder Stricknadel stehe mir besser. Wenn jemand geschwindelt hat, wurde er grantig und versteckte eine Zeit lang die Karten. Es hat mir nichts ausgemacht, ich habe gerne Handarbeiten genäht. Jede Freizeit nützte ich, ja bis spät in die Nacht hinein, bei Petroleum oder Kerzenlicht. Leider ist diese Handarbeit bald aus der Mode gekommen.

Mit 16 Jahren kam ich auf vier Monate im Winter nach Aspang in die Näh- und Kochschule. Sie wurde von Klosterschwestern geleitet. Dort lernte ich die nötige Werktagswäsche nähen. Damit ich nicht aus der Übung komme, kaufte die Mutter ein ganzes Stück Oxford*. Da brachte ich siebzehn Herrenhemden heraus, auch Herrenunterhosen, Damenhosen und Schürzen nähte ich.

„Beim Einzug mussten wir Jungfrauen ‚bußfallen'"

Nach der Schulentlassung trat ich wie die meisten Mädchen in die Marien-Kongregation* ein. Einmal im Monat hatten wir am Sonntagnachmittag nach dem heiligen Segen* am Marienaltar eine Andacht mit einer kleinen Predigt. Einmal im Jahr, zu Maria Empfängnis, war Neuaufnahme. Herr Pfarrer Justin Sedlacek sah es gerne, wenn wir einmal im Monat zur Beichte gingen. Unser Gruß war: „Nos cum prole pia benedicat virgo Maria."*

Zu den Feierlichkeiten, wie Fronleichnam oder Hochzeiten, zogen wir unsere Tracht an: weiße Bluse, dunkelblauer Rock. Wir trugen ein hellblaues Seidenband mit einer Muttergottes-Medaille. Die Fahne durfte nicht fehlen. Es gehörte auch eine Präfektin* dazu, sie hatte zu organisieren und vorzubeten.

Einmal im Jahr machten wir mit dem Herrn Pfarrer einen Ausflug. Natürlich zu Fuß ging es zum Tribamer in Egg. Das ist unweit vom Lindenhof. Es war auch lustig, man war ja mit jeder Geselligkeit zufrieden. Wir wurden mit frisch gebackenem Bauernbrot, mit selbstgerührter Butter und kalter Milch bewirtet.

Ein anderes Mal gingen wir zu Fuß nach Tiefenbach und Aigen. Wir hielten bei den Wetterkreuzen Rast, wir schwitzten und aßen unser Mitgebrachtes. Weiter ging's zu einem Weidebetrieb. Da graste viel Vieh. Teilweise lagen sie und schliefen. Die Weide war in mehrere Koppeln eingeteilt, die Pflöcke mit Draht umwunden. Ich ahnte nicht, dass hier einmal meine zweite Heimat sein würde.

Es wurde Mittag, und wir labten uns im Gasthaus Kogelbauer mit Würstel und Kracherl. Zu einem richtigen Mittagessen, wie es heutzutage üblich ist, hätte ja die Kasse nicht gereicht. Dann brachen wir auf und gingen zum 2-Uhr-Segen in die Pfarrkirche Kirchschlag. Der damalige Pfarrer, Franz Füßl, begrüßte uns mit einer kleinen Ansprache. Weiter ging es auf den Schlossberg. Mit dem Postautobus fuhren wir heimwärts nach Krumbach.

Auch an anderen Sonntagen gingen wir zum Segen. Oft gingen Freunde mit nach Hause, und wir spielten Grammophon bis zur Stallarbeit.

In der Fastenzeit gingen wir alle bis auf eine Person zum Kreuzweg. Da war es üblich, dass man ein schwarzes Kopftuch aufsetzte – ein äußeres Zeichen für unseren leidenden Herrn.

Hat ein Kongregationsmitglied geheiratet, waren wir eingeladen und standen Spalier. Nachher bekamen wir ein Festtagsessen mit den geladenen Hochzeitsgästen. Natürlich tanzten wir und hatten ein paar schöne Stunden.

Es kam selten vor, dass ein Mitglied in andere Umstände geriet. Diese blieb dann einfach fern und meldete der Präfektin, es sei unerwünscht, sie zu begleiten, wenn sie Hochzeit hatte.

Wenn jemand von meiner Verwandtschaft heiratete, wurde ich zum Poltern eingeladen sowie auch zum Maskern*. Da ich viele Verwandte hatte, war ich oft dabei. Zu den Tanzunterhaltungen durfte ich selten gehen. Vater war der Ansicht: „Wer dich will, wird schon ins Haus kommen." Und es war dann auch so.

Mit 17 Jahren gingen ich sowie Bruder Johann zu Fuß nach Mariazell. In Edlitz bei einem Kreuz war Treffpunkt. Der Reifegger aus Thal und der Schuster aus Kühbach waren die Vorbeter. Ein Stück sind wir mit der Bahn gefahren. Es hat oft geregnet, aber davon lassen sich Wallfahrer nicht abhalten. Bevor wir unser Ziel erreichten, musste ich die Schuhe ausziehen. Ich hatte Blattern* an den Sohlen, welche mich sehr schmerzten.

Beim Einzug mussten wir Jungfrauen „bußfallen". Ein weißes Kleid hatten wir von zu Hause mitgenommen. Die Vorbeter sangen ein passendes Lied: „Fallet, fallet nieder ..." – und wir streckten uns hin. Es erinnert mich heute an die Priesterkandidaten. Ich habe da so liebe Mädchen kennen gelernt. Es waren zwei Schwestern vom Alisenhof in Züggen. Eine haben die Russen erschossen, samt Mutter.

„Heut' war ein Bewerber da"

Mit sechzehn Jahren machte ich meinen Eltern den Vorschlag, in ein Kloster einzutreten. Ich hatte es mit einer Cousine vereinbart, die schon Oberin war und Frau Professor. Wie der Orden hieß, weiß ich nicht mehr. Obwohl die Eltern christliche Werte hatten, schlugen sie diesen Wunsch ab: „Wir haben eh nur ein Mädl." Nach Jahren, als ich schon längst Bäuerin war, machte ich einmal Exerzitien in Wien, Kaiserstraße. Der Leiter brachte die Worte: „Eine Bäuerin, die schwere Arbeit leistet und ein Häufchen Kinder großzieht, erlangt früher den Himmel als eine Nonne, die ihr halbes Leben am Betschemel kniet." Da dachte ich an meinen ersten Berufswunsch zurück.

Wenn ich einmal zur Tanzunterhaltung gehen durfte – natürlich in Begleitung meiner Brüder –, musste ich bei der Rückkehr den Eltern berichten, was sich so alles zugetragen hat, und Fragen beantworten: „Wer hat das erste Stück mit dir getanzt? Wer am häufigsten? Hat dich jemand begleitet?" So konnten sie sich über den Vorgang ein Bild machen, und ich konnte dann schlafen gehen.

Bewerbungen hatte ich ja genug, aber Vater wusste bei jedem was auszusetzen. Wenn ihm wer nicht imponierte, sagte er: „Sie ist noch zu jung und zu dumm, und Geld haben wir auch keines." – „Der hat kein Haus", das war doch der wichtigste Grund zum Neinsagen. „Die können nicht wirtschaften!" – „Das ist zu weit weg!" War es Stadtnähe, meinte er auch: „Sie verdienen es leichter, geben es auch leichter aus." – „Da müssen nur die Frauen arbeiten, die Männer tun Rossfuhrwerken." Er sagte wohl: „Heiraten ist kein Kuhhandel!"

Mutter war verständnisvoller, obwohl sie die Stiefmutter war. Vater war gut bei Kasse. Das war bekannt, so kamen auch Heiratskandidaten mit Geldnöten. Kam einer, den ich im Voraus ablehnte, ließen sie mich allein mit ihm.

So vergingen meine Jugendjahre, und etliche Male sangen wir das Lied „Schön ist die Jugend, sie kommt nicht mehr". Mit zwanzig Jahren dachte ich das erste Mal: „Wo werde ich wohl landen? Zu Hause bleiben kann ich nicht immer." Man hat es an Beispielen gesehen: Wenn eine keine Familie gründen konnte, musste sie als Untertänige bis an ihr Lebensende im Haus arbeiten. Doch bald verwarf ich den Gedanken wieder auf eine Zeit: „Ich bin ja noch jung."

Ich trug in mir den Gedanken, eine Bäuerin zu werden, und zwar mit größerem Grundbesitz. Ich hatte es beim Kühhalten gesehen, wie sich die Kleinbäuerinnen plagten. Eine Dienstmagd konnten sie sich nicht leisten. Oft fehlte die Sympathie oder das passende Alter.

Es war im Mai 1936. Ich ging mit einer Freundin zum Hochneukirchner Kirtag. Ich durfte nur mitgehen, weil sie ein braves, anständiges Mädchen war. Nach ein paar Stunden Tanz gingen wir wieder heim. Bruder Franz ging mir schon entgegen und sagte: „Heut' war ein Bewerber da." Ich gab zur Antwort: „Wenn er will, wird er schon wieder kommen." Von ernsten Absichten hörte ich nicht gerne, ich fühlte mich ja noch jung. Nach zwei Tagen wiederholte er seinen Besuch. Am darauf folgenden Sonntag war er schon wieder da. Er hatte braune Augen, welche mir schon immer gut gefielen, und war nicht unsympathisch. Er hatte den unteren Moorhof gekauft, schilderte den Schuldenstand und benötigte dringend eine Bäuerin. Das Alter passte auch. Diese Eiligkeit überkam mich. Nun stand ich vor der Entscheidung. Die Entfernung von der Ortschaft passte mir auch.

„Sie sind keine schlechten Leute"

Von dieser Grubauer-Familie hatten wir noch wenig gehört. Ich schickte meine Brüder auf Erkundung aus, was so über die Angehörigen geredet wird. Das Ergebnis war: „Sie sind keine schlechten Leute, die Handwerker lassen sie aber nichts verdienen, sie reparieren alles selbst, wenn es auch nichts gleichsieht. Wenn du mehr wissen willst, musst selber nachfragen." Unterdessen hatte es sich herumgeredet, dass sich der Grubauer-Michl für mich interessiere.

Ich verlangte von Michael, dass sein Vater kommen muss, um mich anzusehen, ob auch ich ihm recht bin. Nach ein paar Tagen war es soweit. Er zeigte Zufriedenheit, im Häuslichen wie auch beim Vieh.

Meine Eltern ließen mir die letzte Entscheidung. Alles trieb zur Eile, da die Ernte sich schon ankündigte.

Die Vorbereitungen wurden eingeleitet. „Kein Geschenk fällt vom Himmel." Am Sparen, da war schon was dran, das fühlte ich schon vor der Hochzeit. Er zahlte seinen Ring, ich den meinen. Er begleitete mich beim Schuhkauf, es waren schwarze Lackschuhe – beim Zahlen, nichts dergleichen. Ich hatte doch früher von Geschenken für die Braut gehört. Die Eltern machten mir klar: der Hauskauf, keine Einnahmen, die ärmlichen Verhältnisse zu Hause. Ich sah es ein. Er konnte nichts dafür. Mich hat dann nichts mehr enttäuscht. Gott sei Dank bin ich auch sparsam erzogen worden, sonst hätte ich vieles in unseren Ehejahren nicht verkraftet.

Wir mussten auch zur Brautlehre. Diese nahm mein alter Pfarrer Justin Sedlacek vor. Ich schämte mich der Worte, sah verlegen zu Boden. So etwas hatte ich noch nie gehört. Die Sonne schien gerade auf meines Bräutigams Anzug, da entdeckte ich, dass er fleckig und abgenützt war. Wir vereinbarten einen Tag, an dem wir Brautladen* gehen. Wegen dem Anzug riet mir Mutter, Michael einen Brief zu schreiben. Das tat ich dann auch. Was die Eltern sagten, das hatte Gewicht. Mit den Worten: „Lieber Michael! Da es bei uns Sitte ist, beim Brautladen schön gekleidet zu sein, möchte ich Dir raten, einen sauberen Anzug zu wählen. Es tut mir leid, Dich darauf aufmerksam zu machen. Wäre nicht ein bisserl Lieb' dabei, hätte ich abgesagt, denn ich fühle, dass es ein schwerer Entschluss ist. Es grüßt Dich bis dahin, Sali."

In der Zwischenzeit ereignete sich Folgendes: Wir schlachteten ein großes Schwein. Im Sautrog wurde es mit kochendem Wasser entborstet. Als es zum Wenden war, brauchte es viel Anstrengung. An die Haxen waren Stricke geknotet, jeder hielt einen. Mein Strick löste sich, und ich fiel mit aller Wucht rücklings, mit dem Strick in der Hand. Sie mussten mich auf die Beine stellen, da mir das Knie so schmerzte. Für diesen Tag musste ich mit Umschlägen das Bett hüten, die weiteren Tage humpelte ich mit eingebundenem Knie umher.

Es kam der vereinbarte Tag, wir sollten uns bei der heiligen Messe treffen. Ich konnte aber unmöglich eine halbe Stunde nach Krumbach gehen. Vater sagte: „Er wird schon kommen, wenn du nicht dort bist." Er ist dann auch gekommen, aber später als erwartet. Da sah er die Bescherung. Wir haben dann vereinbart: Meine Verwandten laden *wir* ein, Michael die Seinen.

Er gestand mir, er sei zum Schandlbauer-Wirt gegangen, weil ich nicht in der Messe war. Dieser wusste von unserem Vorhaben, bemerkte seine Bedrücktheit und setzte sich zu ihm. Michael gab meine Abwesenheit zu und sagte: „Ich glaube, die haben sich's anders überlegt, ich fahre wieder nach Hause." – „Das kannst du nicht machen. Soweit ich die Familie kenne, hätten sie dir schon Nachricht gegeben. Wenn du mit dem Fahrrad nicht willst, spann' ich die Rösser ein und fahr' dich hin." Später bekam ich schon den Vorwurf, wir hätten die Brüder zur Erklärung schicken sollen. Ich konnte nichts dafür, das Sagen hatten ja die Eltern.

Später musste ich noch einen Brocken einstecken. Er kam mit dem blauen, schönen Anzug, und ich konnte nicht mitgehen. Er bezeichnete es als eine „Strafe Gottes". Vor der Hochzeit hüllte er sich in Schweigen, sonst läuft ja nichts. Die Ehe kann dann alles ertragen ...

Das Knie hat sich bis zum Hochzeitstag gebessert, aber man merkte es noch. Er vertraute mir auch an, dass er mit dem Brief zu Pfarrer Füßl gegangen sei. Er bat ihn, ihn zu lesen und frug ihn um Rat – er hatte dabei denselben Anzug an. Sein Urteil war: „So schlecht ist er nicht, wenn die Liebe siegt, ist die Welt gewonnen." ...

„Jetzt müssen wir schon zusammenhalten"

Da mein alter Herr Pfarrer schon sehr krank war, bestellte mein Bräutigam Pfarrer Füßl zur Trauung. Bei der Brautpredigt brachte er es auf den Punkt. Genau kann ich es nicht mehr sagen, aber er sprach vom Einfach-Sein und den Menschen so nehmen, wie er ist. Es traf mich wie ein Pfeil. Ich mochte den Pfarrer dann länger nicht. Später sind wir Freunde geworden; er holte unter dem Krieg die Milch. Unseren Hochzeitstag hielt mein Gatte zeit seines Lebens in Ehren. Er zahlte jährlich eine heilige Messe, „zur schuldigen Danksagung".

Nach den Hochzeitsfeierlichkeiten ging ich mit meinen Eltern wieder nach Hause, da in meinem künftigen Heim nichts vorbereitet war. Sonntag Hochzeit, Dienstag Abschiedstag. Ich will den Tag nochmals in Erinnerung bringen:

Mutter Cäcilia kam schon um drei Uhr morgens ins Bett zu mir, drückte mich, weinte, bat um Verzeihung, wenn sie zu streng gehandelt habe. Vater wälzte sich auf dem Diwan, und die Brüder hatten nasse Augen. Ich wäre gerne noch ein paar Jahre bei ihnen geblieben. Es kam Schwager Stefan mit dem Pferdewagen, Bruder Georg spannte unsere Rösser ein. Es wurden zwei Wagen benötigt, da ich zusätzlich zu den Möbeln und der Ausstattung vier Ferkel, ein größeres Schwein, damit wir bald was zum Abstechen haben, ein Schaffel Surfleisch, Heugabel, Rechen, Sichel usw. mitbekam. Die Eltern waren sehr großzügig. Sie wussten, wir brauchen es für den Anfang.

Von Bruder Josef bekam ich zehn Junghühner, in Kisten verpackt, als Brautgeschenk. Zur Brautausstattung bei einem Bauern gehörte auch eine Kuh, ich bekam eine trächtige Kalbin. Die Tiere wurden mit Ketten zusammengehängt, und wir trieben sie zu Fuß über Tiefenbach, Wetterkreuzen. Ich bekam einen Stock in die Hand gedrückt, zum Antreiben. Was wir da erlebten, kann man nicht vergessen. Sie waren so ausgelassen und übermütig, galoppierten auseinander, eins links, eins rechts. Den Stock brauchte ich nicht, da ich weit hinten blieb. So ging es den ganzen Weg. Dazu war es sehr heiß. Mein Neuvermählter hat mir damals erbarmt.

Michael hat es dann doch geschafft, die Tiere an den Ketten zu halten. Nach einer Weile sagte er: „Da ist die Grenze, von da an gehört es uns." Beim Eintritt ins Haus sagte er: „In Gottes Namen!"

Wir konnten keine Müdigkeit aufkommen lassen, die Wagen kamen angefahren, und es war zum Abladen. Mutter hatte mir einen Laib Brot, gekochtes Selchfleisch, Kren und eine Reibe mitgegeben, damit ich den Männern was zu bieten hatte. Die Tiere waren auch zu versorgen. Es dunkelte bereits, obwohl es Juli war. Mein Mann sagte: „Heute können wir die Möbel nicht mehr zusammenstellen, man muss ja alles erst suchen." Ich gab entschlossen zur Antwort: „Ich geh zur Frau Zöberer nach vorne fragen, ob ich bei ihr schlafen kann." Sie wohnte im vorderen Zimmer, und ich trug mein Anliegen vor. Sie bejahte meine Bitte. Unterdessen sagte Schwager Stefan zu Michael: „Das kannst du doch nicht zulassen." Mir war das gar nicht eingefallen, bei meinem Gatten zu schlafen. Ich war nicht nur unerfahren, sondern auch eine blöde Gans. Ja, weil ich hinter Schranken aufwuchs. Die Eltern ließen mich nicht aus den Augen. Die Brüder waren raffinierter, sie kamen besser unter die Leute.

So blieb mir nichts anderes übrig, als bei meinem Gatten zu schlafen. Über die so belächelte Brautnacht hatte ich vorher nichts gehört. Man spricht nicht darüber, ist auch keine Rechenschaft schuldig. Es geht ja niemand was an. Ich habe nichts zu verbergen und schreibe weiter. Ich schämte mich, mich bis auf das Hemd auszuziehen. Wir waren beide sehr, sehr müde von den vorangegangenen Strapazen, Hochzeit, Kuhtrieb usw. Michael sagte: „Jetzt müssen wir schon zusammenhalten" – das war sicher ein guter Vorsatz – und er schlief schon.

Ich fand keinen Schlaf – gezeichnet vom Abschied von Zuhause, dann der Fußmarsch, das ungewohnte Beengtsein im Bett, die Tuchent, die Hitze … Das Unerträglichste war: Auf allen Seiten begann es zu beißen und zu jucken. Ich wusste, es sind Flöhe. Es war, als hätte mich ein ganzes Regiment angegriffen. Ich wälzte mich hin und her, passte aber doch auf, ihn nicht bei dem so notwendigen Schlaf zu stören. Es graute schon der Morgen, als auch ich den Bruder Schlaf billigte.

Ich hörte meinen Bettnachbarn nicht aufstehen. Ich schaute mir dann die Bettwäsche an, da sah ich die vielen schwarzen Punkte. Wahrscheinlich war sie lange nicht gewechselt worden, er lebte ja seit dem Hauskauf im Oktober allein hier. Er war ja ein armer Tropf, hatte auch nichts Richtiges zum Essen.

Als ich in die Küche ging, kam auch er mit der erstgemolkenen Milch vom Stall. Mein Vorhaben war, die Möbel in Ordnung zu bringen. Es wurde an dem Tag nichts daraus, da er Frau Deitzer für das Getreidemähen bestellt hatte. Die Ernte hatte begonnen. Das war ja auch der Grund, warum es mit dem Heiraten so eine Eile hatte. Erst am Abend wurde das Nötigste eingerichtet.

Ich stellte mit Bedauern fest, dass sich beim Transport ein Huhn ein Haxerl gebrochen hatte. Ich schlachtete es und kochte es für Mittag. Dazu machte ich Suppennudeln, was sehr schwierig war. Ein kleines, morsches Tischerl stand in der Küche. Ein Fuß war unten abgebrochen, stattdessen war ein Blechdoserl untergestellt. Nudelbrett hatte ich keines, Walker und Bartwisch lieh ich mir von Frau Zöberer aus. Da das Tischerl in der Mitte zusammengeleimt war und schon die Fugen auseinander klafften, fiel das Mehl durch. Es war eine wackelige Arbeit.

„Es täte mich interessieren,
was du so alles mitgebracht hast"

Heimweh hatte ich eigentlich nicht. Von meinem finanziellen Erbgut sah ich nichts. Das gab Vater meinem Ehemann. Ich wusste wohl wie viel. Ein Teil davon lag in der Sparkasse Kirchschlag, da ich noch minderjährig war. Als meine Mutter frühzeitig verstarb, musste Vater einen angemessenen Betrag anlegen. Vater gab nach seinem Gutdünken dazu, geliehen hat er uns auch noch welches. Ich war keine finanzschwache Bauernbraut. Trotzdem reichte es hinten und vorne nicht. Die Hälfte musste mein Gatte seinem Vater geben, der für den Hauskauf privat Geld aufgenommen hatte. Ochsen und Jungvieh raubten den Rest. Mutter gab mir ein Taschengeld, damit ich mir das Allernötigste für die Küche kaufen konnte. Ich kaufte mir eine Ausbrennrein* und einen Schöberweidling*, der vertieft in den Holzherd gegeben werden konnte; in heißem Fett wurden knusprige Rädchen oder Hollerkrapfen* gebacken. Auch dieser Kessel ist durch den Elektroherd unnütz geworden.

Nach einer Woche, als es Zeit war zum Wäschewechseln, zog Michael das schmutzige Hemd wieder an. Ich fragte: „Hast du deine Wäsche noch zu Hause?" Er sagte: „Ich hab nicht mehr. Ein Hemd kann man doch zwei Wochen tragen." Da schaute ich auch in seinem Kasten nach, nur Unwichtiges fand ich da. So musste er auch diese Woche das Hemd tragen, noch dazu bei dieser Hitze. Am Freitag ging ich dann zur heiligen Messe und kaufte zwei Arbeitshemden. Ich hatte ja von Mutter Geld, und übrig geblieben ist mir auch noch etwas. …

Ich brachte ins neue Zuhause viele Kleider mit. Eine Neuanschaffung zog man längere Zeit nur an allerheiligsten Feiertagen an, bis man wieder Nachschub bekam. Ich schonte meine Sachen – nach Hause gekommen und schon umgezogen. Da ich als Neue in der Pfarre auftauchte, wurde ich sonntags beobachtet. Ich bekam es zugeflüstert: „Jeden Sonntag hat sie was anderes an. Bin neugierig, was sie nächsten Sonntag trägt." Die Russen haben mich dann „erleichtert"!

Meine Eltern wurden nach einiger Zeit zu Besuch bei meinen Schwiegereltern eingeladen. Sie bekamen einen guten Eindruck, sahen aber schon, dass diese in ärmlicheren Verhältnissen lebten als sie zu Hause. Das Haus veraltet, rückständig bei den Maschinen, der stille Ort am Misthaufen, das Wasser rann nur wie ein Strohhalm – kein Wunder, dass die Wäsche versudelt war. Weil zwei Personen dazugekommen waren, hatten sie alle Mühe, zum Mittagessen das Besteck zu finden – und das war abgenützt. Schwager Franz, der Bruder meines Gatten, kaufte uns dann als Brautgeschenk ein Essbesteck. Ich lehnte es ab, weil ich wusste, sie brauchten es nötiger als wir, da wir schon ein neues hatten. Sie waren heilfroh darüber.

Schwiegermutter kam bald nach der Hochzeit zu Besuch und sagte: „Es tät mich interessieren, was du so alles mitgebracht hast. Bleib du bei deiner Arbeit, ich will alleine schauen." Sie öffnete alle Türen und Läden. Nach einer Weile kam sie wieder in die Küche und sagte: „So viel hab ich meiner Josefa nicht geben können." Ich freute mich über die Zufriedenheit.

Ich war schon ein erwachsenes Mädchen, als Mutter mit mir nach Aspang ging, um einen Haarzopf zu kaufen. Da ich so schütteres, feines Haar hatte, steckte ich ihn unters Haar, drehte einen Knoten und befestigte ihn mit Nadeln; abends nahm ich ihn herunter. Als ich einmal krank war, suchte mein Gatte in meinem Nachtkastl etwas und entdeckte den Zopf. Ganz überrascht sagte er: „Du hast mich hintergangen, nichts hast du mir davon gesagt. Ich hab mir eh schon öfters gedacht, wenn ich das Licht auslösche, kramt sie im Finstern noch herum." Ja, ich hielt es als Geheimnis, es war mir peinlich. Schließlich war es ein äußerer Fehler, er hätte es bemerken können. Wenn man zu zweit ist, ist man sich Rechenschaft schuldig. Bald kam die Dauerwelle – Handtuch und Seife musste man selbst mitbringen.

Ein Jahr später: Die Lieb' ist Mensch geworden

Eine Schwangerschaft wurde früher fast zum Versteckspiel. Ein lediges Mädchen wäre sowieso am liebsten in ein Mauseloch gekrochen. Die Männer schämten sich für die Umstände der Frauen und zogen sich sechs bis acht Wochen vor der Niederkunft zurück. Auch mir ging es beim ersten Kind nicht anders. Der künftige Papa freute sich zwar, wir beteten gemeinsam abends. Aber einmal standen wir sonntags nach der heiligen Messe mit einigen Freunden beisammen – ich schon ganz rund –, da sagte mein Gatte etwas abseits: „Geh nach Hause!" Ich wusste warum. Es hat niemand gehört. Ich verdrückte mich, war aber schon gekränkt. Später hat er es nicht wieder gesagt. Dieses Kind hat ihm viel Freude gemacht und Gutes getan.

Es waren auch die Einstellungen so blöd. Einmal sagte ein Mann vor allen Leuten: „Michl, was hast du getan?" Gott sei Dank hat sich in der heutigen Zeit eine höhere Achtung entwickelt. Aber sie sind seltener geworden, die Frauen in guter Hoffnung. Es fehlt an Zeit und Opferbereitschaft.

Damals hat man die Kinder zu Hause geboren, und es war üblich, dass der künftige Papa die Hebamme holte. Der Weg musste ja zu Fuß gemacht werden, der Papa trug den Rucksack, die Hebamme ging daneben. Es war für Männer eine peinliche Sache, die Leute guckten und wussten, wünschten viel Glück. Es war schon schön, wenn es vorüber war und die größeren Geschwister es in die Hand nehmen durften.

Wann unsere Kinder Geburtstag haben, das merkte sich unser Papa nicht, nur so beiläufig wusste er es: Barbara – Wintergerste bauen; Frieda – das halbe Heu zu Hause gehabt; Peter – meterhoch Schnee, viele Flieger, Wiener Neustadt bombardiert; Rosi – den Brotbackofen neu gesetzt, Maurer nach Hause geschickt; Maria – Kartoffeln gesetzt. …

Mein Gatte ist nun Vater geworden, und ich nenne ihn von nun an so. Als das Erstlingskind geboren war, wir seine dunklen Haare und Brauen, lebhaften Äuglein bewundert hatten, setzte sich die Hebamme zum Einschreiben. Ich sagte: „Cäcilia", da die Patin so hieß. Der Papa sagte den Namen nach und machte ein finsteres Gesicht: „Cilli, Cilli, beim Goldsknopf habens auch eine ‚Cüller'." Dann sagte er: „Barbara", den Namen seiner Mutter. Mir war es auch recht. Unterdessen war auch die Kinderbadewanne fertig. Der Zöberer-Franz, damals ein junger

Tischler, hobelte und schwitzte, weil er wusste, dass ich die Ankunft erwartete.

Wetti entwickelte sich, wurde bald selbständig und blieb nicht bei mir. Wenn ich nach ihr rief, meldete sie sich tief unten in der Brunnleiten. Blumen pflücken war ihre Freude, und oft kam sie mit einem Büschel zurück. Einmal machte ich mir auch schon Sorgen, wo sie wieder steckte. Mein Rufen hörte sie nicht. Wie von einem Engel gesandt, kam ein Bekannter, das Kind an der Hand führend. „Ich bringe euch ein Dirndl", sagte er und erzählte, wie er sie getroffen hatte.

Der Mann war aus Schwarzenberg, war früher bei Michaels Eltern bedienstet. Er kam zu uns auf Besuch. Als er entlang der Friedhofsmauer heraufging, begegnete ihm das Kind. Er frug sie, wie sie heiße und wo sie hingehe. Schlagfertig sagte sie: „Zum Friseur, weil die Haare so filzig sind", und griff auch hinauf. So ein kleines Kind mit vertretenen Hauspatschen und allein – die kann nur entlaufen sein. Nach gutem Zureden trat sie den Rückzug mit ihm an. Den Friseur würde sie nicht gefunden haben.

Nach Kriegsende ging ihr Jahrgang zur heiligen Beichte und Kommunion. Ich war bemüht, Schuhe aufzutreiben, doch es war umsonst. Ich sah bei den Pürrerwirt-Kindern braune, schöne Schuhe. Ich frug Frau Pürrer, wo man solche bekommt. Sie hüllte sich in Schweigen. Endlich sagte sie: „Beim Schiefer-Lederer." Ich machte einen Versuch, er wies mich ab. Nur schwarzes, pockiges Schweinsleder für zwei Paar Kinderschuhe gab er mir, wo man die Poren von den Borsten sah. Die Pürrer hatte einen Vorteil, weil die Oma die Schwester vom Schiefer war.

So musste mein Dirndl mit vertretenen Schuhen zur ersten heiligen Kommunion gehen. Nach der heiligen Beichte kam Pfarrer Füßl zu mir um die Milch. Ich fragte, wie's war. „Sie war sehr gewissenhaft", war die Antwort.

Eine böse Sache machte sich auch bemerkbar. Am Ringfinger bildete sich eine unansehnliche Geschwulst, die ihr sehr wehtat. Der Erstkommunionstag war sehr traurig. Sie weinte ja die ganze Nacht, und ich wusste mir keinen Rat, kein Arzt hier. Dr. Rössler hatte sich mit seiner Familie beim Einmarsch der Russen erschossen. In Oberpullendorf oder Krumbach war der nächste. Wie komm' ich mit dem Kind nach Krumbach? Kein Autoverkehr.

Trotz der vielen Sorgen, welche auf mir allein lasteten, musste Hilfe her. Dann riet mir jemand: „Der Schermann-Fleischhacker hat ein Russenpferd." Onkel Waldherr, ein Schwager meiner Ziehmutter, erklärte sich als Fahrer bereit. Dr. Kraus, schon ein alter Herr, den ich ja kannte, schnitt die Geschwulst auf. Natürlich gab es Zenen*, er verband sie und sagte: „Habt ihr noch Glück gehabt. Hier der rote Streifen – Blutvergiftung. In einer Woche wieder kommen!" Mir kam der Gedanke: „Ich geb' sie zu meinen Eltern." Als wir bei den Fenstern meines Heimathauses anhielten, schauten die Eltern mit finsteren Gesichtern heraus. Sie glaubten, Russen kommen. Solche gab es ja genug zu dieser Zeit. Das Pferd sah ja danach aus, weiß mit braunen Flecken. Nach einer Woche brachte mein Vater das Dirndl über Tiefenbach zu Fuß nach Hause. Den Arzt hat er auch bezahlt.

Als sie erwachsen war, arbeitete sie noch einige Jahre bei uns in der Landwirtschaft, dann besuchte sie die Krankenpflegeschule in Wiener Neustadt und wurde Diplomkrankenschwester.

„… da passierte ganz was Schreckliches"

Nach drei Jahren meldete sich der zweite Nachwuchs an. Bei einer Untersuchung vor meiner Niederkunft war sich Dr. Hartmann unsicher, ob sich da nicht zwei verbergen, bei so einem Umfang. Doch einen zweiten Herzton konnte er nicht entdecken. Der Ordnung halber ging man auch zur Hebamme, um sie zu bitten, Beistand zu leisten, wenn es so weit ist. Sie bestaunte auch meinen Umfang – alles so fest – einen zweiten Herzton konnte sie nicht finden. Wir waren uns sicher, dass es ein Bub wird. Als es das Licht der Welt erblickte, war es ein zartes, blondes Mädchen, blaue Äuglein. „Sie erstickt mir", rief die Hebamme, „so viel Wasser! Ist das alles?"

Als das Dirndl versorgt war und sie um den Namen fragte, als es zum Einschreiben war, waren wir nicht vorbereitet, da wir ja einen Buben erwartet hatten. „Meinen Namen nicht", der gefiel mir nicht. Ich dachte an eine Helene. Der Vater sagte: „Friederl." Die Hebamme fragte: „Elfriede oder Friederike?" Wir wussten keine Antwort. „Frieda allein gibt es auch", sagte die Hebamme, „zum Kalenderschauen ist jetzt keine Zeit." So schrieb sie: „Frieda Rosalia." Zu der Zeit war der Name oft zu finden. Da gab es eine Peribauer-Frieda, Kohbauer-Frieda, Pachabauer-Frieda, Spatgreen-Frieda, Ungerböck-Frieda, Wiesbauer-Frieda und Doppler-Frieda. Vielleicht hat Vater doch eine von diesen Genannten verehrt?

15 Kilo hatte ich danach verloren. Die Hebamme sagte wohl: „Fest schnüren!" Vielleicht nahm ich es zu leicht, und die schwere Arbeit danach – ich bekam wieder Schmerzen. Dr. Hartmann erkannte, was geschehen war: ein Hängebauch. Seither muss ich ein orthopädisches Mieder tragen.

Friederl entwickelte sich zu einem stillen, braven Kind. Als sie zweidreiviertel Jahre alt war, da passierte ganz was Schreckliches.

Ich will es von Anfang an erzählen. Der Brotbackofen war von der Küche aus zu heizen, ging aber mit seinem Umfang ins hintere Zimmer. Ich hatte gerade die Glut in den Herd geschaufelt und das Brot eingeschossen, da kamen zwei Frauen aus Kirchschlag um Eier. Eine war Frau Müller, die Frau des Lehrers, die andere Frau Kiderle. Sie wussten, dass wir Kinder hatten und brachten einen Lebkuchen mit. Solche Gaumenfreuden gab es nicht alle Tage, es war ja Krieg. Die Mäderln wollten sich vorher die Hände waschen, und Friederl griff nach einem 5-Liter-Häfen, welcher kochend heißes Wasser enthielt. Da sie klein war, ergoss sich diese gefährliche Brühe über sie.

In diesem Augenblick war ich nicht anwesend, ich musste ins Schlafzimmer, um Geld zu wechseln für die Eier. Ich hörte den Schrei. Die Frauen waren schon aufgeregt beschäftigt, das Gewand abzunehmen. Das Kind schrie immer noch: „Handi waschen, Handi waschen!" Die Frauen rannten davon, um so schnell wie möglich den Arzt zu verständigen. Dr. Rössler hatte die Ordination in der alten Wallnerhof-Villa. Über die Strobl-Leiten galoppierten sie hinunter.

Ich trug verzweifelt das nackte, schreiende Kind umher. Da fiel mir ein: Meine Leute waren beim Gerste-Eineggen. Ich muss sie rufen. Aus Leibeskräften schrie ich das Unglück heraus. Der Vater war auch gleich zur Stelle und löste mich beim Tragen ab. Da kam auch schon Dr. Rössler angerannt.

Die Diagnose war: im halben Gesicht Verbrennungen zweiten Grades, vom Ohrenansatz an dritten Grades. Bis die Kleider entfernt waren, entstand sogar ein Loch. Er strich eine Brandsalbe darauf und verband es. Er bereitete uns vor, dass Fieber zu erwarten sei. Es war dann auch so, und er kam an diesem Tag nochmals, was uns sehr rührte. Sie hatte ein kleines Schalerl, das sie sehr gern hatte. Sie sagte: „Wenn ich sterbe, gehört das Schalerl der Wetti." Diese Verbundenheit der beiden Mädchen hat sich bis heute erhalten. Immer wieder bemerkte ich: Wo die eine ist, ist auch die andere.

Wochenlang hielt das Fieber an, und der Doktor kam immer wieder, um einen neuen Verband anzulegen. Es war ein schauderhafter Anblick, wie tief das heiße Wasser in das Gewebe eingedrungen war und es zerstört hatte. Schwarz, blau, rot, ja eitrig wurde die Wunde. Als sich das Fieber legte, konnten wir das Dirndl in die Ordination bringen. Eine Zeit lang war zweimal in der Woche ein Verbandswechsel nötig, im letzten Monat einmal. Wir brauchten im Warteraum nicht zu warten, bis wir an die Reihe kamen. Die Wunde eiterte, und es stank auch gleich, wenn wir anwesend waren. Es dauerte Monate, bis sich eine Heilung zeigte.

Sie hielt das Köpfchen schief, das durfte aber nicht so bleiben. Als sich neue Haut gebildet hatte, fing der Doktor an, das Köpfchen zu drehen, damit sich Falten bilden können, die man zum Drehen des Kopfes braucht. Die Wunde wurde wieder frisch aufgerissen, und das Blut spritzte heraus. Wie das Dirndl bei jeder Drehung schrie, kann sich jedermann vorstellen. Auch die Patienten im Wartesaal wurden unruhig. Es hat sich aber gelohnt, sonst hätte sie den Kopf heute noch schief. Nicht nur einmal musste sie diese Prozedur über sich ergehen lassen.

Es war für mich eine große Belastung, von Anfang April bis Ende November, die Schmerzen mitfühlen, zu Fuß hin und zurück, zum Gehen war sie zu schwach, zum Tragen zu schwer. Abwechselnd schafften wir es. „Tragen, tragen", sagte sie immer.

„Unsere Kinderwünsche waren eigentlich noch nicht ganz erfüllt ..."

Ein Jahr nach Friederl meldete sich schon der nächste Nachwuchs an. Man musste alles annehmen, wenn es auch peinlich war. Das kleine Mäderl ist ja noch nicht einmal auf beiden Beinen gestanden.

Ich war im achten Monat. Schwiegermutter war schwer krank, ich besuchte sie und brachte mit, was einem Kranken guttut. Sie ließ mich an diesem Tag nicht heimgehen, meine Hilfe tat ihr wohl. Am nächsten Tag machte ich mich auf den Weg heimwärts. Ich hatte ja zu Hause auch kleine Kinder. Sie trug mir auf, bald wiederzukommen: „Du siehst ja, wie hilflos ich bin" – der Sohn Franz im Krieg und Schwiegervater 75 Jahre alt. Ich wurde beim Nachhausegehen sehr nass. Ich besprach mich mit meinem Gatten. Er meinte: „Wenn sie dich so notwendig braucht – zum Mitbringen wär' auch was –, so geh wieder zu ihr hinüber!"

Ich schlief wieder neben ihr, zeitweise fantasierte sie: „Einen Engel hab ich schon, einen hol' ich mir noch." Ich kannte mich da nicht aus. Der Schwiegervater schlief hinten in einem Bett.

In der Nacht spürte ich auf einmal nass. Ich machte Licht: O Gott, Blut, was tun? Nach längerem Überlegen weckte ich Schwiegervater auf, er müsse meinen Mann verständigen und die Hebamme benachrichtigen. Das tat er dann auch. Die Hebamme sagte, sie müssten mich nach Hause führen, aber sehr vorsichtig. Sie komme dann auf Nachschau. Mein Gatte ging zu Schwager Stefan, und sie führten mich nach Hause. Der Weg war damals recht holprig und steinig. Die Hebamme tröstete mich: „Wenn keine Wehen kommen, kann noch alles gut werden." Zwei Tage lag ich noch ruhig, aber dann kam das Ende meiner Hoffnung.

Nach der Geburt des Bübleins hörte ich nur ein Winseln. Das Köpfchen hatte Frau Baumhauer in Watte gewickelt und wollte ihn mir gar nicht zeigen. Sie ordnete gleich eine Haustaufe an, der Kaplan kam nach der heiligen Messe. Bruder Franz war gerade auf Kriegsurlaub da und wurde der Pate von dem kleinen Michael. So ein Kinderl kommt heutzutage in den Brutofen. Es war Krieg, kein Platz für solche Kleinigkeiten. Mit genauer Anleitung für die Ernährung erholte sich das Kinderl zusehends; bei seinem normalen Geburtstermin hatte es ein Normalgewicht erreicht. Doch es kam böser.

In diesem Jahr wütete der Keuchhusten. Ein Dienstmädchen brachte ihn ins Haus. Schon waren alle Kinder angesteckt. Barbara überstand ihn am besten. Friederl ging es auch schlecht. Es war so ein Ziehen und Um-Luft-Ringen; eine Person schaffte es manchmal nicht, sie hochzuheben.

Der kleine Winzling war zu schwach, um auszuhusten, wurde jedes Mal blau. Vater trug ihn in den Wald, um ihm zu helfen. Er hätte in eine Kinderklinik gehört, aber da hieß es: „Kein Platz! Ist alles überfüllt mit verwundeten Soldaten." Es war eine bittere Zeit für uns beide. Die Landwirtschaft erforderte auch unsere Kraft. Eine Lungenentzündung kam dazu und brachte dann das Ende. Schwiegermutter starb vierzehn Tage vorher. Mein Gatte kümmerte sich um das Begräbnis, da Schwager Franz im Krieg war. Danach begriff ich erst, was sie gemeint hatte, als sie fantasierte: Ihrer Tochter Josefa war auch ein Büblein verstorben, das war der erste Engel. Der zweite war unser Kind. Der Herr hat ihn gegeben, der Herr hat ihn genommen.

Schwiegermutter war eine gute Seele. Kurz vor ihrem Tod brachte sie in einem Buckelkorb ein Lamperl* für die kleine Wetti. Man muss bedenken, der weite Weg, das Tier strampelte hin und her. Sie hatte mit dem Dirndl so eine Freud'; es hatte ihre lebhaften braunen Augen und ihren Namen.

Unsere Kinderwünsche waren eigentlich noch nicht ganz erfüllt. Männer halten viel auf Namensweitergabe. Nach drei Jahren Pause war es dann so weit. Ein Büblein wurde uns geboren: braune Äuglein, dunkles Haar. Die Häubchen von den Mäderln waren ihm zu klein. Wie freuten uns sehr, einen männlichen Hoferben zu haben.

Als er versorgt war und es wie gewohnt zum Einschreiben war, kam Pfarrer Füßl bei der Tür herein. Er fragte: „Wie ist der Name?" Ich sagte: „Franz oder Peter", denn Nachtaufen war nicht üblich, wenn man mit einem Kind Unglück hatte. Der Pfarrer sagte entschlossen: „Peter ist viel schöner." So bekam er den Namen des Großvaters.

Früh erkannte man – sein Interesse waren die Fahrzeuge. Eine Aufregung brachte er uns als kleiner Bub. Wir hörten ihn im vorderen Zimmer schreien. Es war zugesperrt. Das konnte er, aber aufsperren nicht. Wir versuchten es mit einer Leiter beim Fenster. Dieses öffnete er dann. Immer wieder schrie er: „Brennen, brennen", und zeigte mit dem Finger in den Mund hinein. Zu unserem Schreck sahen wir, dass die Benzinflasche geöffnet war.

Die Aufregung war groß. Ein Mädel schickten wir voraus, um den Doktor zu verständigen. Vater rannte mit dem Kind in Händen, ich nebenher, über die Strobl-Leiten hinunter. Als wir ankamen, hatte der Bub sich etwas beruhigt. Der Doktor leuchtete in den Hals und stellte keine Verätzungen fest. Es war nichts passiert.

Noch einen Witz erlaubte er sich. Den musste ich ausbaden. Er war recht wehleidig, hatte Zahnschmerzen. Ich brachte ihn zum Zahnarzt Bartu. Er saß schon auf dem Pult. Als der Zahnarzt noch einen Moment etwas vorbereitete, sprang der Bub herunter und rannte, was er nur konnte, heimwärts. Ich hinterdrein, hatte aber keine Chance, ihn zu erwischen. Beim Reisner stand Hilde gerade auf der Straße. Ich schrie: „Halt den Buben auf!" Es glückte ihr. Dann ging er doch mit mir wieder zurück, und der Zahn musste heraus. Sehr weh tat es ihm auch, als er vom Gitterbett ausziehen musste, weil ein jüngeres Geschwisterchen dem Kinderwagen entwachsen war.

Als die Mandeln genommen wurden, war er schon ein Schuljunge. Wenn es möglich war, nutzte man dazu die Ferienzeit. Wie bei Friederl fuhren wir auch nach Wiener Neustadt. So ein leidgequältes Kind ist auch für Muttis anstrengend

– auch noch Wochen danach – das brauch' ich gar nicht näher erklären.

Zeitig schon griff er zu den Maschinen und zum Traktor und plagte sich dabei.

„Die Mäderln erkannten ihren Vater noch"

In diesem Jahr, als Peterl geboren wurde, musste Vater auch zum Kriegsdienst einrücken. Anfangs schickte er von der Lüneburger Heide Heidekraut und Bildchen, für jedes eines. Bis zum Kriegsende ging es so halbwegs. Ich hatte als Arbeitskräfte Ausländer. Sie waren brav. Aber dann? Ich war auf mich allein gestellt. Der Raub der Russen, einige Tage geflüchtet. Die Kinder litten auch darunter. Wenn die Not am größten ist, ist Gottes Hilfe am nächsten.

Als ich wieder Ochsen gekauft hatte – die Russen waren mit zwei Wagen und vier Ochsen davon –, kam Pfarrer Füßl mit einem Schauspieler. Sie luden Mist auf, und ich fuhr ihn aufs Feld und breitete ihn aus.

Die erste heilige Messe war bei den Wetterkreuzen, da die Kirche verwüstet war. Ich konnte daran nicht teilnehmen, weil ich keine Kleidung hatte. Alles ausgeraubt, nur was ich am Leib trug, hatte ich.

Die Kinder waren einige Tage beim Winterleitner. Die Mäderln holte ich mir bald, da ich sie als Schutz vor den Russen brauchte. An jeder Hand ein Kind, so kam ich mit der Fürbitte Mariens wie durch ein Wunder unberührt durch die schwere Zeit.

Peterl hat beim Winterleitner das Gehen gelernt. Sie ließen mir dann sagen, ich solle das Büblein holen, da die Patschen durchgetreten waren. Wieder war ich ratlos. Woher nehmen? Ich bat den Deitzer-Schuster und bekam von Siegfried übertragene.

Bei der Heumahd kamen um drei Uhr Früh fünf Männer und mähten bis sechs Uhr. Es waren Idealisten, welche einer armseligen Bäuerin halfen. Ihre Namen will ich hier noch veröffentlichen, obwohl sie Gott schon längst abberufen hat: der Hettinger war Holzschneider, Seidl Ziegeldecker, Deitzer Schuster, Konlechner ein Zimmermann und Kornfeld von der Molkerei. Um sechs Uhr war Schluss, da gingen sie ihrer eigenen Arbeit nach.

Für den kleinen Peterl ließ sich auch ein Kindermädchen finden. Die Mäderln molken schon die Kühe. Langsam trauten sich auch Taglöhner hervor. Als Wirtschafter bekam ich tagsüber den Simon Schani.

Der Sommer war trocken und heiß, die Korngarben waren wenige. Das Vieh musste im Stall bleiben, da die Russen mit ganzen Tierherden, die Maul- und Klauenseuche hatten, die Weiden beanspruchten. Die jungen Landwirte kennen diese Seuche nicht. Ich hatte sie im Jahr 1921 als Kind schon erlebt. Die Tiere stoßen Schaum aus dem Maul, können schwer fressen und gehen.

Als Trunk gab es schwarzen Kaffee oder Wasser. Die Mostfässer waren leer, mit Kanistern geholt, die Saftflaschen weg. Alles war zufrieden, Hauptsache der Krieg ist zu Ende. Postverkehr gab es nicht.

Ich will von der Heimkehr des Gatten und Vaters berichten. Schön langsam kamen nach Kriegsende Väter und Söhne zurück. Manche getarnt mit einer Sense oder einem Rechen am Rücken. Hunderte Gebete schickte ich während seiner Abwesenheit zum Himmel, dass ich nicht Kriegswitwe werde. Von einem Tag zum anderen war es ein Warten und Hoffen. Heute nichts, vielleicht morgen. Und ein Morgen brachte das erste Lebenszeichen. Es war schon Ende Juni. Wie ich schon berichtete, holte Pfarrer Füßl bei uns die Milch. Glücksstrahlend trat er zu mir und sagte: „Ich bringe gute Nachricht", und hielt einen Brief in Händen. Ja, es war Vaters Kurrentschrift. Ich las in seiner Anwesenheit: „Liebe Sali! Ich bin seit Kriegsende bei meinem Kriegskollegen in Anif bei Salzburg. Er ist auch Bauer, gab mir ein Zuhause, bis sich eine Möglichkeit zur Heimkehr ergibt. Bin derzeit Stallbursche und helfe in der Landwirtschaft. Sein Name ist Kittl. Ich hoffe, ihr habt die schweren Monate gut überlebt. Bis auf weiteres, dein Michael und Vater."

Füßl erklärte mir dann auch, wie ich zu diesem Schreiben gekommen bin. Die Salzburger Festspiele wurden eröffnet, und Wiener Schauspieler gastierten dort. Mein Gatte hörte davon, ging ins Festspielhaus und frug Schauspieler, ob sie Pfarrer Füßl aus Kirchschlag kennen. Einige Schauspieler kannten wir persönlich, da sie Lebensmittel aus Kirchschlag und Umgebung bezogen. Er hatte Glück, ging wieder nach Anif und schrieb den Brief. So gelangte der Brief in Füßls Hände. Es klingt wie ein Roman, aber es war Tatsache.

Mit vielen Schwierigkeiten verging der Sommer, aber ich konnte hoffen. Er lebt und wird einmal kommen. Ich war mager, und der Rücken begann sich zu neigen.

Es war dann ein Sonntag vor dem Michaelstag, Ende September. Ich war bei der Frühmesse. Als ich aus dem Kirchentor kam, stand da ein Bekannter aus Ehrenschachen bei Friedberg und wartete auf mich. Er erzählte mir: „Euer Papa ist gestern zu uns gekommen und schickt mich heraus, wie die Lage hier ist. Er traut sich nicht her, er fürchtet die Russen. Zu uns kam er teilweise mit dem Lastauto, teilweise zu Fuß. Er sagte, wenn es nicht günstig ist, kehrt er wieder nach Salzburg zurück. Der Mann ging mit mir nach Hause, ich labte ihn und gab ihm ein Plätzchen zum Ausruhen. Er sagte mir dann auch: „Heute geh' ich nicht mehr zurück. Es ist mir zu viel, nochmals drei Stunden Rückmarsch anzutreten. Sie erwarten mich eh erst morgen. Ich bin 75." …

Ich machte das Mittagessen und tat meine Arbeit. Dass er erst am nächsten Morgen heimgehen wollte, damit war ich nicht einverstanden. Ich bat ihn, heute noch nach Ehrenschachen zu gehen: „Ich begleite dich. Es ist mir so wichtig, meinen Gatten und Vater zu holen." Nach einem längeren Zögern sagte er zu. Dann kam Frau Sauer mit ihren drei Kindern. Sie kam ja öfters. Wer nicht Selbstversorger war, hatte Hunger. Sie hörte mein Vorhaben. „Ich will auch mitgehen, vielleicht find' ich meinen Mann." Die Kinder nahm sie mit. Wo hätte sie sie hinstecken sollen? Ich ließ meine Kinder zu Hause.

Es war ein heißer Nachmittag. In Maierhöfen tranken wir schon bei einem Bauern Wasser. Der dreistündige Weg machte uns zu schaffen. An eine Rückkehr war nicht zu denken, es wurde schon zeitig finster. Zu Hause hatten sie den Heissenberger-Vater erst am nächsten Tag erwartet. Zwei Stuben standen zur Verfügung, wir waren elf Personen.

Frühmorgens traten wir die Heimreise an. Beim Schäfersteg war die Kommandantur. Da war die Grenze, drüben Amerikaner, hier Russen. Vater hatte Angst. Er ging mitten unter uns, damit sie ihn ja nicht entdeckten. Sie beachteten uns nicht.

Die Mäderln erkannten ihren Vater noch, Peterl versteckte sich. Vater sah auch schlecht aus. Ich konnte es ihm gar nicht oft genug sagen, wie ich mich freute, dass er wieder da war und unsere Kinder ihren Vater wiederhatten.

„Mein Schmerz war auch ihr Schmerz"

Als sich das Leben nach dem Krieg so halbwegs normalisierte, standen uns große Renovierungen bevor. Vor dem Krieg hatten wir Schulden, während des Krieges gab es keine Baustoffe. So stürzten wir uns ins Vorgenommene. Ein zweiter Keller war erforderlich, damit wir die Pflückäpfel unterbringen konnten. Den vorderen Keller hatten wir während des Krieges ausgehoben, Hieb für Hieb, mit dem Steinkrampen, Schaufel für Schaufel in den Schubkarren, dann auf den Ochsenwagen leeren – sehr mühsam war das.

Alle Zimmerdecken und die Küchendecke neigten sich. Keine Speis, kein Bad, die Fenster morsch. Der Backofen musste aus dem hinteren Zimmer heraus und in die Saukammer verlegt werden. Der gemauerte Küchenherd musste einem Sparherd* weichen. Die Küche und das hintere Zimmer waren im sechzehnten Jahrhundert gebaut worden, die vorderen im achtzehnten.

In diesem Getriebe musste ich erkennen, dass ich wieder in guter Hoffnung war. Als ich im vierten Monat war, überraschten mich Wehen. Das auch noch, und Handwerker im Haus. Zum Glück war das vordere Zimmer schon fertig, sodass ich eine ungestörte Bleibe hatte. Die Hebamme tröstete mich:

Solange keine Blutungen kommen, kann ich hoffen. Es folgten drei Monate voller Schmerzen, jede Bewegung Schmerz – und das mitten im Wohnungsumbau! Zum Bettmachen hoben mich zwei ins andere Bett, für die Notdurft bekam ich eine Schüssel. Der Maurer im Nebenzimmer musste seine Arbeit einstellen – ich ertrug das Klopfen nicht. Mein Gatte war damals sehr verständnisvoll. „Ein Jahr ist es ohne mich gegangen, so muss es jetzt ohne dich gehen", tröstete er mich. Ich wollte mehr leisten, als ich konnte. Durch schwache Mutterbänder* hatte sich das Kindlein gesenkt. Als es größer wurde, brauchte es mehr Platz, und es wurde für mich erträglicher. So kam ich halbwegs wieder auf die Füße, ganz verlor ich die Beschwerden aber nicht. Es war dann eine ganz normale Geburt. Wir tauften sie Rosalia, da sie schon das dritte Mäderl war.

Sie entwickelte sich zu einem zarten, schwächlichen Kind. Als sie zwei Jahre war, holten wir um zwei Uhr nachts den Doktor, da sie zu ersticken drohte. Er verabreichte ihr Diphtherieserum. Sie hatte sehr schlechte Mandeln. Schon mit vier Jahren mussten wir uns zur Operation entschließen, da sie immer kränklich war. Wir waren wieder in Wiener Neustadt.

Als das Dirndl in die erste Volksschulklasse ging, fand sie einmal nicht nach Hause. Sie irrte beim Heidengassl (heute Lindengasse) herum und weinte. Da traf sie Frau Konlechner. Die kannte sie, sprang auf sie zu und sagte: „Ich finde nicht nach Hause." Jene begleitete sie dann zum richtigen Weg. Sie fürchtete auch das Stückerl Wald, das auf dem Schulweg zu durchschreiten war. Die alte Frau Herzog hat sie des Öfteren begleitet.

Mit Gesundheit wurde sie nicht reichlich beschenkt. Es tat mir sehr weh, hören zu müssen, dass mein ungeborenes Kindlein einen gesundheitlichen Schaden erlitten hatte. Mein Schmerz war auch ihr Schmerz. Nichts kann man ungeschehen machen.

Im Lernen war die Sali fleißig und gewissenhaft. Sie besuchte in Wiener Neustadt die Hauswirtschaftsschule. Als sie zum Wochenende heimkam sagte sie: „In der Schule nennen sie mich Rosi. Gelt, das ist schön!" Von da an bemühten wir uns, auch so zu sagen.

Sechs Jahre nach Rosis Geburt meldete sich nochmals ein Spätling an. Ich war wirklich grantig. 38 Jahre alt, die Älteste 16, nochmals Windeln kaufen, waschen … Ich gab ihm die Schuld, er mir, ich sei zu fruchtbar. In Gottes Namen, man muss es halt annehmen. Die Monate davor waren schwierig, ich musste so viel erbrechen.

Es war Abend, als es dann so weit war. Mein Gatte war gerade eingeschlafen. Ich musste ihn wecken: „Du musst die Hebamm' holen." Er machte einen Seufzer. Ich sah, es fiel ihm schwer, aber es blieb ihm nichts anderes übrig: die Kinder in ein anderes Zimmer tragen, die ganze Nacht keine Ruhe und am Morgen wieder zeitig in den Stall. Nicht umsonst hieß es: Wer will der Ehe Lust, der trage auch die Last.

Es war ein gesundes, braunäugiges Mäderl. Wir tauften sie Maria. Es war für mich der schönste Name, da ich eine Marienverehrerin bin. Heute ist der Name nicht mehr so gefragt. …

Nach der Geburt eines Kindes sah man früher darauf, dass das Kindlein bald die Taufe empfängt. Vater wurde noch am selben Tag getauft, die Meinen bis zu vierzehn Tage nach der Geburt. Die Muttis sind da wegen der Strapazen nicht dabei gewesen. Nur mit Pate und Hebamme wurde sie vollzogen. Sobald sich die junge Mutti kräftig genug fühlte, war die „Vorsegnung"*. Es war der erste Schritt aus dem Haus.

Ich glaube, hier steckt auch ein Aberglaube dahinter. Man durfte vorher nicht „außer die Dachtraufe" treten, also nicht aus dem Haus gehen.

Man wurde von der Hebamme begleitet. Mit einem brennenden Wachsstöckl* ging man mit Pfarrer und Hebamme, verbunden mit der Stola*, zum Altar. Der Pfarrer hielt eine kleine Ansprache an die christliche Mutter – Maria habe auch ihr Kind im Tempel aufgeopfert – und fügte einige Worte zur christlichen Erziehung bei. Nachher gingen wir um den Altar und legten eine Spende auf eine aufgestellte Tasse. Auch die Hebamme bekam einen Schmatt*. Diese Handlung vollzog sich vor Beginn der heiligen Messe. Mit noch brennender Kerze ging man zu seinem gewohnten Sitzplatz, dann löschte man die Kerze aus. Da war man allen Blicken ausgesetzt. Als dann der Brauch Einzug hielt, die heiligen Taufen immer später abzuhalten, wurde diese Handlung da vollzogen. Heute gibt es sie gar nicht mehr. …

Als der Hoferbe Mitte der Siebzigerjahre heiratete, verließen Rosalia und Michael Pichler ihren Hof und bezogen ein Haus, das sie im Verlauf der Sechzigerjahre als Bleibe für den Ruhestand gebaut hatten. Dort vermieteten sie bis Mitte der Achtzigerjahre Zimmer an Feriengäste.

Im Herbst 2007 erlebte Rosalia Pichler mit Freude das Erscheinen der ersten Auflage dieses Buches, und das Vorlesen daraus wurde ihr zu einem lieben Zeitvertreib. Sie verstarb am 18. Februar 2008 im 93. Lebensjahr.

Ihre lebensgeschichtlichen Aufzeichnungen beschloss Rosalia Pichler mit den Worten: „Die Karten sind auf den Tisch gelegt, das Innere beleuchtet. Kein Schatten blieb zurück."

Margareta Wurm

wurde am 6. April 1915 in Gaming, im niederösterreichischen Alpen-
vorland, geboren. Als Säugling kam sie zu einer bürgerlichen Familie
in Pflege, wurde jedoch im Alter von zwei Jahren wieder auf den elter-
lichen Hof zurückgeholt und wuchs als Einzelkind auf.

1937 heiratete sie auf einen Bauernhof in ihrem Heimatort und zog
fünf Kinder groß. Nach der Hofübernahme durch den ältesten Sohn
renovierten Margareta Wurm und ihr Mann eines der ältesten Häuser
von Gaming, in dem sie ab 1983 lebten. Heute wird es von zwei ih-
rer Töchter bewohnt. Bis kurz vor ihrem Tod, am 23. Dezember 2003,
war Margareta Wurm vielseitig interessiert und verbrachte ihre Zeit
im Alter vorwiegend mit Lesen und Reisen. Zu den Büchern, die sie
besonders schätzte, zählte die Lebensgeschichte Barbara Passruggers
(vgl. die Bände 18 und 27 dieser Buchreihe).

Ihre eigenen Lebenserinnerungen hat die Autorin in mehreren Ab-
schnitten in der Zeit von 1999 bis 2001 in Schulheften festgehalten.
Einige Ausschnitte daraus wurden in einen Sammelband mit dem Ti-
tel „Um solche G'schichten wär schod" aufgenommen, der 2001 von
der Bücherstube Gaming herausgegeben wurde.

Margareta Wurms Aufzeichnungen sind teils thematisch, teils bio-
graphisch gegliedert und umfassen etwa 75 Seiten. Sie werden hier in
gekürzter Form wiedergegeben.

„Das neue Haus war nach den damaligen Begriffen geräumig und schön"

Am Osthang des über 1000 Meter hohen Zürnerberges in etwa
700 Meter Seehöhe liegt mein Elternhaus mit dem Hofnamen
„Obersberg"; der kleine Spitzberg ist vorgelagert, deshalb der
Name. In den Jahren 1870 bis 1880 erwarb mein Großvater
durch Kauf das Anwesen. Es war ziemlich baufällig, besonders
das Wohnhaus war ein morscher Holzbau. Die Großeltern bauten auf derselben Stelle ein neues mit Steinen und Ziegeln. …

Das neue Haus war nach den damaligen Begriffen geräumig und schön. Vor der Haustür ein Gemüse- und Blumengarten, die Hoftür gegenüber wurde mehr als Eingang benützt. Betrat man das Vorhaus, war links die Küche mit Brotbackofen, Sparherd* mit Durchheize in die Stube, Eckbank mit Tisch, Brunnenecke mit steinernem Abflussbecken oder Grander*, wie man früher sagte, ein Schüsselkorb* mit Geschirrkasten, anschließend eine Holzlage und ein großer, eingemauerter Waschkessel. Zwischen Herd und Eckbank war die Stubentür.

In der Stube war ein behaglicher Kachelofen mit Ofenbank und Gitterstangen zum Trocknen nasser Kleider oder Wäsche, anschließend ein breites, zweispänniges Bett, daneben eine Tür zum Vorhaus. Auf der südlichen und östlichen Fensterseite waren ein Diwan und eine lange Bank, unter der kleine Laden angebracht waren; dazwischen die Tischecke mit Herrgottswinkel und Hinterglasmalereibildern. Mit etwas Abstand stand die Nähmaschine.

Rechts vom Eingang ins Vorhaus war Großvaters Ausnahmstüberl*, welches sehr einfach möbliert war. Er hatte aber in allen vier Fensternischen schöne, lilafarbene Primelstöcke, die er selbst liebevoll pflegte.

Der nächste Raum war die Speiskammer – mit einem Fenster. Im Dachgeschoß waren im Vorraum eine große und eine kleinere Mehltruhe; es gab einen größeren und zwei kleine Mansardenräume. Das große Zimmer diente als Gästeraum, wenn jemand übernachtete. Eine Kammer war für Burschen, mit zwei Betten, zwei Kleidertruhen, Tisch, Sessel und einem Holzkoffer, den mein Vater zum Einrücken in den Militärdienst benützte. Die zweite Kammer war ein Vorratsraum für Dörrobst und geselchtes Fleisch; auch ein Kasten für selbst erzeugtes Leinen stand dort.

Eine Stiege höher unter dem Blechdach war der Trocken- oder Wäscheboden. In einem Winkel unter dem Dach war ein zirka einen Kubikmeter großes Holzspänelager. Die wurden, gut getrocknet, zum Einheizen von Öfen und Küchenherd gebraucht. Diese Späne wurden von Burschen an langen Winterabenden auf Vorrat gemacht.

Im Allgemeinen machte diese Wohnstätte mit viel Morgensonne und Aussicht auf das Gaminger Becken einen gemütlichen Eindruck. Wenn sachte der Ostwind blies, hörte man die Glocken vom Kirchturm so, als wären sie ganz nahe. Besonders bei Begräbnissen wusste man, wie viel Ehre dem Verstorbenen zuteil wurde. Damals waren diese nach verschiedenen Kondukten* eingeteilt. Wurde ein Besserer, ein Angesehener oder Reicher zu Grabe getragen, klangen alle Glocken tiefer. Das hörte sich an, als würden sie sagen: „Samtene Hosen, seidener Rock." War es jemand aus dem Armenhaus oder Altersheim, erklang nur ein helles Glöcklein, welches von den Leuten als „Klingl-klangl, armer Schlankl*" gedeutet wurde. Gut, dass dieser Unterschied heute nicht mehr gemacht wird.

„… ich war ein Einzelkind"

Als ich im Jahr 1915 geboren wurde, tobte an den Vaterlandsgrenzen der Erste Weltkrieg. Mein Vater kämpfte an der Front. Meine Eltern besaßen ein mittleres Bergbauernanwesen in ziemlich steiler Lage. Mit einem oder zwei jungen, noch kriegsuntauglichen Burschen, die keine Ahnung von Bauernarbeit und keine Ausdauer hatten, und einer Magd musste die Mutter den Hof bewirtschaften. Mein Großvater, 75 Jahre alt, war Ausnehmer*, er musste auch versorgt werden. Er organisierte die Arbeit durch Befehle, zum Beispiel: „Ihr müsst für Vaterland, Volk und Kaiser euren Beitrag leisten!"

Es wurden große Wiesenflächen in steilen Hängen umgeackert. Die Mutter musste zwei Wochen nach meiner Geburt den Pflug in der Spur halten, eine Arbeit, die sonst Männer machen. Ein Bursch oder eine Magd führte die Ochsen vor dem Joch. Oft erzählte mir die Mutter, dass ihr bei dieser Ackerarbeit am Abend ganz schwarz vor den Augen wurde vor Müdigkeit und Schwäche.

Es gab aber eine glückliche Fügung: Eine angesehene Bürgerfamilie aus Gaming, die meine Eltern früher öfter besuchten, kam die Mutter besuchen. Die sahen diese tristen Zustände. Die

Mutter abgerackert, ich weinte und schrie, weil niemand Zeit für mich hatte. Spontan boten sie an, mich in Pflege zu nehmen, und ich wuchs bei ihnen prächtig heran.

Nach zwei Jahren bekam ich ein Schwesterlein, das nach zwei Monaten an Keuchhusten starb. Meine Großmutter tröstete die Mutter mit den Worten: „Bekommst eh noch mehr Kinder." Aber es blieb bei einem, ich war ein Einzelkind.

Nach diesem Trauerfall musste ich vom Pflegeort nach Hause. Die Umstellung war schwer für mich, musste halbe Nächte auf Händen getragen werden. Aber es war doch der richtige Zeitpunkt. Später wäre es noch schwerer gewesen.

Der Krieg nahm kein Ende. Ich kann mich noch gut erinnern, dass es Haferbrot gab. Das war bitter. Der Roggen musste abgeliefert werden, auch Butter und Eier. Es wurden die Kühe gezählt. Der Beauftragte oder Finanzer, wie er genannt wurde, zählte auch einen Stier zu den Kühen und wollte auch von diesem Butter haben. Auch kann ich mich erinnern, wie meine Urgroßmutter starb. Die Leiche wurde auf einem Leiterwagen mit Pferdegespann vorbei an meinem Elternhaus ins Tal gefahren. Ich sah den Leichenzug vom Fenster aus und fragte die Magd, die das Haus hüten musste, wo die Ahnl, so hat man früher statt Urgroßmutter gesagt, hingebracht wird. „Da unten wird sie irgendwo eingegraben", gab sie zur Antwort. Ich bildete mir ein, auf der kleinen Wiese bei der Grundgrenze. Dort ging ich dann immer voll Ehrfurcht und Andacht vorbei.

Advent, Weihnacht, die zwölf Rauhnächte*

Der Advent war eher eine ruhige, stille Zeit. Es kam mir so vor, obwohl die Bauernarbeit im Bergland mit Viehhaltung auch im Winter durch die Pflege und Sorge um die Tiere andauerte. Das waren fünf Kühe, zwei größere, zwei kleinere Ochsen, ein Pferd, sechs bis sieben Jungrinder und Kälber, vier bis fünf Schweine, achtzehn bis zwanzig Hühner, acht Schafe, Lämmer, Katzen und ein Hund. Ein wesentlicher Teil der Winterarbeit war es auch, das Holz ins Tal zu bringen.

Da ich noch im Vorschulalter war, freute ich mich riesig auf das Weihnachtsfest und auf das Christkind. Aber leider war am 6. Dezember Nikolaus- und Krampustag, den hätte ich entbehren können. Der erste Eindruck vom Nikolaus war schrecklich, gar nicht schön. Um zirka sieben Uhr abends rasselte und polterte es vor der Haustür. Zum Glück waren meine Eltern mit der Stallarbeit fertig und bei mir. Es plumpste eine komische Gestalt herein – oben, das Gesicht, etwas freundlicher, aber von den Schultern an mit Pelz und langer Zunge, am Rücken einen Buckelkorb. Es war Nikolo und Krampus in einer Person. Was mich am meisten erschreckte, waren der Buckelkorb und dessen Inhalt. Da ragten zwei zirka einen Meter lange Stöcke heraus, auf jeden Stock war ein Schuh gestülpt. Das sah aus, als wäre ein Kind mit dem Kopf nach unten im Korb. Sicher ein schlimmes Kind, wurde mir gesagt. Nun sollte ich beten, befahl mir diese unheimliche Gestalt. Ich konnte zwar ein kurzes Gebet auswendig, aber unter diesen Umständen wurde nichts daraus. Etliche Birkenruten waren auch im Buckelkorb und ein Sackerl mit Dörrzwetschken, Nüssen und etwas Bäckerei. Dieses bekam ich doch auch ohne Gebet.

In späteren Jahren kamen auch Nikolos, aber mit schöner, passender Kleidung und Bischofsmütze und einem Sackerl mit guter Bäckerei, auch betete ich anständig. Die Krampusse waren immer schiach*, mit Hörnern und langem Schwanz. Einer schlug sogar die Dienstmagd auf Kopf und Füße. Diese flüchtete bei der Haustüre hinaus und lief über den unbeleuchteten Hof in den Stall. Durch die Reflexion des Hauslichtes an der Stallmauer sauste der Teufel mit voller Wucht, wahrscheinlich in der Meinung, das sei die offene Stalltüre, gegen die Mauer. Ich hörte den Krampus nur fluchen. Er verschwand dann in der Dunkelheit. Nächsten Tag wusste mein Vater, dass es der Nachbarbursch war. Man sah, dass er einen großen „Hirnbock" hatte, das ist eine Beule auf der Stirn. Ja, blinder Eifer schadet nur.

Ein unguter Tag vor Weihnachten war auch der 21. Dezember, der Thomastag. Ich wollte einmal nicht schlafen gehen. Es war schon acht Uhr, da kam das Thomaszoll*. Ich wusste nicht, wie es aussah, sicher halb Mensch und halb Tier. Dieses Zoll steckte nur einen pelzüberzogenen Finger beim Türspalt herein, und ich verschwand eiligst unter der Bettdecke. Das waren früher die Erziehungsmethoden.

Endlich kam das glückselige Weihnachtsfest. Der 24. Dezember war ein strenger Fasttag. Die Erwachsenen, das waren meine Eltern und drei Arbeitskräfte, mussten wie jeden Tag um fünf Uhr Früh aus dem Bett: die Tiere betreuen, Futter (Heu und Stroh) für zwei oder drei Tage schneiden, für die Schweine und Hühner Kartoffeln dämpfen, damit diese Arbeit zu den Feiertagen nicht gemacht werden musste. Es gab kein Frühstück wie gewöhnlich, erst um zirka neun Uhr eine Stosuppe* und das erste Kletzenbrot, zu Mittag eine große Schüssel Sauerkraut mit Knödeln oder Apfelspatzen*, am Abend Grießkoch und ein Häferl Milch.

Nach der Stallarbeit kam das Ausräuchern der Wohn- und Wirtschaftsräume, da wurde in eine Pfanne auf Ofenglut Weihrauch gestreut. Meistens ging der Vater vorsichtshalber selbst mit dem Räuchergefäß, um Feuerschaden durch Funkenflug zu vermeiden.

Als ich schon größer war, ungefähr zehn bis zwölf Jahre, durfte ich mit der Weihwasserschale, in der ein Tannenzweig zum Besprengen der Räume, Tiere und Hausleute war, den Vater beim Räuchergang begleiten. Wenn das Ritual beendet war, ist die Pfanne mit dem noch duftenden Inhalt auf ein Stockerl oder einen Schemel in die Mitte der Wohnstube gestellt worden. Die Hausbewohner setzten sich im gleichen Abstand betend im Kreis herum, damit das Korn im nächsten Jahr gleichmäßig aus der Erde sprießt. Es folgte das einfache Nachtmahl. Nachher beteten wir zwei Rosenkränze mit elf Gesätzlein*, weil auch die armen Seelen im Fegefeuer ins Gebet eingeschlossen waren.

Zufällig oder absichtlich ging die Mutter von der Küche ins Vorhaus. Oh, da leuchtete ein wunderschöner Christbaum bei der Türöffnung herein. Die Mutter rief: „Gretl, das Christkind war da!" Ich blieb überwältigt vom Lichterglanz bei der Tür stehen, wahrscheinlich mit großen Augen und offenem Mund. Voll Ehrfurcht näherte ich mich der zirka eineinhalb Meter hohen, duftenden, geschmückten Fichte, welche auf der Werkzeugbank stand. Jedes bunte Kerzlein, jedes Stück Bäckerei, jedes in buntes Seidenpapier gewickelte Zuckerl und erst der schöne, leuchtende Christbaumspitz, der einem kleinen Kirchturm mit einer Uhr glich, faszinierten mich. Unter der untersten Astreihe des Baumes stand ein zartes, kleines Körbchen. Solche wurden damals mit Blumen gefüllt bei der Fronleichnamsprozession von weißen Mädchen getragen. Auch auf dieses Ereignis freute ich mich. Im Körbchen waren auch fünf Griffel, denn die Schulzeit rückte näher, da konnte man dieses Schreibzeug gut gebrauchen. Alles in allem, ich war überglücklich, es hatte mir ja diese Sachen das Christkind gebracht.

Schade, dass dieser naive, beglückende Kinderglaube mit den späteren Jahren verloren ging. Für mich ist die Weihnachtszeit ein Geschenk Gottes, denn Jesus ist durch seine Ankunft der große Seelenarzt und Retter der Menschheit, für solche Menschen, die ihn aufnehmen und ihm vertrauen.

Auch jeder Dienstbote bekam ein Paket mit Unterwäsche oder Stoff für ein Kleid und Bäckerei als Christkindgeschenk.

Bald hätte ich auf die gute Heilignachtjause vergessen, die ungefähr um neun Uhr abends auf den Tisch kam. In der Mitte stand die geweihte, brennende Weihnachtskerze, die nach Bienenwachs roch, rundherum Kletzenbrot, Honig, Butter, süßer Most, selbstgebrauter Obstschnaps, Emmentalerkäse, der allen seltsam* war und daher besonders mundete. Es gab damals nur die eine Sorte Käse in den Lebensmittelgeschäften zu kaufen. Bevor das jüngere Hausgesinde zur Christmette ging, gab es einen großen Gugelhupf, Tee oder Kaffee. Meine Eltern und Großvater beteten nochmals zu Mitternacht, aus Dankbarkeit für die glückliche Heimkehr des Vaters aus dem Ersten Weltkrieg. Von Müdigkeit überwältigt schlief ich auf der Ofenbank ein, bis mich die Mutter ins Bett transportierte.

An eine Begebenheit in der Heiligen Nacht kann ich mich noch ganz gut erinnern. Ich war vielleicht drei oder vier Jahre alt, saß im Bett in der Stube und sah zum Tisch hin, auf dem die brennende Kerze üblicherweise die ganze Nacht stand. Wahrscheinlich senkte sich durch die Wärme die Kerze im Bogen auf das Tischtuch nieder. Dieses fing Feuer und brannte hell auf. Meine Eltern schliefen, ich betrachtete das Schauspiel in der Meinung, in dieser Nacht müsste alles beleuchtet sein, und lallte in der Kindersprache: „A Feili, a Feili!", bis Vater und Mutter aus den Betten sprangen und es löschten. Das Tischtuch war verbrannt, auf der hölzernen Tischplatte war ein im Durchmesser 50 Zentimeter großer, schwarzbrauner Brandfleck. Zum Glück wachte über uns ein guter Schutzengel. Das hätte schwere Folgen haben können. Am Weihnachtstag hobelte Vater die hölzerne Tischplatte, so gut es ging, glatt. Ein handtellergroßes, dunkelbraunes Brandmal blieb als Mahnung erhalten, es war zu tief eingebrannt.

Auch der nachfolgende Christ- und der Stephanitag waren von besinnlicher, weihevoller Stimmung geprägt. Auf die außergewöhnliche, festliche Mahlzeit freuten sich alle. Wurde vor den Feiertagen ein Schwein geschlachtet, gab es Nudelsuppe, Schweinsbraten mit Erdäpfeln und Krautsalat, als Nachspeise einen Mostpudding* oder süßes Rahmkoch*. War kein Schwein schlachtreif, war gekochtes Rindfleisch mit Semmelkren und gerösteten Erdäpfeln oder auch gespickter Rehrücken das Festessen. Rindfleisch und Wild kaufte man beim Fleischhauer.

Auch die geruhsamsten Feiertage werden von der Stallarbeit unterbrochen. Die ist fix und naturbedingt, diese Arbeit lässt sich nicht auf die lange Bank schieben. Haustiere kann man nicht aushungern und vernachlässigen.

Bevor der Mähdrescher in der Landwirtschaft Einzug hielt, wurden die Werktage zwischen Weihnacht, Neujahr und Heiligendreikönig zum Dreschen des im Herbst in der Scheune gelagerten Getreides genützt. Es war bei mir so, dass ich dabei helfen musste und auch bei meinen Kindern waren die schulfreien Tage für den Getreidedrusch willkommen.

Silvester, Neujahr – heute lautes, ohrenbetäubendes Feiern, in meiner Kindheit und Jugendzeit stilles, besinnliches Verhalten. Mit Danksagung in der Kirche, Anzünden des Christbaumes und einfacher Kost verabschiedeten wir das alte Jahr. In dieser mageren Rauhnacht* sollten Träume in Erfüllung gehen. Am Neujahrstag wünschte man allen Leuten Gutes für das kommende Jahr.

In der Nacht auf Heiligendreikönig feierte man die fette Rauhnacht, die letzte. Vielleicht ist bei manchen Bauern dieser Brauch auch heute noch üblich: zuerst wieder der Räuchergang durch Haus und Hof, das Räuchergebet im Kreis und nochmals Christbaumkerzen anzünden, bevor die fette Kost auf den Tisch kam. Meistens gab es Schweinsbraten mit gebackenen Knödeln* und als Nachspeise eine Schüssel Milch, in der mundgerechte Semmelbrocken waren, die sogenannte Perschtmilch*.

In manchen Alpentälern sind die Perchten zum Austreiben des Winters auch heute noch unterwegs, aber in unserer Gegend, hatte es früher einen anderen Sinn. Die Scheunentenne musste sauber gekehrt werden, damit die Perscht* mit ihren Zoderwascherln*, das waren verstorbene, ungetaufte Kinder, ungehindert tanzen konnte. Auch die übrig gelassene Semmelmilch war der Perscht zugedacht. Die blieb unberührt bis zum nächsten Morgen. Es war die letzte Rauhnacht.

In diesen längeren Winternächten war die Arbeitszeit etwas kürzer, um Licht zu sparen. Wir hatten noch Petroleumlampen und Kerzenlicht. Erst nach dem Zweiten Weltkrieg, im Jahr 1960, bekam mein Elternhaus elektrischen Strom. Halb licht, halb dunkel waren die Dämmerstunden – geeignet zum Erzählen von Gruselgeschichten, Sagen und Kriegsereignissen.

Pfiff der Wind mit Gejammer durch den Rauchfang, vermutete man, es klage irgendwo eine arme Seele, die der Erlösung bedarf. Brauste ein mächtiger Sturm über die Baumwipfel und um das Haus, war das die Wilde Jagd* oder „Gjaid", wie sie der Großvater nannte. Besonders schaurig klang der Ruf der Nachtvögel, von Eule, Uhu und Wichtel. Das Wichtel ist eine kleine Eulenart, die wegen ihres schrillen Schreis für einen Totenvogel gehalten wurde. Meistens, wenn jemand krank war und man in der Nacht Licht brauchte, zog es diese Eule zum beleuchteten Fenster. Bei ihrem Geschrei, das sich wie „Zieh mit" oder „Geh mit" anhörte, erschraken die Leute. Auch Füchse raunzten in der Nacht, bei Tag kreisten Hühnergeier*, die Ausschau nach einer Henne oder einem Haserl hielten, erhaben in der Luft. Auch der angrenzende Wald war voll Sagen und Spukgeschichten, fast zum Fürchten. Auf einem Einödhof ist es wirklich etwas unheimlich.

Unheimlich war auch jene Christnacht knapp nach dem Ersten Weltkrieg, als Wilderer Treibjagd auf unserem und dem Nachbargrund machten. Eine sternenklare Vollmondnacht nützten die vielleicht Hungrigen zu einem Unfug aus. Man hörte Geschrei und Getrampel, als Treiber das Wild, hauptsächlich Rehe, in ihren Verstecken aufscheuchten. Kurz darauf krachten Gewehrschüsse, so erlegten sie die Beute und beschafften sich einen Festtagsbraten. Am Morgen sah man im harschtigen* Schnee Spuren des Gemetzels.

„Damals zählten Muskelkräfte mehr als Hirnschmalz"

Der Vater kam aus dem Krieg im Jahr 1919 halbwegs gesund heim. Für mich rückte die Schulzeit immer näher. Ich freute mich sehr, denn da war ich dann eine Schülerin. Auch eine neue Schultasche wartete auf ihren Gebrauch. Ich sah schon immer Schüler von höher gelegenen Bauernhäusern vorbeigehen. Die hatten die Schultaschen auf dem Rücken, etliche Hefte und eine kleine Schiefertafel waren der Inhalt. Was mir besonders gefiel, waren die an der Tafel befestigten zwei Schnüre, an einer Schnur war ein Schwamm, an der zweiten ein kleines Tücherl zum Löschen der Schrift oder der Zeichnungen. Dieses Zubehör flatterte außerhalb der Tasche. Das sah so lustig aus.

Ich ging gern zur Schule. Nur der Weg war weit, insgesamt zehn Kilometer hin und zurück. Man musste als Bergbauernkind schon abgehärtet werden. Andere Kinder hatten einen noch weiteren Schulweg. Auch die Kleidung war schwer. Ich hatte einen Lodenmantel von einem verunglückten Knaben. In der Nachkriegszeit war alles schwer zu bekommen. Er passte mir bis zum elften Lebensjahr oder musste einfach passen, dann bekam ich einen neuen Umhängemantel. Es gab für Bergkinder auch keine Halbschuhe, nur hohe, derbe Bergschuhe. Da waren alle froh, dass man im Frühjahr und Sommer bloßfüßig gehen konnte. Heute werden alle Kinder, die weiter von der Schule entfernt wohnen, mit dem Auto oder mit Bussen hin- und zurückgefahren. Meine Kinder mussten auch noch zu Fuß zur Schule gehen, insgesamt zwölf Kilometer.

Unser Turnlehrer, er war auch Klassenvorstand, erlaubte uns Ski- oder Rodelfahren in der Turnstunde. Wir hatten eine primitive Skiausrüstung. Meine Freundin benützte die Skier ihres Bruders, ich die vom Vater, die für mich viel zu lang waren. Das war eine Plagerei. Auf der Schlittenbahn den Berg herunter war das Fahren zu gefährlich, zu steil und eng, wenn Gegenverkehr kam. Im Wald daneben konnte man den Bäumen schlecht ausweichen. Wir mussten abschnallen und zu Fuß laufen. Abgehetzt und voll Schweiß traten wir um eine halbe Stunde zu spät bei der Klassentür ein. Erstaunen und boshafte Bemerkungen hörten wir von den anderen Kindern. Ich ging gleich zum Lehrer, der uns ja zum Skifahren animierte, und entschuldigte mich. Zum Glück hatte er die erste Unterrichtsstunde.

Nächste Turnstunde fuhren wir mit selbst gebauten Schlitten, die unsere Väter oder Handwerker machten, die sogenannten Geißlschlitten*, die wir auch in der Früh zur Schulfahrt benützten, aber am Nachmittag den Berg hinaufziehen mussten. Schöne fabrikerzeugte Rodeln hatten nur die Kinder einer Kaufmannsfamilie und die des Oberlehrers.

In den Zwanzigerjahren nahm der Skisport in unserer Gegend zögernd seinen Anfang. Es gab noch keine Lifte. Wer fahren wollte, musste seine Skier gebündelt auf der Achsel tragen und vor der Abfahrt anschnallen. Eine bequeme Ausrüstung wie heute gab es nicht. Mädchen und Frauen hatten keine Skihosen, nur Unterhosen und Kittel. Sogar die Frau des Lehrers fuhr mit Kittel Ski. Ich gab diesen Sport wegen schlechter Ausrüstung auf. Außerdem gab es in den letzten Schuljahren zu Hause zusätzlich reichlich Arbeit für mich. Auch Vater benützte seine Skier nicht zum Sportvergnügen. Er gebrauchte sie zum Wildfüttern, wenn hohe Schneelage war.

Schulkleider hatte ich nur zwei. Ein Barchentkleid* für den Winter und ein Sommerdirndl, welches immer zum Wochenende gewaschen und am Montag in der Früh schnell mit dem Stachelbügeleisen* gebügelt wurde. Es gab noch keinen elektrischen Strom auf den Bergen. Wenn man von der Schule nach

Hause kam, wurde die Bekleidung gewechselt. Man zog ein abgetragenes, geflicktes Gewand an. Das, glaube ich, war überall bei den Bauernkindern so.

Meiner Meinung nach haben meine Eltern so gespart, weil meine Mutter in einer kinderreichen Familie aufgewachsen ist, es waren zehn Geschwister. So wurde auch ich einfach und sparsam erzogen. Außerdem mussten drei Arbeitskräfte für die Bewirtschaftung des Hofes bezahlt werden.

Die Magd kam durch Heirat vom Dienst weg, so musste ich überall mithelfen, obwohl ich noch zwei Jahre zur Schule ging. Wenn ich von der Schule heimkam, lag ein Zettel auf dem Tisch, auf dem die Arbeiten, die ich zu erledigen hatte, geschrieben waren; zum Beispiel Holz tragen, Butter machen, im Garten Unkraut jäten, am Samstag Küchenboden reiben.

Besonders gefürchtet habe ich die Ferien. Da fiel die meiste und schwerste Arbeit an, oft den ganzen Tag in der Sommerhitze heuen oder Korn schneiden mit der Sichel. Die schwerste Arbeit wurde schon von Männern gemacht, aber für mich war auch das Aushalten in der Sonne schwer.

Meine Schulleistungen wurden durch diese Anforderungen auch schlechter. Unser Klassenvorstand war ein gütiger Mensch. Er wollte meinem Vater einreden, mich nach der Pflichtschule weiterbilden zu lassen, aber da stieß er auf taube Ohren. Ich wurde daheim zur Arbeit gebraucht und durfte die dritte Bürgerschulklasse nicht mehr fertig machen. Ich war im April 1929 vierzehn Jahre alt, und da musste ich austreten.

Bürger- und Angestelltenkinder besuchten höhere Schulen. Bei Bauern- und Arbeiterkindern war das wegen der Kosten nicht möglich. Ich wollte so gern eine landwirtschaftliche Haushaltungsschule besuchen. Ich getraute mich meinen Vater gar nicht zu fragen, denn das kostete ja Geld. Die Mutter hätte das eher erlaubt. Außerdem war damals eine solche Schule weit entfernt. Einige Mädchen in unserer Gegend absolvierten sie doch, aber die Mehrzahl nicht. Es war eine Unterdrückung der Bildung statt einer Förderung. Damals zählten Muskelkräfte mehr als Hirnschmalz. Sonst verlief die Jugendzeit eher glücklich, obwohl Geld immer knapp war.

„Urlaub machen war nur ein Traum ..."

Wahrscheinlich war die Erziehung, besonders bei Bauernkindern, seit einem Jahrhundert gleich geblieben. Noch früher waren vielleicht auch Lesen und Schreiben verpönt. Es musste jede Arbeit mit der Hand gemacht werden, deshalb waren auf unserem Hof drei fremde Arbeitskräfte, die verköstigt, verpflegt und bezahlt wurden. Billiger waren eigene Kinder ohne Lohn, deren Anspruch als Erbteil abgefunden wurde. ...

Die Freizeit war sehr beschränkt, da bei uns Viehzucht und Holzwirtschaft die Lebensgrundlagen waren. Jeden Tag, ob Sommer oder Winter, ob Werktag oder Feiertag, begann die Stallarbeit um fünf Uhr Früh. Im Sommer, wenn die jüngeren Tiere auf der Weide waren und nur Kühe und kleine Kälber zu versorgen waren, machten die Arbeit die Mutter und ich. Die Männer sind gleich auf die Wiese, um das taunasse Gras mit der Sense zu mähen. Nach der Stallarbeit trieb ich die Kühe auf die Weide.

Die Mutter kochte einstweilen das Frühstück, das war Stosuppe, gemacht aus Buttermilch und etwas Rahm mit Mehl versprudelt, in Kümmelwasser eingekocht, dazu gab man Brot. Nach dem Frühstück wurden auch Mutter und ich zum Mähen gebraucht. Durch diese Rumpfbewegung schmerzte anfangs das ganze Knochengerüst.

Ab zirka zehn Uhr wurde das gemähte Gras mit der Heugabel ausgebreitet, damit es die Sonne trocknete. Ungefähr um zwölf Uhr war das Mittagessen. Danach reichte es selten für eine kurze Pause. Meistens drängte die Arbeit, oder es zogen schon Gewitterwolken auf, die eine Hektik in den Tagesablauf brachten. Gras braucht zwei bis drei Sonnentage zum Trocknen, ehe man es in die Scheune bringen kann. Oft überraschten uns Gewitter oder lang anhaltender Regen, dann war die Arbeit doppelt zu machen.

Nachmittags wieder eine kurze Jausenzeit mit Most, Brot, im Sommer Schafkäse, um sechs Uhr abends war wieder Stallarbeit, danach, je nach Witterung und Feldarbeit, das Abendessen mit Suppe, Milch oder Grießsterz. Es war keine Freizeit, alle waren müde und sehnten sich nach Bettruhe.

Am Samstag erlaubte der Vater den männlichen Dienstboten um fünf Uhr Arbeitsschluss. Die weiblichen, auch Mutter und ich, machten die gewöhnliche Stallarbeit. Bei anderen Bauern wurde auch oft bis spät in die Nacht hinein gearbeitet.

Am Sonntag endlich genossen wir zum Teil unbeschränkte Freizeit. Der Vater half in der Früh im Stall. Wer wollte, ging zur Kirche. Man freute sich, dass man schönere Kleider anziehen konnte, obwohl jedes nur ein, zwei oder drei Garnituren hatte, und andere Leute zu einem Plauscherl traf. Auch waren damals Sonntagvormittag die Geschäfte offen. Man kaufte das Wichtigste für die nächste Woche ein, etwas Zucker, Germ, eine Zitrone, zu Feiertagen Rosinen und Gewürze. Kaffee rösteten wir aus Gerstenkörnern selbst. Entweder Mutter oder ich kochten das einfache Mittagessen, das war geselchtes Fleisch mit Grießknödeln und Sauerkraut, im Sommer mit Frischsalat. Der Nachmittag war bis zur abendlichen Stallarbeit die längste Freizeit.

Oft kamen aus dem Ort Spaziergänger, oder wir besuchten Nachbarn; auch wurde bei anderen Bauern, wenn ein Harmonikaspieler da war, getanzt. Im Winter machte ich gerne eine Handarbeit, zum Beispiel Stricken, Sticken oder Häkeln. Die Burschen spielten gerne Karten. Diese Jugendzeit war im Verhältnis zu später die unbeschwerteste.

Nach der Verheiratung in eine Landwirtschaft war keine Freizeit mehr. Eingewöhnung in eine fremde Familie, der Ausbruch des Zweiten Weltkrieges und nach und nach fünf Geburten, da musste man froh sein, dass man die notwendigsten Arbeiten bewältigen konnte. Urlaub machen war nur ein Traum. Urlaub nehmen, das gibt es auch heute nur bei viehlosen Betrieben im Flachland.

In meiner Jugendzeit, auch früher, waren im Jahr etliche Bauernfeiertage: 2. Februar (Maria Lichtmess), Faschingdienstag, 25. März (Maria Verkündigung), 24. August (Bartholomäus), 8. September (Maria Geburt), 2. November (Allerseelen). Die Stallarbeit blieb auch an diesen Tagen. Gebirgsbauern haben es auch klima- und arbeitsmäßig schwerer als Flachlandbauern.

Auch bei der Hausarbeit brachte die heutige Zeit so manche Erleichterung, zum Beispiel beim Wäschewaschen. Nach dem

Zweiten Weltkrieg hat die Waschmaschine auch in den ländlichen Haushalten Einzug gehalten. In den Zwanziger- und Dreißigerjahren war die alte Methode üblich. Die Schmutzwäsche wurde sortiert, am Vortag in Soda oder Aschenlauge eingeweicht, am nächsten Tag mit den Händen ausgewrungen, in heißer Aschenlauge im Waschtrog mit selbstgemachter Seife und Bürste sauber geschrubbt, in reinem Wasser mehrmals durchgeschwemmt und an Sonnentagen im Freien aufgehängt. Die benötigten Bürsten wurden auch in der Winterzeit selbst aus gelochten Brettchen und Schweineborsten hergestellt. Eigentlich war mir ein solcher Waschtag damals gar nicht so unangenehm. Im Sommer konnte man vor der Hoftüre im Schatten die Arbeit machen, im Winter im Vorhaus oder in der Küche. Diese Arbeit war leichter als den ganzen Tag heuen oder Korn schneiden in der Sommerhitze.

Wo es möglich war, wurde an Geld gespart. Sogar die Kerzen gossen mein Großvater und auch meine Mutter aus gesammeltem Wachs in eine geeignete, blecherne Kerzenform, sodass man nicht so viel kaufen brauchte. Kerzenlicht und Petroleum waren die einzige Beleuchtung.

Auch das Kochen hat sich verändert. Heute betätigt man nur den Schalter des Elektroherdes. Früher war man gezwungen, bei jeder Hauptmahlzeit den massiven Kachelherd anzufeuern. Auch wurden mehr gekochte Nahrungsmittel verzehrt. Meine Schwiegermutter kochte sogar den frischen Blattsalat in Essig.

Das Brotbacken war noch lange Zeit nach dem Zweiten Weltkrieg üblich. In einem eigenen Backofen, der ungefähr fünfzehn Laibe fasste, wurde ein großes Feuer gemacht. Nachdem das Holz verbrannt und die Kohle herausgeschürft waren, wurden die aufgegangenen Brotlaibe gleichmäßig in den Ofen platziert und zwei Stunden gebacken. Mit einer solchen Brotbäck war man zwei Wochen versorgt. Es war dann schon sehr trocken und hart, aber ausgiebig.

Bevor man Mehl zum Kochen und Backen hatte, musste man die Getreidekörner in einer eigenen Mühle, betrieben durch Wasserkraft, mahlen. In der Nähe des Elternhauses rann ein kleines Bächlein, das konnte aber durch Schneeschmelzwasser die einfache Mühle betreiben. Es musste die ganze, jährliche Getreideernte in kurzer Zeit vermahlen werden, deswegen war die große Mehltruhe im Dachgeschoss des Hauses vorhanden. Natürlich hielt sich das Mehl über das ganze Jahr bis zum nächsten Frühjahr nicht gut, es gab ja keine Haltbarkeitsmittel so wie heute, wo fast jedes Lebensmittel im Supermarkt mit Zusatzstoff behandelt ist.

In unserer Gebirgsgegend baute jeder Bauer Getreide für den Eigenbedarf an. Es gedieh aber nicht so gut wie im Flachland, deshalb musste die anfallende Kleie größtenteils zu Mehl vermahlen werde. Dadurch hatten Brot, Grieß und Gebäck eine bräunliche, dunkle Farbe. Man wollte bis zur nächsten Ernte auskommen. Selten wurde weißes Weizenmehl für einfache Mehlspeisen gekauft. Heute werden Brotmehl oder Brot beim Bäcker gekauft. Es wohnen auch weniger Leute auf einem Bauernhof, fremde Arbeitskräfte meistens gar keine mehr.

„Dieser hausgemachte Stoff war sehr dauerhaft"

In der Zeit meiner Kindheit waren die meisten Bauern noch Selbstversorger. Natürlich war diese Lebensform mit viel Arbeit verbunden. Es gab zwar noch mehr Arbeitskräfte in der Landwirtschaft, aber alles war Handarbeit, zum Beispiel bei der Bekleidung.

Das Flachsfeld war ungefähr eineinhalb Ar groß. Der Flachs war im Sommer ein liebes, blau blühendes, 60 bis 70 Zentimeter hohes Gewächs, welches im Frühherbst, etwas bräunlich schon, mit den Händen büschelweise ausgerissen, wie Garben gebunden und wie Getreide zu Mandln* aufgestellt wurde. In der Wurzel der Halme sind auch noch die begehrten Leinenfasern, auch Haarfasern genannt, deshalb wurden sie mitsamt der Wurzel geerntet.

Nach dem Trocknen wurden diese Flachsbüschel wieder auseinandergenommen und ganz dünn auf einer sonnigen Wiese – ein Halm neben dem anderen in einer schönen Reihe – zum

„Rösten" bei Sonne und Regen aufgelegt. Dieser Vorgang sollte die äußere Schicht der Halme spröde und mürbe machen.

Wieder eingesammelt, begann die Brechelarbeit*. Das war das Brechen der harten Stängel. Unweit vom Haus stand der Brechelofen, das war eine Feuerstelle, rundherum eine Wand, oben mit einem Eisengitter abgedeckt. Da wurde der Flachs geröstet, nachher handbüschelgroß auf eine hölzerne Schlagvorrichtung gelegt, und mit der zweiten Hand wurden mit einem kantigen Holzstück die Schalen der Flachshalme abgeschlagen, bis nur mehr die Fasern übrig blieben. Die Fasern zog man durch einen Eisenkamm, die Hechel*, um noch restliche Schalenstücke zu beseitigen. Dann wurden sie zu Zöpfen geflochten.

Das übrige Durcheinander von Fasern war das Werch*, welches nochmals mit einem zirka 50 Zentimeter langen Stab gebeutelt und zum Spinnen eines stärkeren Fadens verwendet wurde. Daraus wurde das rupfene* Leinen gewebt – für Männerhosen, Spenzer*, Betttücher und Rossgeschirrkissen. Die Zöpfe mit dem glatten Haar wurden nach Bedarf wieder aufgerollt, daraus wurden die feinen Fäden gesponnen, Webe für Wäsche, gefärbt auch für Kleider. Die neue Leibwäsche kratzte und juckte am bloßen Körper, es waren doch noch kleinste Stängelteilchen im fertigen Leinen, die erst nach oftmaligem Waschen mit der Zeit verschwanden. Dieser hausgemachte Stoff war sehr dauerhaft. Man war aber froh, als man sich Baumwollstoff kaufen konnte.

Bevor man die fertigen Leinenballen in den dafür bestimmten Schrank geben konnte, war das Spinnen und Weben zu bewältigen; die Spinnarbeit sollte – besonders beim Flachs – bis zum Gertrudstag (17. März) erledigt sein; sonst beiße die Maus den Faden ab, hieß es. Das war ein Gespött über zu faule Weiberleut.

Diese Arbeit zu erlernen erforderte Übung und Ausdauer. Mit dem rechten Fuß durch Treten das Spinnrad in Gang bringen, mit dem linken den Wickelstabschemel, auf dem der Flachs oder die Wolle in zirka eineinhalb Meter Höhe befestigt sind, fixieren, mit den Händen einen schönen, gleichmäßigen Faden formen – das war nicht leicht.

Ich probierte diese Arbeit schon vor meiner Schulzeit und dann immer wieder, bis ich doch etwas Routine hatte. Die Mutter rügte mich, wenn mein Gespinst nicht schön war, mit dem Spruch: „Stückweis wie ein Haarl, stückweis wie ein Fahrl*, und wo s' es schier tat (annehmbar wäre), is no ganz verdraht." So neckten wir uns gegenseitig.

Die vollen Fadenspulen wurden für die Weberarbeit auf größere abgespult. Der Weber ging von Haus zu Haus – er arbeitete auf der Stör* – und bekam vom Bauern Kost, Quartier und Lohn für die erledigte Arbeit. In fast jedem Bauernhaus war ein Webstuhl vorhanden. Auch diese Arbeit war mit Händen und Füßen zu bewältigen. In meinem ersten Lesebuch stand ein Gedicht: „Der Weber webt den ganzen Tag, man sieht den Wurf, man hört den Schlag, am Webstuhl." Nach einer nochmaligen Sonnenbleiche lag endlich das fertige Produkt im Leinenkasten, der in der Vorratskammer stand.

An Vorrat musste immer gedacht werden. Besonders Dörrobst wurde aufbewahrt, dieses hielt sich zwei bis drei Jahre. Es gab oft Hagelwetter, Missernten und Seuchen bei Tieren, da waren Reserven nötig. Besonders das Hausleinen war der Stolz der Bäuerinnen, bezeugte es doch den Fleiß und die Tüchtigkeit derselben.

Immer gibt es bösartige Leute, die schadenfroh und aggressiv sind. So wurde von einer Bäuerin erzählt, die das Leinen zum Bleichen auf einer sonnigen Wiese auflegte, um durch Begießen mit Wasser die graue Naturfarbe etwas zu erhellen. Sie erlebte eine böse Überraschung. Ein gefürchteter Landstreicher, Veitl wurde er genannt, ging frech in die Küche und forderte ein Mittagessen. Die Frau gab ihm Butterbrot und Most, denn sie musste erst kochen. Zornig ging der Bettler hinaus und hackte auf einem in nächster Nähe befindlichen Holzstock das Leinen in kleine Fetzen. Die ganze Mühe und Arbeit waren umsonst.

Vagabunden, Bettler, Zigeuner, Einleger*

Eines Tages in der Früh saßen zwei Männer und eine Frau hinter der Scheune versteckt. Die Frau kam mit einem Topf um Milch, weil sie noch kein Frühstück hatten. Das fiel der Mutter auf, denn wenn Bettler auf einem Bauernhof übernachteten, bekamen sie immer Suppe und Brot, damit sie nicht boshaft wurden. Die besagte Gruppe hatte wahrscheinlich in einer Heu- oder Viehhütte übernachtet. Bald verschwanden sie auf Umwegen in Richtung Lunz.

Nach ungefähr zwei Stunden standen zwei Gendarmen mit aufgepflanztem Bajonett vor der Tür. Sie suchten die Räuber, die am Vortag in ein Bauernhaus eingebrochen und Schaden angerichtet hatten. In der Gegend um Lunz, in einem entlegenen, einsamen Tal fand die Gendarmerie das gefährliche Einbrechertrio, welches auch Waffen bei sich hatte, bei Nacht in einem Stall.

Als ich auf dem Talbauernhof verheiratet war, das war in den Dreißigerjahren, da kamen oft zehn bis fünfzehn täglich, die an die Tür klopften und Most oder etwas zum Essen wollten. Manchmal war nichts da, nur Brot – das warf ein Bettler beim offenen Fenster zurück.

Gefürchtet war immer das fahrende Volk, die Zigeuner. Sie kamen mit Planenwagen, die arme, ausgeschundene Pferde zogen, begleitet von einer Schar Halbwüchsiger und Kinder, die mit Hühnerfangen und Stehlen gute Übung hatten. Meistens machten sie bei Bauernhöfen Station, um Futter für die Pferde zu bekommen. Alle Türen mussten abgesperrt werden, solche Besuche waren unerträglich. Die Männer boten sich als Pfannenflicker oder Rosshändler an, die Weiber als Wahrsagerinnen. Man wollte mit solchen Leuten nichts zu tun haben.

Eine andere Gruppe waren die Alten und Armen im Ort, die oft unverschuldet ein hartes Schicksal ertragen mussten. Meine Mutter erzählte oft, dass alt gewordene Dienstboten oder auch Ausnehmer von übergebenen Liegenschaften, wenn die Übernehmer* abgewirtschaftet hatten, von der Gemeinde erhalten wurden, indem jeder Gemeindebürger, der Bauer oder arbeitsfähig war, für ein paar Tage oder Wochen einen solchen alten Menschen beherbergen und verköstigen musste. Diese Versorgungsform nannte man „in Einlege gehen". Manche Betreuer nahmen gern diese armen Leute, denn sie hofften, dass sie sich so eine Stufe zum Himmel bauen können.

Als ich zur Schule ging, stand schon ein Heim, fast gegenüber dem Schulhaus. Über der Haustür war ein großes Schild mit der Aufschrift „Armenhaus", später hieß es „Bezirksaltersheim", jetzt „Pensionistenheim". Für diese Menschen war es eine Wohltat, konnten sie doch, von drei oder vier Klosterschwestern betreut, ihren Lebensabend in Ruhe genießen. Dafür hob die Gemeindeverwaltung die sogenannten Gemeindeumlagen ein. Das war eine bessere Lösung. Diese Inwohner waren harmlos.

Ein alter Arbeiter, der bei meinem Vater im Dienst gewesen war, war auch im Altersheim. Er hatte etwas erspartes Geld, welches er dem Vater zur Aufbewahrung anvertraute. Jeden Monat holte er sich einen kleinen Betrag für Tabak und Sonstiges. Ein anderer ging von Bauernhaus zu Bauernhaus und bat um etliche Eier. Meine Mutter kochte ihm daraus eine Eierspeise, da er schon lange Zeit keine gegessen und so Gusto darauf hatte.

„Ich hätte mir nie gedacht, dass es mir im Alter so gut geht"

Mit 22 Jahren heiratete ich auf einen Talbauernhof. Da war die Enttäuschung perfekt, weniger von Seiten meines Mannes als wegen der noch rüstigen Schwiegermutter. Wie eine Bombe schlug es in mein Leben ein. Ich war das fünfte Rad am Wagen. In ein Korsett eingeschnürt, aus dem ich mich nicht befreien konnte.

Das war im Jahr 1937. Das Wohnhaus war ein 300 Jahre alter Holzbau, ohne Grundfeste, die Türen gingen fast nicht auf und zu; für zwei, später drei Generationen zu klein. Es gab viel Nörgelei und Verdruss.

Wir kauften noch Ziegel für einen Neubau, aber es kam der Zweite Weltkrieg. Man konnte dreizehn Jahre nichts kaufen oder bauen. Die männlichen Arbeitskräfte wurden zum Kriegsdienst einberufen. Glück hatte ich, weil mein Mann kriegsdienstverpflichtet in der Heimat war. Er musste weit und breit bei den Bauern den Getreidedrusch machen. Wenn die Eisenbahn eingeschneit war, hatte der Nachbarort keine Lebensmittel. Die Bahngeleise wurden ausgeschaufelt, da half er und bei verschiedenen anderen Arbeiten, wo Not am Mann war.

Die Arbeit wuchs mir über den Kopf, dazu fünf Geburten. Die Hebamme betreute mich und das Kind immer eine Woche lang nach der Entbindung. Das war der Schwiegermutter nicht recht, sie wollte die Hebamme am dritten Tag wegschicken. Da war ich sehr deprimiert und betrübt. Diese Einstellung sagt vieles! Ich möchte nicht mehr Einzelheiten anführen. Mit der Zeit begriff ich ihr Verhalten, denn sie hatte im Leben auch Schicksalsschläge – eine Tochter starb im Wochenbett, ein Sohn war im Krieg vermisst –, wahrscheinlich gönnte sie mir das Kinderglück nicht.

Ich muss zugeben, dass mir die Schwiegermutter manchmal im Haushalt eine Arbeit erledigte, besonders Kochen. Da ich Feld- und Stallarbeit und die Kinder zu versorgen hatte, war es für mich eine Hilfe. In den letzten Lebensjahren ist sie friedlich geworden. Oder kam es mir so vor, weil ich in dieser Zeit schon mehr abgebrüht war oder die Nörgelei nicht beachtete? Im Jahre 1957 verstarb sie, genau zwanzig Jahre nach meiner Verheiratung. Ich fühlte mich freier.

Durch das Heranwachsen meiner Kinder kamen andere Sorgen: schon der weite Schulweg, es waren fast sechs Kilometer bis zur Schule, und es gab auch Lernschwierigkeiten. Später ging ihnen der Knopf auf, und es wurden anständige Menschen.

Aber wie alles vorübergeht, so auch diese Zeit. Die älteste Tochter erbte die Liegenschaft meiner Eltern, die durch Zukauf einer ebenen, neun Hektar großen Wiese mit Maschinen leichter bearbeitet werden konnte. Die Wiese stammte von einem aufgelassenen Bauernhof. Der älteste Sohn bekam den Hof, auf dem wir gewirtschaftet haben. Zwei Töchter und der jüngere Sohn sind in nicht-landwirtschaftlichen Berufen tätig.

Im Jahr 1977 kauften wir ein reparaturbedürftiges, altes Haus in schöner, sonniger Lage, nur zehn Minuten Gehzeit vom Ortskern entfernt. Es war für die zwei jüngeren Töchter gedacht, die ihren Arbeitsplatz in der Nähe hatten. Mein Mann und ich zogen ohne vorherige Zwistigkeiten mit dem Sohn oder der Schwiegertochter in das oben genannte Haus um. Mein Mann musste ja die Baustelle überwachen, und ich kochte für die Arbeiter, denn es musste außer den Mauern alles erneuert werden. Das war im Jahr 1983. Seitdem wohnen wir hier.

Ich hätte nie gedacht, dass es mir im Alter so gut gehen wird. Die Reparaturarbeiten gingen zu Ende. Es wurde auch eine Zentralheizung eingebaut, das war eine große Erleichterung. Wir machten gemeinsam kurze Reisen, gönnten uns gute, gesunde Kost und waren von der schweren Bauernarbeit befreit, die wir im Alter schon schwer bewältigen konnten. Eine große Wohltat war der Bezug einer Pension. Bauern wurden zuletzt beteiligt, aber für uns war es ein großes Glück. Hoffentlich bleibt uns dieses System erhalten.

Leider starb mein Mann 1992. Ich habe eine kleine Eigenpension und dazu die Witwenpension. Ich lebe einfach und zufrieden, obwohl ich in meinem Alter von 84 Jahren so manches Weh und den Kräfteverlust spüre.

Ich möchte allen Übergebern einer Liegenschaft raten, sich eine getrennte Wohnung zu richten, damit keine Generationsprobleme entstehen, denn der Friede ist unbezahlbar.

EMMA JAGERSBERGER

wurde am 13. April 1923 in Lassing, Gemeinde Göstling, unweit der
niederösterreichisch-steirischen Grenze geboren. Sie wuchs als drittäl-
testes Kind mit sechs Schwestern und einem jüngeren Bruder auf dem
elterlichen Hof auf. Im Jahr 1950 heiratete sie auf den Großbachhof in
Hollenstein und zog fünf Kinder groß. Ab den Siebzigerjahren betrieb die
Familie neben der Landwirtschaft einen Schilift und eine Gastwirtschaft.

Emma Jagersberger schrieb ihre Lebenserinnerungen Ende der
Neunzigerjahre unter dem Titel „Bergbauerngeschichte" auf. Sie
erzählt darin von Bräuchen im Bauernjahr, von ihren Erlebnissen
im Jahr 1945 und zeichnet kurz die Entwicklung des Hofes von den
Nachkriegsjahren bis in die „EU-Zeit" nach.

Im Alter verfasste die Autorin oft anlassbezogene Gedichte in Mund-
art und ließ sich durch Schreibaufrufe gern zur Niederschrift von per-
sönlichen Erinnerungen zu verschiedenen Alltagsthemen anregen.
Emma Jagersberger verstarb am 8. Februar 2008 im 85. Lebensjahr.

Meine Mutter war eine sehr weise Frau und eine Erzieherin,
dass es ihr keine nachmachen konnte, eine sehr harte, konse-
quente Frau. 1921 kam die erste Tochter mit dem Namen Marianne. Sie melkte mit acht Jahren schon alle Schafe. 1922 kam
Rosa. Man sagte, sie war die Schönste vom Dorf. Die Drittge-
borene war ich, sie nannten mich Emma. Ich hatte es immer
schwerer. Die beiden Großen wurden Chorsänger. Ich hätte
auch so gern gesungen, aber die Großen sagten, ich könne es
doch nicht, eine Stimme hätt' ich, zum Rindfleischessen. Es
kam die Vierte, es war Zilli. Wir beide wurden eins. Haushü-
ten mussten wir immer, wenn die Großen fortgingen. Zilli war
schlauer. Sie drehte das Wasser auf und sang in der Küche, bis
die Großen merkten, sie singe großartig. Dann durfte sie mit-
singen.

Es wurde Großmutter ins Häusl gemeldet, es seien vier Mädchen da. Sie meinte, es sei genug, sonst bleibt nichts übrig. Aber
es war noch nicht aus. Jetzt kam ein Bub. Man nannte ihn nach

Vater Roman. Mit vier Jahren starb er an Gehirnhautentzündung. Er war im Hof hingefallen. Mutter fand ihn neben dem Fußabstreifer, der Hahn stand neben ihm. Wer die Schuld hatte, bleibt in den Sternen geschrieben.

1926 kam die fünfte Tochter, sie hieß Resl. Das war ein Reißteufel. Mutter erzählte, acht Paar Schuhe waren in einem Jahr kaputt; aber es waren lauter abgelegte, aus denen die Größeren drausgewachsen waren. Aber eines stand fest, ihre Kleider waren immer zerrissen. Sie waren auch nicht neu und viele geschenkt.

Dann kam Franz 1927. Großartig, ein Bub. Er übernahm 1954 das Elternhaus. Dann war Martha an der Reihe, 1929, am 29. Jänner – der kälteste Winter, den man wusste. Mutter bekam das Kindbettfieber. Jetzt war Frieda an der Reihe, 1930, das siebente Mädchen.

Vater wurde von den Bauern als Büchsenmacher geneckt, aber er war immer stolz auf seine Mädchen. Am ersten Tag nach jeder Geburt spannte er das Pferd ein, und sie fuhren zur Taufe. Das schönste Gewand und den Gamsbart als Zierde auf dem Hut, das ist doch was.

Jetzt kam noch der kleine Hansl. Er wurde nur ein halbes Jahr alt und starb an einer Lungenentzündung. So hat Mutter vieles erlebt, was nicht gut war. Zweimal Krieg, die schlechten Dreißigerjahre. Einmal fragten wir sie, was für sie das Schlechteste war. Sie sagte, ihr sei es immer gut gegangen, nur das Sterben der Buben habe sie bis heute noch nicht verkraftet.

Wie ging es in der Familie zu? Am Vortag des Neujahrstags, heute Silvester, war damals magere Rauhnacht*. Vater holte das Weihwasserkrügerl mit einem Büscherl Weizen und die Räucherpfanne und füllte sie mit Glut und Weihrauch. Er rauchte* das Feuer im Herd an und zündete mit dem geweihten Feuer das Laterndlkerzl an. So ging er in die Nacht hinaus: „Betet still, dass mit Feuer und Liacht kein Unglück g'schiacht." Alle Dämonen wurden vertrieben, es durfte nirgendwo Licht brennen. Alles wurde beraucht und mit Weihwasser besprengt, nur die Schweine waren ausgenommen. Sie wurden nicht beraucht und nicht besprengt. Ich habe öfter gefragt, warum. Es hat niemand recht Bescheid gewusst, wahrscheinlich, weil die Südländer die Schweine nicht essen durften. Aber am Feiertag waren sie als Bratl* immer recht, sie schmeckten jedem!

Was gab es alles an einem großen Feiertag? Am Morgen gab's Honigschnaps, Kaffee und den bäuerlichen Germschober*, mittags selbst gemachte Bratwurst mit gutem Frischkraut – ich kann's gar nicht so gut machen, wie es immer schmeckte –, dann kamen Nudelsuppe, Bratl mit warmem Krautsalat, drei gebackene Knödel*, Mosttriët*, Stiermilch* mit vielen Rosinen und Zwetschkenpfeffer* mit Krapfenstücken drauf. Es war alles reichlich. Abends gab es eine Bohnensuppe.

Dann kam der 5. Jänner – Perchtnacht* und „foaste" Rauhnacht. Nach dem Rauchen gab's Bratl mit warmem Kraut- salat und am Schluss „Perschtmilch"*, frische Kuhmilch, ge- kocht und Semmeln eingebrockt. Sie wurde nicht aufgegessen, weil die Percht in der Nacht auch was brauchte. Das Tischtuch wurde rundum an die Milchschüssel gedrückt und der Löffel mit dem Rücken nach oben in die Semmeln gesteckt. Es hieß: Wer morgens den meisten Rahm auf dem Löffel hat, wird der Reichste; wem der Löffel kippt, der muss sterben.

So kam Lichtmess. Der Tag war der Bauernzahltag – herrlich, was? Es wurde jeder nach Rang und Namen in das Bauernstü- berl gerufen. Dort wurde bekannt gegeben, was die Knechte und Mägde schon im Voraus bekommen hatten, und so wurde der Jahreslohn berechnet. Knechte und Mägde, die einen an- deren Platz gesucht hatten, wurden verabschiedet, und wer wiederkam, wurde willkommen geheißen. Da gab es dann den „Do-bleib-Sterz"* zu essen, mit viel Rosinen und Butterschmalz gekocht. Das waren herrliche Augenblicke im Bauernjahr.

Jetzt kam die Fastenzeit. Aschermittwoch war ein ganz stren- ger Fasttag. Das ganze Jahr hindurch gab's am Sonntag, Diens- tag und Donnerstag Fleisch. Beim Essen wurden mehr Knödel gegessen, damit jedem ein Stück Fleisch zum Jausnen blieb. Das kam auf einen Teller in der Tischlade, jeder kannte sein Fleisch ganz genau.

In der Karwoche gab es kein Fleisch mehr. Karfreitag und -samstag waren Fasttage. Da freute man sich auf den Ostersonntag. Die Betstunden beim heiligen Grab waren genau eingeteilt. Auf eines konnte man sich freuen, man kam außer Haus und traf vielleicht jemand, den man gerne sah. So hatte alles seine Vorteile. Am Karsamstag war große Auferstehungsprozession, schön angezogen, mit Musikkapelle die halbe Ortschaft entlang.

Der Ostersonntag war wieder ganz was Eigenes. Wir Kinder hatten ja Osternester gebaut, jedes wollte das schönste haben. Um drei Uhr morgens war Tagwache – „Aufstehen in Gottes Namen!" In der Kapelle wurde Rosenkranz gebetet. Wir Kinder waren ganz fiebrig, weil der Osterhase kam. Nach dem Beten schnell zu den Nestern, da lagen Süßigkeiten, die wir das ganze Jahr nicht sahen, und ein rotes Ei drinnen. Mit dem Geschrei: „Der Osterhase hat eingelegt!", kamen wir zurück in die Stube. Da gab es Bratwurst mit gedünstetem Weißkraut. Am Ostersonntag gab es ein großartiges Mittagessen. Auf dem Teller waren auch drei rote Eier, drei Krapfen und ein großes Stück kaltes, gebratenes Karree – zum Jausnen.

Für die Mägde kam wieder die Stallarbeit. Vater und der Meisterknecht gingen Auerhahn losen*. Von den Mädchen durften immer zwei mitgehen. Auch ich war einmal an der Reihe, ich habe mich gefreut, und wir gingen in den Wald. Nach einem Stück Weges sagte Vater ganz leise: „Hörst ihn? Er gluckt so schön!" Nein, ich hörte nur Geräusche des Waldes. Es war immer ein großes Aufsehen um das Hahnlosen gemacht worden. Mir war dies alles zu wenig.

Mit meinem Mann habe ich es 1970 doch noch erlebt. Es war der 1. Mai und ein herrlicher Morgen. Förster Pesendorfer richtete seine Büchse und gab sie Vater. Ich tat einen knisternden Tritt, und der Hahn war weg. Ich war doch zu laut gewesen, trotz meines Versprechens, ganz leise zu sein.

Jetzt war der Mai nicht mehr weit. Es gab ganz schöne Marienlieder, die der Chor zum Besten gab. Zur Maiandacht kamen auch viele männliche Besucher, und beim Heimgehen war es immer lustig, eine auszuwählen aus so einer Schar Mädchen. Ein Maschinenhändler, Herr Glinserer, meinte: „Die Lassinger-Mädchen müssen auswandern, denn wohin mit so vielen."

Ein Jahr waren in der Schule 99 Schulkinder. Da gab's dann eine zweite Klasse, eine vormittags und eine nachmittags. Ich hatte in den siebeneinhalb Jahren Schule einmal ein Zeugnis mit drei Zweiern, ansonsten waren es immer lauter Einser.

Unser Elternhaus lag hoch auf dem Berg, und wir hatten acht Kilometer zu gehen. Wenn es viel Schnee gab, ging ein Knecht voraus bis zum Wald. Oft ging ein eisig kalter Schneewind, wir gingen rückwärts („arschlings") und ließen uns den Wind in den Rücken und auf den Po wehen. Hosen hatten wir keine zum Anziehen. Aus Schafwolle gab's Schneestrümpfe über den Schnürschuhen. Oft kamen wir ganz nass in die Schule, da durften wir die Strümpfe zum Ofen hängen. Keinen Tag wurde die Schule geschwänzt, aber an solchen Tagen waren ganz wenige Schüler da, da gab's nichts zu lernen – schön!

Am 8. August war Kirtag. Wir bekamen jede einen Schilling. Eine Tafel Schokolade, zwei Schachterln Schnitten oder wahlweise ein paar Bockshörndl* konnten wir uns kaufen. Vater hatte am 9. August Namenstag, da kaufte Mutter jeder eine Zigarre. Diese mussten wir mit einer schönen, frischen Nelke verzieren und dann gratulieren. Es war immer eine Feierstunde. Vater haben wir immer sehr verehrt. Abends saß er auf seinem Ledersessel, und wir durften uns auf seinen Füßen schaukeln lassen. Von ihm gab es nie eine Ohrfeige, er brauchte uns nur anzusehen. Bei Mutter saßen sie lockerer.

Mutter saß morgens auf einer Bank, und wir saßen auf einem niedrigen Bankerl, bis alle sieben Köpfe frisiert waren. Zum Frühstück gab's Kathreiner* Kaffee und Butterbrot. Dies gab's den ganzen Tag, wenn der Hunger quälte. Ich wollte einmal den Kaffee nimmer, weil oft kleine Hautflankerln* drinnen schwammen. Dann gab's einen Wasserkakao, auch nicht besonders gut. So blieb ich immer die Dünnste unter den Geschwistern. Heute merk' ich nichts mehr davon!

In den Ferien mussten wir schon fest beim Arbeiten mithelfen. Nach siebeneinhalb Jahren war die Schule fertig. Von diesem Tag an mussten wir unsere Kleider an Sonn- und Feiertagen selber flicken. Ich kann mich noch gut an ein Kleid erinnern, es war ein geschenktes Glockenkleid. Beim Heuschneiden kam ich damit in das Maschingetriebe. Ein Teil von der Glocke war weg. Dies konnte ich nicht schön flicken, da wurde ich von meinen Geschwistern ausgelacht. Das tat sehr weh.

Vier unserer Knechte mussten 1941/42 einrücken. Dienst-mägde gab's auch keine mehr. Marianne wurde im Stall Meister, Rosa war bei der Wäsche, ich wurde Vaters Knecht – so lernte ich jeden Holzhaufen fast genau schätzen –, Zilli war bei den Schweinen, Resl war Pferdeknecht, Martha und Frieda wurden dort eingeteilt, wo wir sie brauchten.

Es wurde auch Getreide angebaut. Dieses wurde im Winter gedroschen. Beim letzten Drusch konnten wir uns eine gute Jause verdienen. Eine nahm den „Tenndlboss"*, das war ein Dreschflegel, ging zur Mutter in die Stube, klopfte dreimal auf den Boden und sprach: „I renn' dreimal ums Haus, der Tenndl-boss ist aus, gibt's a Maß Wein oder Bier, der Tenndlboss g'hört mir." Sie durfte sich den Tenndlboss nicht wegnehmen lassen, dann gab's eine gute Jause. War der Winter noch nicht aus, wurde gesponnen, und Marianne webte.

Ich schrieb viele Feldpostbriefe an die Soldaten. Ich war ja auch Vaters Sekretär. Ein norddeutscher Soldat mit Namen Karl wurde auf Genesung hergeschickt. Er meinte, wenn ich mitgehe nach dem Krieg, nimmt er die große Landwirtschaft daheim. So wurde ich von ihm verehrt, aber mitgehen, nein, das wollte ich nie. Mutter hat seine Briefe gesammelt, und sie brachte sie mir, da war ich schon zwanzig Jahre verheiratet. Seine Schwester schrieb noch einmal, dass Karl gefallen sei. Ihre Heimat wurde nach dem Krieg russisch.

So kamen die letzten Kriegstage. Viele Flüchtlinge kamen aus Ungarn, Lastwagen auf Rückzug, unsere Straße in die Stei-ermark war tagelang verstopft. Wir hörten, wie Lastwagen in einen Graben hinabfielen. Jede von uns hatte ein Fernglas bei sich. Vater hatte für seine Mädchen schon im Februar eine Hütte im Wald gebaut. Mit Pferd und Ochsen haben wir die Schnitt-ware* in den Wald gebracht.

So ein Kriegsende konnten wir uns nicht vorstellen, aber Va-ter war Weltkriegssoldat. In der Stube hatte er eine Landkarte hängen, und mit Fahnenstecknadeln steckte er den Frontrückzug. Er sagte schon ein Jahr lang vorher, dass der Krieg bis zu uns kommen wird, und am 7. Mai 1945 waren die Russen da.

An jenem Tag war ein Begräbnis, ich musste gehen. Wir hatten ja keine Ahnung, was da los war. Auf halbem Weg kam ein Motorrad. Es waren zwei Russen drauf. Sie fuhren mitten auf der Straße, und der Begräbniszug wurde an den Rand gedrückt. Da kam noch ein Mädchen namens Anna. Sie hatte geschwollene, rote Augen, vor lauter Tränen. Sie erzählte, dass ihr Elternhaus geplündert wurde und alle Frauen von Russen gruppenweise sexuell missbraucht wurden. In die Kirche kam dann auch noch eine Schar Russen, und niemand traute sich, sie anzuschauen.

Auf dem Friedhof wurden wir aufgefordert, gemeinsam heimzugehen. Ich war die Letzte, die übrig blieb. Ich sprang über den Bach und kletterte den Berg hinauf. So kam ich voll Angst gut heim und erzählte, was ich gesehen und gehört hatte.

Abends war unsere Schlafstatt in der Hütte. Diese Nacht waren wir 27 Frauen und Mädchen zusammen, wir haben nur gehorcht und nicht geschlafen. Da hörten wir Frauenschreie bis auf den Berg herauf. Vierzehn Tage waren wir oben, und Vater steckte zu Hause auf dem Dachboden eine kleine, rotweißrote Fahne heraus, als Zeichen, dass wir heimgehen könnten. Nach vierzehn Tagen blieben wir daheim.

Am Pfingstsonntag kam Vater zu uns in die Kammer und weckte seine Mädchen: „Rennts, rennts, die Russen kommen!" Die Nachbarmädchen waren schon da, und wir liefen, was wir konnten, zusammen in einen Staudenschock* hinein. Zilli war nicht bei uns, sie hatte nimmer gesehen, wo wir hingerannt waren. Um sieben Uhr morgens hörten wir das Pfeifchen, in das geblasen wurde, wenn eine Fuhre Heu mit der elektrischen Seilwinde heimgezogen werden konnte. Das kannten wir, so gingen wir heimzu. Und siehe da, Zilli kam aus der Schottergrube beim Moor heraus. Wir waren wieder zusammen mit einigen Nachbarmädchen. Sie fragten, wo die anderen Mädchen geblieben waren. So gingen wir sie suchen und riefen – nicht zu laut. Da kamen zwei von einem Fichtenwipfel herunter. Sie hatten nicht mehr laufen können. Diese „Russensorge" hat uns alle schlank gemacht. Resl hielt ihr Pferd immer zum Verstecken bereit: einen Futtersack hergerichtet, über den Pferderücken geschmissen, und weg war sie.

So kam der Sommer. Alle Pferde in der Ortschaft waren von den Russen gestohlen. Es ging an die Heuernte. Alles wurde mit der Hand gemacht. Um halb fünf war Tagwache. Vater rückte mit seinen Mädchen zum Mähen aus. Sieben Mahder, nach Alter eingeteilt, Vater voraus. Beim Zurückgehen wetzte er unsere Sensen, zwischendurch mussten wir es selber machen. Ich hatte es bald heraußen und konnte auch meinen Geschwistern die Sensen richten. So um die zehn kleinere Fuhren wurden täglich gemäht. Ich war dann Dengelmädchen, damit auch am nächsten Morgen die Sensen wieder Schneid hatten.

So ging der Sommer weiter. Die Russen wurden von der steirischen Grenze umquartiert in unser Ausnehmerhäusl*. So kamen sie oft um Heu oder Klee für ihre Pferde. An einem schönen Sommertag musste Vater ein Schwein aus dem Stall nehmen und für sie abstechen. Er hat es schön geputzt und fertig gemacht. Dann wurde Vater eingeladen, im Gartenhäuschen für sie Gesellschafter zu sein. Mutter war Köchin und Serviererin. Wie sie es wollten, so musste es geschehen.

Wir Mädchen waren bei der Heuarbeit auf der steilen Leiten*. Die Leiterwagen wurden von uns händisch gerüstet, mit Schleifen* und Jochnagel*, und dort hingestellt, wo wir das Heu gerichtet haben. Dann luden wir auf. Heimzu wurden die Heufuhren vom „elektrischen Werkl", einer strombetriebenen Seilwinde, gezogen. So wurde es Abend, wir gingen in unsere Hütte und fielen ins Bett. Nächsten Morgen kam das Häuslweib* und erzählte, was die Russen machen wollten. Sie haben mitbekommen, dass Frauen auf der Leiten sind, spannten die Rösser ein und hockten auf, was auf dem Wagen Platz hatte. Sie schrien furchtbar, um die Pferde anzutreiben, aber die zogen nicht an; so waren wir verschont geblieben.

Jetzt fuhr Vater zum Malermeister Windhager nach Lunz. Er müsse ein Bild zeichnen, eine Mantelmaria* und darunter seine sieben Mädchen. Es hängt in unserer Kapelle.

So kam der 25. Juli. Bruder Franz kam aus der amerikanischen Gefangenschaft heim. Er wurde in Hamburg gefangen und bald entlassen. Heim konnte er nicht, so war er bei einem Weinbauern im Rheinland. Sie wollten ihn als Bauern. Er hat es nicht ausgehalten und bat um ein Gewand. Er bekam einen schwarzen Anzug mit Nadelstreifen. In Schwertberg an der Donau ging er in ein Haus und bat, ihm bei der Überfuhr behilflich zu sein. Der Bauer sagte: „Bei den Staudenbuschen* steht eine Zille, die kannst nehmen und drüben wieder in die Stauden stellen." So kam er zum Nachtzug in Amstetten an. Alle Züge wurden von den Russen kontrolliert, so sprang er auf den fahrenden Zug auf und kam mit Gottes Hilfe heim. Eine große Freude für die ganze Familie.

Er ging in den Stall, die Scheunen, die Werkstatt und in die Webstube schauen. In der Webstube lag auf den Stellagen eine Sprengkapsel. Das durften die Russen nicht sehen. Er nahm sie und haute sie unter die Brücke. Er sah noch einmal zurück und sah die Kapsel liegen. Die musste er besser verstecken. Er hob sie auf, und sie ging los. Von der rechten Hand hingen die Finger herunter, aus dem Auge kam Blut. So fuhren sie zum Doktor nach Göstling. Nur provisorisch verbunden, schickte er sie ins Spital nach Scheibbs. In Scheibbs nahmen sie die Finger bis auf den Daumen ab. Wegen dem Auge musste er in die Klinik nach Lainz in Wien. Auf der Westbahn gab es keinen Personenwagen, so kam er in einem Viehwaggon nach Wien.

In der Klinik war ein Doktor, der nahm sich seiner an, weil er ja Bauer war. Der kam dann jährlich auf Urlaub. Mutter wollte Franzl auch einmal besuchen. Da schrieb der Göstlinger Doktor für sie einen Schein, dass sie blind sei, und Vater war ihre Begleitperson. Vater sagte: „Aufpassen, Stufe, noch eine Stufe!" So kamen sie glücklich nach Lainz. Franzl ging es schon besser. Auf dem Westbahnhof ging das Geschimpfe wieder los – wie kann er mit einer blinden Frau auf der kaputten Bahn fahren? Sie mussten es hinnehmen.

Ja, wie kam die Sprengkapsel in die Webstube? Nach dem Rückzug der Soldaten mussten wir Ross und Ochsen einspannen und zu der Stelle fahren, wo die abgestürzten Lastwagen abgeholt wurden. Da gab es viele Sachen für Vaters Werkstatt. Vater konnte ja alles, nur die Schmiedarbeiten machte er nicht. Das war zu heiß zum Angreifen. Es hieß nur „Aufladen …“, und wir Mädchen hielten die Kapsel für eine Bügeleisenschnur.

So kam der Herbst 1945 ins Land. Ich war 1941/42 in Gaming in einer Haushaltungsschule gewesen. Nun schrieb ich einer Schulkameradin nach Kremsmünster, wie es uns mit den Russen ging, natürlich vorsichtig. Auf der Alm hatten wir eine Servitutsweide*, da konnten wir bis zu 29 Stück Vieh auftreiben, und dort gab es einen Halter*. Beim Almgehen nahm ich den Brief mit, weil ich wusste, dass der Halter Heimkehrer schwarz über das Hochkar brachte. Ich bat ihn, den Brief auf der Wildalpe aufzugeben, und so kam er hin. Maria schrieb mir auch einen Brief und bat, ihr wieder zu schreiben.

Weil es so leicht ging, schrieb ich wieder einen langen Brief, diesmal alles genau so, wie es war: dass uns Vater ein Versteck in einem Schafstall gebaut hatte und dass die Russen viele Männer abfingen und verschleppten. Diesen Brief gab ich einer Wirtin, deren Bruder in Eisenerz arbeitete. Die Wirtin vergaß, ihm den Brief mitzugeben. Sie gab ihn einem Staudinger Sagschneider*, der auch Heimkehrer heimlich über die Berge brachte. Die Russen waren auf der Jagd und erwischten ihn. Er wurde ausgesackelt*, drinnen war auch mein Brief.

Es war am Samstag zu Mittag, wir waren gerade beim Essen, da hörten wir ein Motorrad. Mir trieb es die Hitze ins Gesicht: „Heute geht's um mich!“ So war es auch. Ein GPU*-Leutnant kam mit seinem Posten herein, Gewehr auf: „Ist hier eine Emma Paumann?“ Vater sagte: „Ja.“ Ich musste mich anziehen und mitgehen, Vater auch, als Geisel.

Wir mussten zu dem Halter gehen, der den ersten Brief versorgt hatte. Resl lief schnell ins Hinteregg, wo der Halter war, damit er sich versteckte. Der GPU-Leutnant fuhr mit dem Motorrad, und wir mussten nachgehen. Als wir den Berg hinter uns hatten, stand auf der Straße eine Schar Russen mit Gewehren und unzähligen Patronen. Ich dachte: „Da gibt's jetzt den Tod.“ Der Leutnant wollte wissen, wie weit er vorausfahren konnte, damit wir zum Halter kommen. Ich sagte: „So vier Kilometer, dann die Straße rechts." Dort stand er dann auch.

Im ersten Häuserl wohnte die Mutter des Halters. Sie stand unter der Haustür, weil sie von Hinteregg schon wusste, um wen es ging. Der Leutnant sagte: „Du, Vater, da bleiben und warten!" Der Posten und ich marschierten weiter ins Hinteregg. Beim Krautgarten machte ich mit der Schuhnase ein Grüberl und schmiss mein Geldtascherl hinein: „Wär doch schade, wenn sie mir das wegnähmen!"

Der Hinteregger-Vetter stand beim Scheunentor und wartete schon auf uns. Er rauchte eine Pfeife und freute sich, dass der Halter versteckt war. Ich fing zu bitten an, so schickte er seine Tochter zum Halter, er solle doch kommen. Er kam, ein kleines Pfeiferl im Mund und ein lachendes Gesicht. Wie kann man das nur? So trieb uns der Posten beide bis zum Häuschen. Der Leutnant sagte: „Vater, du nach Hause!"

Der Leutnant fuhr bis Göstling, und der Posten trieb uns beide auf der Straße bis zum Postberger-Haus. Dort kamen wir in einen Keller. Eine Holzpritsche mit zwei Strohgarben und einem Drahtpolster* war drinnen, außerdem ein 50-Liter-Bierfassl zum Sitzen. Die Fenster des Kellers waren als Luftschutzkeller verbaut. Ich hörte nur die Glocken der Kirche, die mir dreimal die Zeit ansagten.

Abends kam der Posten und holte mich in den Gemeindearrest. Der Aufseher war ein Göstlinger, er sagte: „Nein, du bleibst im Kabinett!" Morgens kam Vater mit einem Frühstück, Kaffee und Sterz. Wir saßen in der Küche, da kam der Posten mit Frühstück. Kartoffelpüree mit ein paar Rindfleischstückchen, es war nicht zu essen. Es stank nach Russen. Der Posten ging fort und kam nach einer halben Stunde wieder. Ich musste mitkommen. So war ich wieder im Keller, der Halter war jetzt in einem anderen Keller, also in Einzelhaft.

Auf dem Kirchenplatz standen die Messleute und fragten: „Was ist mit der Brunnecker-Emma?" Ich hatte einige Verhöre und wurde in das Wohnzimmer des Hauses gebracht, in dem der Leutnant hauste.

1. Das Elternhaus von Rosalia Pichler (sitzend rechts)
in Krumbach spiegelt sich im Teich (1930)

2. Rosalia Pichler mit ihrer zweitgeborenen Tochter im Wickelpolster, daneben ihr Ehemann, auf dem Heuwagen die ältere Tochter (1940)

3. Margareta Wurm beim Heuschobermachen, ihre Tochter Margarete beim „Hüfistessn" (um 1995)

4./5. Margareta Wurm zwischen Mutter und Pflegemutter (ca. 1917)
bzw. zwischen ihren Eltern (ca. 1922)

6. Margareta
Wurms Eltern-
haus, vulgo
„Obersberg",
Gemeinde
Gaming

7. Margareta Wurm (Dritte von rechts, an der Zither) an einem geselligen Sonntagnachmittag Mitte der 1930er-Jahre: „Oft kamen aus dem Ort Spaziergänger, oder wir besuchten Nachbarn …"

8. Emma Jagersberger heiratete am 30. Mai 1950: „Fleisch und Eier wurden ins Gasthaus geliefert, weil es noch nichts zu kaufen gab."

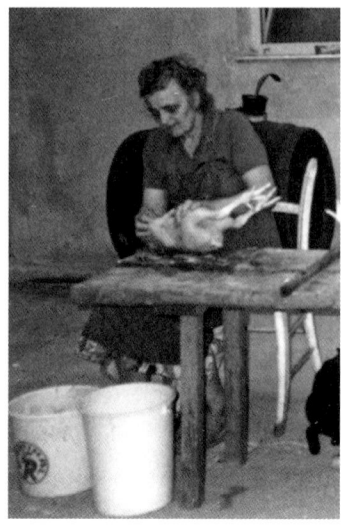

9. Emma Jagersberger beim
Schafewaschen (1980)

10. Maria Neuhauser beim
„Hühnerputzen" (1987)

11. Maria Neuhauser mit ihren älteren Töchtern, einer Magd und
einer Tagwerkerin beim Heueinführen (um 1958)

12. Maria Neuhauser: „Meine Freude war auch, sie alle gleich
anzuziehen. Die Kleider nähte ich alle selber." (1961)

13. „Die fleißigen Hände" nennt Maria Neuhauser dieses Bild, das
sie und ihren Mann beim „Obstklauben" im Herbst 1998 zeigt

14./15. Juliane Veitinger und ihre Tochter auf einem Pflug (1960); wegen der steilen Hänge wird dieser mit einer Seilwinde betrieben

16./17. Juliane Veitinger bei einer Viehversteigerung (1972) bzw. beim
Ausblasen eines Schweinedarms für die Bratwursterzeugung

18. Die Hausgemeinschaft auf dem Hof der Zieheltern von Berta Dörrer
in Hohenwarth am Manhartsberg (um 1925)

19. Friederike Hahn mit ihrem ersten Sohn vor dem
Stubenfenster ihres Wohnhauses (1952)

20. ... und (mit weißer Schürze) zusammen mit
Wiener Sommergästen und ihrem Mann auf der
Hinterseite des Hauses (um 1980)

21. Maria und Anton Widauer; im Hintergrund die ausgegrabenen Wurzelstöcke eines urbar gemachten Waldstücks (um 1962)

22. Maria Widauer bei Umbauarbeiten auf dem eigenen Hof

23. Das Anwesen der Familie Widauer in Schirnes im Waldviertel

24. Die Eltern von Maria Huber
beim Getreideschnitt (um 1942)

25. Maria Huber auf einem
Rübenacker (um 1955)

26. Gemeinsam mit zwei Kindern und der Schwiegermutter
bei einer Rast während der Weingartenarbeit (um 1975)

27. Maria Schneider (rechts außen) mit Bekannten aus ihrem Herkunftsort Obersulz im Weinviertel, Mitte der 1940er-Jahre ...

28. ... und mit einem Nachbarskind beim „Woazauslösen" (ca. 1947). Ein Sinnspruch ihres Vaters lautete: „Ein Körndl Kukuruz ist ein Tropfen Schmalz."

29. Maria Schneider im Kreis ihrer Enkelkinder, für die sie ihre
Lebenserinnerungen aufgeschrieben hat (um 1980)

30. Katharina Gassler mit einem Kind von Sommergästen im Hof
des elterlichen Anwesens beim Hühnerfüttern (1931)

31. Katharina Gassler als junge Mutter mit ihren Kindern (1947);
das Bild sollte dem Ehemann geschickt werden, der noch in
Kriegsgefangenschaft war, doch er kehrte vorher heim

32. Katharina Gassler an der Nähmaschine (ca. 1948)

33. Marianne Handler überreicht im Namen der Landjugend
auf dem Ball des Niederösterreichischen Bauernbunds den
Honoratioren, unter ihnen Leopold Figl und Julius Raab,
einen Geschenkkorb (1957)

34. Marianne Handler mit Familie unter der Linde
vor ihrem Anwesen in Kühbach bei Lichtenegg (1971)

Einmal kam Mutter. Sie holte sich den Bürgermeister und bat ihn, mir zu helfen. Mutter hätte sich einsperren lassen, anstatt meiner. Dem Leutnant sagte sie, ich sei keine Spionin. Sie kam zum Kellerfenster und fragte mich, wie es mir geht. Ich weinte und konnte nichts erzählen.

Die Dienstmagd vom Postberger war mein Schutzengel. Sie ging zum Posten und rauchte mit ihm eine Zigarette, so wurde er abgelenkt. Mittags brachte der Posten immer Kartoffelpüree mit Rindfleisch. Ich fand im Keller eine alte Vase, da schüttete ich das Zeug hinein. Beim nächsten Klogehen ging's in den Kanal. Abends kam die Loisl-Moam* und brachte ein Nachtmahl. Mein Schutzengel versorgte inzwischen immer den Posten mit Zigaretten. Sie ging Kartoffeln holen, und im Häfen war meine Mahlzeit.

Nun kam der Hilfspolizist Reschl und sagte mir, er müsse für den Frühzug am nächsten Tag für mich eine Karte holen. Ich käme nach St. Pölten – ja, das Kriegsgericht. Aber er kam mich nicht holen.

Ich hatte am fünften Tag zu Mittag wieder ein Verhör. Dort ging es politisch zu. Mit ganz rescher Stimme wurde ich gefragt, was ich von der Roten Armee halte. Meine Antwort: „Das sind unsere Befreier." So ging es weiter. Nun sagte der Leutnant ganz böse, ich soll heimgehen und meinem Vater sagen, die ganze Familie wird innerhalb von 24 Stunden 100 Kilometer evakuiert, was wir tragen können, könnten wir mitnehmen.

So ging ich zuerst zu Frau Reschl, die für mich auch gebetet hat, und bedankte mich. „Ja", sagte sie, „ich habe eine Novene* angefangen, und sie dauert neun Tage. Ich mache sie für dich fertig." Dann ging ich noch zur Mutter des Halters und erzählte ihr, dass ihr Sohn nach dem Verhör wieder in den Keller musste. So kam ich heim mit meiner traurigen Nachricht. Mein Vater hatte kein Schimpfwort für mich. „Ja, Mensch*", sagte er, „wir richten nichts her, denn das würden wir nach einigen Kilometern wegwerfen." Die Drohung wurde nicht wahr. Die Evakuierung blieb uns erspart. Es kam keiner.

Jetzt war ich 27 Jahre. Das Tausendjährige Reich war aus. Mein Freund hatte mich sitzen lassen, mit einer komischen Begründung. Er glaubte, so sagte er zu meiner Mutter, ich sei für seine Kinder einmal zu „wenig". Es gab schönere Mädchen, vor allem gescheitere. Aber wie es bei den Jägern so ist, wenn sie einen Bock wegschießen, stellt sich bald ein besserer ein. Und dabei blieb es.

Im März 1950 heiratete Sattler Gust aus Hollenstein seine Braut von der Kothleiten. Bei dieser Hochzeit war der Großbachler-Rudl Hochzeitsmusikant. Meine Schwester Rosa und ich wurden auch eingeladen, mit unserem Vater mitzukommen. Für den Großbachler war es klar, ich sollte seine Bäuerin werden. Gustl musste mit ihm in unser Elternhaus mitkommen.

Wir sieben Mädchen saßen bei der Jause in der Stube, da kamen sie. Wir grüßten wohl, waren dann aber schnell weg, im Stall. Mit der Ausrede, dass sie Schnittlinge* kaufen wollen, kamen sie dann mit Vater und Mutter in den Stall. Wir, wieder weg, in die Stube. Jetzt sagten sie den eigentlichen Grund. Er möchte Emma, also mich, als Bäuerin. Ich hatte schon eine Vorahnung, darum unser Verhalten. Nein, den wollte ich nicht. Meine Schwestern nahmen mich auf der langen Bank in die Mitte. Die zwei Herren jausneten, und dann wollte Rudolf in die Mitte, wo ich saß. Er hatte Fotos vom Bauernhaus mit und plauderte. Nein, aber ich wollte ihn nicht. Aber sagen – nein, ich schreibe, das geht leichter, da brauch' ich ihm nicht wehtun.

Als der Brief angekommen war, zog er sich an und fuhr mit der Bahn bis Göstling, dann zehn Kilometer Fußmarsch. Meine Eltern waren nicht daheim, und wir schlichteten Brennholz. Meine Schwestern sagten, ich soll mit ihm hineingehen und mit ihm reden, was ich meine. Und so war es.

Am 30. Mai wurde die Hochzeit angesetzt. Fleisch und Eier wurden ins Gasthaus geliefert, weil es noch nichts zu kaufen gab.

Mein Mann hat bei jeder Gelegenheit seine Frau ins Rampenlicht gestellt. Sein Spruch war: „Ich habe den Haupttreffer gemacht." Es hat mich jedes Mal gefreut, aber geglaubt hab' ich's nicht immer. Wir hatten fünf Kinder, drei Buben und zwei Mädchen.

Ich bekam 1954 einen Puchroller, der mir all die Jahre eine große Hilfe war. Ein wenig stolz kann ich von dieser Zeit sagen, ich war die erste motorisierte Frau von Hollenstein.

1965 wurde ein Traktor gekauft, mit Heuschwanz*. 93 000 Schilling waren weg, aber es ging vieles leichter. Aber wer macht den Führerschein? Mein Mann hat es abgelehnt, so ging ich mich mit Tränen in den Augen zum Kurs anmelden. Ich wurde nie ein richtiger Traktorfahrer. Der Vierradler* und der Einachser* haben beim Rückwärtsfahren nie pariert. Die kleinen Buben, neun und zehn Jahre, konnten es perfekt. So machte ich meine Dorfpartien immer, wenn die Schule aus war, und nahm die Buben mit.

Die Technisierung ging weiter: 1957 die erste elektrische Waschmaschine und ein großer Kühlschrank, 1965 der Traktor, 1969 ein Auto (Volkswagen), die Arbeitsmaschinen für den Traktor – Güllefass, Miststreuer, Pflug, Egge, Heurechen und Umkehrer. Jetzt gibt's die breiten Gabelwender und Rechen und – das Beste von allem – den Ladewagen. Ein Fahrsilo steht im Hof, die Betonsilos wurden abgerissen.

1970 wurde der Schilift gebaut, und im Zuge dessen auch unser Gasthaus. Alles wurde noch händisch betoniert. Ich war von der ersten Schotterschaufel an mit dabei.

Ich war immer glückliche „Bachlerin". 1976 übergaben wir den Besitz – 48 Hektar – unserem Sohn Rudi, der 1979 Greti aus Allhartsberg heiratete. Sie beide sind tüchtige Leute und haben den Hof in der EU-Zeit auf Pferde umgestellt. Ein Stall mit Reitplatz steht bereit. 16 Pferde, Einsteller, stehen in einem neuen Stall.

So hoffe ich und freue mich, wenn Großbach gut weitergeht. Gott sei mit Ihnen!

Maria Neuhauser

*wurde am 4. Juni 1925 in Fritzberg bei Mank im niederösterrei-
chischen Alpenvorland geboren und wuchs gemeinsam mit zwei Geschwistern auf dem Hof der Eltern auf. Nach der Heirat im Jahr 1949
bewirtschaftete sie gemeinsam mit ihrem Mann den Kohbergerhof in
Grimmegg bei St. Leonhard am Forst und gebar im Zeitraum von
1949 bis 1969 zehn Kinder.*

*Neben ihren Aufgaben als Bäuerin und Mutter übernahm Maria
Neuhauser auch öffentliche Ämter, unter anderem war sie zehn Jahre
lang als Bezirksbäuerin tätig.*

*Im Jahr 2003 veröffentlichte die Autorin unter dem Titel „Er-
lauschtes und Erlebtes" einen Band mit Gedichten im Verlag „Edition
Weinviertel".*

*In mehreren kürzeren Texten, die zum Teil nach Schreibaufrufen
der „Dokumentation lebensgeschichtlicher Aufzeichnungen" entstanden, hielt Maria Neuhauser einprägsame Ereignisse aus ihrem Leben
fest. Für die Veröffentlichung in diesem Band wurden ein Text über
das Muttersein in der Nachkriegszeit, Betrachtungen über das Leben
als Altbäuerin und Erinnerungen an verschiedene Fahrzeuge und deren Bedeutung im Alltag einer bäuerlichen Großfamilie ausgewählt,
mit denen der folgende Beitrag beginnt.*

„Große Freud – reicht net weit"

Als ich nach dem Krieg heiratete, kamen wir auf eine Wirtschaft, die zwei Paar Rösser gebraucht hätte. Ein Paar musste
einrücken, dafür waren Ochsen da. In meiner ganzen Jugend
brauchte ich mich mit keinem Gespann abmühen, und jetzt
musste ich täglich die Ochsen einspannen und das Futter für
die Kühe holen.

Nach gründlicher Überlegung schafften wir uns im August
1949 schon einen Traktor an. Die Äcker waren ziemlich steil,
und auch sonst war nichts eben. Das Fahren war überall ein Ri-

siko. Mein Mann, der schon immer ein Motorfan war, freute sich riesig. Er konnte ja nicht ahnen, was wir alles erleben werden mit ihm. Es war eine große Wohltat, die Arbeit auf den Feldern ging viel schneller. Auch ich musste vertraut werden mit ihm, ich musste oft einspringen.

Anfangs mussten wir uns mit alten Geräten behelfen, wir konnten uns ja nichts leisten. Den Pflug lieh uns Onkel. Die Wagen ließen wir mit einer Anhängevorrichtung umfunktionieren. Beim Mistführen fuhr einer mit dem Traktor, der andere musste abziehen*, und während der eine wieder heimfuhr und umspannte, musste der Mist ausgebreitet werden. Da wechselten wir uns ab, beim Fahren konnte man rasten.

Einmal, es war zum Glück nach dem Essen, hatten die Taglöhner zu schwer beladen, und als wir mitten auf dem Berg waren, stieg der 26er-Steyrer* vorne auf. Mein Mann sprang gleich ab und bremste den Wagen ein, und mir schrie er zu: „Steig auf die Kupplung!" Er senkte sich, wir hatten die Gefahr noch einmal gebannt. Ich kroch unter einen Baum, um meinen Schock etwas zu überwinden. Darauf rüsteten wir ihn mit einem Beschwerungsgewicht aus.

Einmal fing er auf dem halben Berg an zu rutschen und sauste mit einer Fuhre Klee hinunter. Es schleuderte derart, dass der Wagen an die Scheunenplanke prallte, wo alles zum Stehen kam.

Auf einem steilen Hang kippte der Wagen einmal um. Beim Traktor riss die Anhängevorrichtung ab, er überschlug sich zweimal und klopfte ganz leise weiter. Mein Mann wollte abspringen und hat am Unterarm schwere Quetschungen davongetragen. Er musste eine Zeit lang im Spital bleiben. Das Heu führten wir etliche Jahre mit dem Heuschwanz* heim, da konnte nicht viel passieren. Auch mit Gitterrädern* als Zusatzreifen versuchten wir es.

Da mein Mann immer ein Motorradfan war, hatte er gleich nach dem Krieg eine kleine Sachs* erstanden. An der konnte er ständig reparieren, doch er hatte seine Freude damit. Er machte auch 1947 schon den Führerschein für alles, auch für Lastwagen mit Hänger.

1953 kaufte er dann einen Roller, der uns viel Freude machte. Es war so praktisch. Unser Haus steht am Hang, man setzte sich einfach drauf und ließ ihn anlaufen. Achtgeben musste man nur, weil die Hauszufahrten zum Teil sehr schlecht waren. Überall gab es hohe Mittelstreifen, die gefährlich werden konnten. Die sogenannten „Gloasten", die Fahrrinnen, die oft schotterig waren oder Löcher aufwiesen, musste man mit Vorsicht benutzen.

Mit dem Roller machten wir schon kleine Ausflüge. Als wir uns bis nach Mariazell wagten, froren wir furchtbar. Da wir auch nicht die richtige Kleidung hatten, beneideten wir alle, die im Auto fuhren. Die spürten nichts von der eisigen Zugluft. Bei Schönwetter war es ja ein wunderbares Fahrzeug. Vorne konnten zwei Dirnderln stehen, ein Kleines hatte ich hinten auf dem Schoß, bis in den Ort ging es … Es hat uns nicht *einmal* wer bestraft.

So war es dann aber an der Zeit für mich, auch den Führerschein zu machen. Meine Schwester habe ich auch dazu überredet, und so fuhren wir abends mit dem Rad in den Unterricht. Das Fahren machte keine Schwierigkeiten, zu lernen gab es schon viel. Bei jeder Arbeit, wenn es nur irgendwie möglich war, hatte ich das Fahrschulbüchlein bei mir. Der Termin zur Prüfung kam, und ich fuhr schon mit dem Traktor hin: „Ich werde es schon schaffen!". Am Ortsbeginn ließ ich das Gefährt stehen und marschierte, sehr wohl mit Herzklopfen.

Wir wurden viel gefragt, ich war immer die Letzte, weil ich auch das Motorrad hatte. Endlich hatte man auch mein Dokument unterschrieben. Dann war nur mehr das Fahren. Das empfand ich nicht mehr tragisch. Als ich mit meiner Beiwagenmaschine durch die Allee kurvte, löste sich die Kommission schon langsam auf. Hauptsache, ich hatte es geschafft! Sehr erleichtert fuhr ich, ohne ein bisschen zu feiern, heim.

Nun hatten wir wieder einen großen Brocken vor uns: Wir brauchten ein Auto. Die Kinder wollten schon mit – alles ging zu langsam, überall drängte die Zeit! Wir hatten einen Onkel, der uns einen Gebrauchtwagen vermittelte. Das wurde ein fröhlicher Nachmittag. Alle möglichen Lieder, die wir kannten, wurden gesungen. Für ein paar Stunden konnten wir alle Sorgen vergessen. Endlich konnten wir auch gemeinsam mit den Kindern etwas unternehmen. Das Auto brachte eine gewaltige Veränderung, nicht nur Luxus, auch in der Wirtschaft brachte es Vorteile. Ein paar Säcke oder sonstige Kleinigkeiten waren rasch geholt.

Große Freud – reicht net weit! Unser Vehikel fing immer öfter an zu stottern, und bald hatten wir Startschwierigkeiten. Wir wollten mit den Kindern nach Maria Taferl fahren – die Donau, stets wieder ein neues Erlebnis. Auf dem Heimweg genossen wir die ruhige Fahrt auf der Rollfähre, die Kleinen waren begeistert. Als wir wieder einstiegen, rührte sich unser Gefährt kein bisschen. Alles war schon draußen, bis sich dann etliche Männer auch unser erbarmten und uns hinausschoben.

Nach weiteren unliebsamen Ereignissen entschlossen wir uns, ein neues Auto zu kaufen. Wir entschieden uns für einen VW-Bus. War das eine Wohltat! So viel Platz! Wenn wir einen Familienausflug machten, packten wir Jause und Saft ein, um an einem günstigen Platzerl Picknick zu machen. Unsere Kinder schwärmen heute noch davon. Wir nahmen gelegentlich auch ein paar Cousins mit, das war noch mehr Gaudi. Wir fuhren nach Schönbrunn, auf den Ötscher, nach Mariazell, ins Missionshaus St. Gabriel, man machte für uns eine interessante Führung und dergleichen.

Leider hatte ich auch mit diesem Auto Pech. Schnell noch vor Mittag ein paar Säcke Futter holen – bei strömendem Regen fing es mir das Auto, ich glitt in einen Kartoffelacker, wo es mich zweimal überschlug. Nach dem ersten Schock kroch ich hinten hinaus. Die Türen waren alle eingedrückt. Ich probierte dann das Starten. Es ging, und ich fuhr nach Hause. Dieses Mal brauchte ich lange, um mich vom Schock zu erholen. Zum Glück war mein Mann sehr verständnisvoll und hat mich getröstet. Wenn ich heute daran denke, muss ich zittern, kann es auch nicht näher beschreiben. Die Technik ist ein Luder!

Mein Muttersein

Unser erstes Kind kam am Heiligen Abend 1949 zur Welt. Da durfte ich empfinden, welch Glück, Liebe und Zuwendung so ein kleines, hilfebedürftiges Geschöpf mitbringt. Man spürte, was es heißt, so einem kleinen Wesen das Leben zu schenken, es anlegen an die Brust und ihm Schutz und Geborgenheit angedeihen zu lassen. Damals musste man auch noch eine Woche ganz im Bett bleiben, da nützte man die Zeit, um nur für das Kind da zu sein.

Nach 15 Monaten strampelte das nächste Mädchen im Polster. Mein Gedanke dabei war: „Das gehört jetzt mir ganz allein." Um das erste mussten sich ja jetzt schon die Großeltern kümmern, was sie auch mit aller Liebe und Fürsorge taten. Doch es kam der Sommer mit so viel Arbeit, sodass ich auch dieses Herzbinkerl* anderen überlassen musste.

Das nächste Dirndl kam unter der Weizenernte. Da machte ich mir schon Vorwürfe, ob ich das verantworten könne, neben der vielen Arbeit Kinder zu erziehen, zu betreuen und auch für sie da zu sein. Als ich die ersten aus den Windeln heraus hatte, kam das nächste Mädchen. Da war der Winter vor der Tür, das konnte ich ein halbes Jahr stillen.

Meine Freude war auch, sie alle gleich anzuziehen. Die Kleiderln nähte ich alle selber. Als die Letzte zirka drei Jahre alt war, gingen wir zum Kirtag. Als ich eine Kleinigkeit kaufte, drängte man die Kleinste von mir weg. Sofort fragte ich hin und her, sie hatte doch dasselbe an wie die Größeren. Voll Bangigkeit sah ich einen Mann stehen, der sie am Arm hielt. Ich bedankte mich, doch da war ich fehl am Platz. Er ließ ein Donnerwetter los über so eine Mutter, die auf ihre Kinder nicht achtet. Das merkte ich mir bis heute.

Es war dann doch eine Pause von vier Jahren. Da ich ja meinte, vier Kinder wären genug, kränkte ich mich furchtbar, als ich wieder schwanger war. Ich weinte viel und wollte nicht einmal mehr zur Kirche gehen, so schämte ich mich. Das fünfte Mäderl bekam dann den Namen vom Vater, weil – Bub wird so keiner mehr.

Man sollte sich nicht täuschen, auch der Bub kam noch. Wir wollten ihn nicht Franz taufen, da meinte unser Pate: „Wenn ihr ihn heuer nicht tauft, dann bekommt ihr ihn nächstes Jahr." Wirklich bekamen wir im nächsten Jahr den Franzi. Die beiden Buben waren fast wie Zwillinge. Wir bauten dann den Kuhstall. Wenn der Maurer am Morgen kam, machten die beiden schon Dienst am Topferl. Wir hatten wirklich viel Freude mit den Buben.

Dann kam dieser furchtbare Schlag. Wir wollten Kartoffeln legen*. Der Vater selber fuhr mit dem Traktor zurück. Inzwischen lief der Kleine hin, und der Traktor erfasste ihn mit dem Hinterrad. Er hatte so schwere Kopfverletzungen, denen er auf der Stelle erlag. Vater brachte ihn auf den Händen zu mir herein, er machte keinen Zucker* mehr. Alles brach zusammen in mir. Ich konnte nicht mehr weichen von meinem Liebling. Doch ich musste für die anderen wieder da sein. Kam ich irgendwo allein an, ließ ich den Tränen freien Lauf. Diesen Schmerz kann nur verstehen, wer ihn selbst empfunden.

Der Himmel wollte uns wieder Ersatz schicken. Im Winter 1963 war ich wieder guter Hoffnung. Jänner und Feber hatte es so eine Kälte, dass es die ganze Wasserleitung abgefroren hatte. Die Nachbarn, die uns sonst aushalfen, konnten bei gar nichts einspringen. Der Mann erlitt ganz schwere Erfrierungen an Händen und Füßen, als er im Rausch stürzte und einschlief. Hätte man ihn nicht zufällig entdeckt, wäre er verloren gewesen. Die Frau musste ins Spital. Alles war so aussichtslos! Die kleinen Kinder hatten die Handerln so erfroren, dass sie aufbrachen und bluteten. So triste die ganze Situation war, es ging alles vorüber. Wir bekamen eine kleine Magdalena, die nach dem Kreuzweg in einer öffentlichen Tauffeier das erste Sakrament erhielt. Es war wieder ein recht braves Baby. Sie merkte wahrscheinlich auch, dass niemand Zeit hatte für sie.

Unsere Magda war ein kräftiges, lebhaftes Wesen und machte mit acht Monaten die ersten Schritte allein. Kein Wunder, dass sie dann Koch und Kellner als Beruf erwählte. Sie bekam nach zwei Jahren noch ein Schwesterlein, das ihr nicht sehr ähnlich war. Rita war sehr zart und klein, doch auch stets munter und frisch. Die Älteren konnten da ihre Säuglingslehre schon praktizieren.

Es kam die Berufswahl. Die ersten beiden blieben in der Landwirtschaft, da wir Hilfe dringendst brauchten. Die Älteste kam in die Haushaltungsschule. Beim Kofferpacken meinte ich: „Heiraten darf keine, das Fortgehen verkrafte ich nicht." Das wäre ein schöner Zirkus geworden, wären alle daheim geblieben.

Es war so noch lebendig genug in unserem Haus. Beim Sprengel*, bei der Volkstanzgruppe und bei der Katholischen Jugend – überall waren sie aktiv dabei. Das hat mich auch sehr angesprochen, und es hat sich so manches Fest bei uns abgespielt, wie Sonnenwende mit Tanz, Herbergssuche usw.

Obwohl ich früher schon oft Zeiten hatte, wo ich mir denken musste, ich kann nicht mehr, war mir noch ein Sohn bestimmt. Er kam am Palmsonntag zur Welt und stellte immer seinen Mann. Meine Erziehungsweisheiten schienen ergebnislos. Als Säugling wurde er schon ganz von den Schwestern betreut. Baden war ihre Aufgabe.

Meine zehnte Geburt – ich meine, ich habe die Schuldigkeit getan. Die Töchter waren recht brav und bald selbständig. An einem Muttertag, den ich mir anders vorgestellt hätte, fuhr ich zum Grab meiner Mutter und flehte sie an: „Könnte ich dich doch fragen: ‚Waren wir auch so?'" Zwischen Generationen war es meines Erachtens immer so.

Mein Altwerden

Ich glaube nicht, dass meine Altersgeschichte etwas Besonderes ist, müssen doch manche Menschen sehr viel durchmachen und manch Schweres erleben. Ich musste auch durch ein fast unmöglich erscheinendes Schicksal durch. Ich schreibe es nur der Kraft des Gebetes zu, dass ich aus meinem grausigen Tief wieder herauskam. Über mein Altern habe ich mir niemals ernstlich Gedanken gemacht und gemeint, es wird nicht so tragisch kommen. Ich musste in meinem Leben so viel ertragen, wird auch das noch gehen.

Wir beide, mein Mann und ich, waren in der Wirtschaft noch voll drinnen, als mir ein Arzt anlässlich der Gesundenuntersuchung mitteilte, ich müsse mich sofort einer Unterleibsoperation unterziehen. Panische Angst plagte mich. Bei der Nachuntersuchung erklärte man mir: „Sind Sie froh, dass es nicht bösartig war!" Ich war zufrieden, leider nicht lange. Nach zirka einem halben Jahr, stellten sich Schmerzen ein, und ich hatte beim Stuhlgang Beschwerden. Ich versuchte nun mit allerlei Hausmitteln, Tees und dergleichen Besserung zu erzielen. Ich wagte es nicht auszusprechen, doch vermutete ich schon immer Krebs.

Inzwischen kam dann die Hochzeit unserer jüngsten Tochter, also zum Kranksein keine Zeit. Dann feierten wir noch mit allen Kindern den Muttertag. Sie schenkten mir einen Ring. Die Freude war schon recht getrübt, und ich versprach ihnen, sollte ich ins Spital müssen, werde ich ihn immer tragen, so habe ich alle bei mir.

Am Montag ging ich zum Arzt, der mich gleich nach Amstetten ins Krankenhaus zur Untersuchung schickte. „Es ist sicher nicht tragisch", tröstete er mich, doch ich spürte schon mehr. Am nächsten Tag führte mich mein Mann ins Spital. Der Oberarzt fragte, ob wer bei mir sei; so musste mein Mann kommen. Er erklärte uns ganz kurz und bündig: „Sie sollten unbedingt gleich hier bleiben, Sie haben eindeutig Krebs." Was das bedeutet, kann nur der mitfühlen, der das schon erlebt hat. Obwohl ich es ja schon geahnt hatte, war die Gewissheit furchtbar. Am Nachmittag begannen schon die Untersuchungen; am schlimmsten waren die Darmspiegelungen. Wir mussten dazu in den Keller, da war alles so kalt und unfreundlich. Ich zitterte nicht nur vor Angst, sondern auch vor Kälte.

Zum Wochenende wurde ich mit einer Einweisung zu den Barmherzigen Schwestern in Linz entlassen. Ich musste vor der Operation Bestrahlungen kriegen. Am Montag fuhr man mit mir nach Linz. Ich kam in ein Zimmer mit fünf Betten. Die Frau neben mir hatte kein Haar auf dem Kopf, die nächste hatte Blut bekommen und nicht vertragen, ihr ging es schlecht. Auch die beiden anderen waren schwer krank. Eine erzählte mir, sie habe eine kleine Tochter zu Hause und müsse unbedingt wieder gesund werden. Später lernte ich noch eine Menge Patientinnen kennen und hörte von ihren Schicksalen. Ich bemühte mich sehr, mit allen gut zu reden.

Mit der Bestrahlung und den Wartezeiten hatte ich meistens nur zirka zwei Stunden zu tun. Zu den Wochenenden durfte man mich holen und am Sonntagabend wiederbringen. So nahm ich mir eine Handarbeit mit und machte Spitzerln in Occhiarbeit*. Nach zwanzig Bestrahlungen führte mich die Rettung gleich nach Amstetten. Am Fronleichnamstag besuchten mich Rita und mein Mann. Sie konnten nicht lange bleiben, weil die Vorbereitung zur Operation schon begann. Ein paar Tage musste ich darauf in der Intensivstation verbringen.

Nachher hatte ich viel Zeit, um nachzudenken, auch über die Zukunft. Mein Leben, wenn ich gesund werde, will ich anders gestalten. Bewusster leben, nicht nur arbeiten und streben, ein bisschen mehr Zeit auch für meine Lieben. Um Zuhause brauchte ich mir keine Sorgen machen, da eine Tochter, die in Tirol auf Saison war, spontan heimgekommen war und meine Arbeit machte.

Wir übergaben darauf unsere Wirtschaft, wie sie war, unserem Sohn. Der ist Landwirtschaftsmeister und mit Liebe Bauer, wir brauchten uns um den Fortbestand nicht kümmern. Ich konnte mit meinem Zustand zufrieden sein und kam mit meinem Stoma* ganz gut zurecht. Das Arbeiten wurde immer mehr, und von den guten Vorsätzen war bald nicht viel übrig.

Unser junger Bauer fand bald eine Freundin und wollte heiraten. Das hatte wieder einen großen Haken. Sie hatte auch eine Wirtschaft und konnte nicht weggehen, weil ihr Vater ein Pflegefall war. Zwei Häuser zu erhalten, ist man auch nicht imstande.

Bei uns wohnte der jüngste Sohn mit seiner Frau und ihren beiden Kindern. Die hatten kein Interesse an der Wirtschaft. Das erste Kind habe ich als Säugling ganz betreut, da die Mutter die Schule erst fertig machen musste. So hat man sich geeinigt: Das Haus übernimmt der jüngste Sohn, und den Grund nimmt der Bauer mit.

Für mich war das furchtbar, diese Wirtschaft, die ganz ar-

rondiert* war, zu zerreißen. Wir haben sie nach dem Krieg gekauft und mussten sehr lange Schulden abzahlen. Heute sehe
ich es ja anders. Aber dazumal wagte ich kaum, in den Wald
zu gehen, hatte Hemmungen, einen Apfel aufzuklauben – weil
nichts mehr uns gehört. Wir wurden ja zum Haus geschrieben.
Als man die Kühe wegholte, verabschiedete ich mich am Abend
von ihnen mit einer Maulgabe*, Brot mit Weihwasser besprengt.
Eine Kuh blieb stehen, zum Melken fürs Haus. Obwohl alles
dem Sohn gehörte, war es nicht einfach.

Dann fretteten* wir bis zu unserer goldenen Hochzeit.
Das Essen hatten wir im Gasthaus, Mehlspeisen brachten die
Töchter. Bald darauf hatte mein Mann einen Kreislaufkollaps
und wurde in das Krankenhaus gebracht. Man stellte einen Nie-
rentumor fest. Zum Operieren war das Risiko zu groß, man behandelte ihn mit Therapien. Von da an wurde er immer schwächer. Ich konnte ihn fast nicht mehr mit dem Auto mitnehmen,
da das Ein- und Aussteigen schon so schwer war. Da kam es
dann so weit, dass ich auch nicht mehr fortkonnte; keinen Sonntag in die Kirche, meine ganzen lieben Bekannten nicht mehr
sehen und mit niemandem sprechen.

Mein Mann wurde langsam auch manchmal verwirrt; auch
da keine Ansprache. Ich verfiel in solche Depressionen, konnte
nicht schlafen und war oft ganz abgemartert.

An den Sonntagen fing ich an, Sterne zu stricken; ich fand
an nichts mehr Freude. So konnte es nicht weitergehen. Mein
Mann brauchte mich, und meine Kräfte wurden immer weniger. Er hatte auch ein paar Schwächeanfälle, und so machte er
auch die Familie bang.

Die Jungen rüsteten zum vierzehntägigen Urlaub. Ich nahm
mir vor, eine Novene* zu machen; ich konnte ja auch kaum
mehr beten. Nach ein paar Tagen spürte ich schon, dass ich viel
ruhiger wurde, konnte schlafen und erholte mich an Leib und
besonders an der Seele. Der Sohn rief dann ein paar Mal an, wie
es dem Opa gehe, und ich konnte sagen: „Uns geht es relativ
gut." Ich nahm mich ganz fest zusammen und machte mir den
Vorsatz, Dinge zu machen, die mich freuen, nur Positives zu sagen, die Kinder nicht zu stören …

Mein Mann wurde immer schwächer. Ich führte ihn im Rollstuhl, und dann musste das Hilfswerk kommen, weil ich es nicht mehr schaffte. Im Frühjahr 2002 ist er ganz ruhig eingeschlafen.

Für mich war es nicht einfach, ich fühlte mich sehr allein. Die Jungen gehen ihrer Arbeit nach und haben ganz andere Interessen. Man kann's halt nicht leicht verstehen.

Ich wurde darauf an der Hüfte operiert und kam zur Kur; das tat mir sehr gut.

Jetzt fahre ich, wenn es mir möglich ist, auf Seniorenwoche. Da finde ich oft Frauen mit demselben Schicksal, das tröstet. Meine Freizeit weiß ich auch immer zu nützen, habe einige Hühner, also noch eine Wirtschaft. Gemüsegarten habe ich keinen mehr, der fehlt mir sehr. Neben kleinen Handarbeiten besuche ich meine Kinder, solange ich noch mobil bin. Zwischendurch schreibe ich für spezielle Anlässe noch manches Gedicht, damit das Hirn nicht ganz einrostet. So bin ich mit meinem Los jetzt zufrieden. Ich vertraue auf unseren lieben Herrgott und die Gottesmutter, sie werden mich schon nicht im Stich lassen.

Juliane Veitinger

wurde am 13. Februar 1926 in Eschenau an der Traisen geboren. Gemeinsam mit vier Geschwistern wuchs sie auf dem Hof ihrer Eltern auf. Im Jahr 1948 heiratete sie auf den Knaushof in Tradigist bei Rabenstein im Pielachtal und bewirtschaftete diesen gemeinsam mit ihrem Mann über vier Jahrzehnte lang. Juliane Veitinger zog eine leibliche Tochter und einen Adoptivsohn groß, der 1989 den Hof übernahm.

Die Autorin brachte zwischen 1999 und 2004 Teile ihrer Lebensgeschichte in drei Texten zu Papier. Zwei davon bilden die Grundlage für den folgenden Beitrag; sie werden hier in leicht gekürzter Form wiedergegeben.

Juliane Veitinger schreibt über das Aufwachsen auf einem kleinen Hof und berichtet von der Modernisierung des landwirtschaftlichen Betriebes seit den Fünfzigerjahren, von der Übergabe des Hofes und den Schwierigkeiten des Zusammenlebens mehrerer Generationen im bäuerlichen Haushalt.

Bin 1926 geboren, in einer kleinen Landwirtschaft, und habe noch vier Geschwister. Damals gab es sehr schlechte Zeiten für die Bauern. In die Schule ging ich in Eschenau an der Traisen. Es gab nur eine Volksschule mit drei Klassen, wir hatten aber sehr tüchtige Lehrpersonen. Vorm Herrn Pfarrer hatten wir großen Respekt. Die Schulmesse wurde gerne besucht, ein Lehrer ging auch mit uns gemeinsam nach der Messe zur Schule.

Heute, wenn Kinder grüßen sollen, sagen sie höchstens „Hallo". Das konnte man sich früher nicht vorstellen. Wir sagten auch nicht „du" zu den Eltern, sondern sprachen mit ihnen immer in der dritten Person: „Hat der Vota ..." oder „Hat die Muatta ..." Ich weiß auch nicht, dass ich jemals eine Ohrfeige bekommen hätte. Einmal haben mein Bruder und ich auf einem Holz knien müssen – so lange, bis wir um Verzeihung gebeten haben. Ich weiß aber nicht mehr, was wir angestellt hatten. Die Nachbarn mussten wir immer mit der Hand schön grüßen und „Frau Moam*" und „Herr Vetter*" sagen.

Am Ostersonntag ging die Großmutter mit uns vier Kindern zur Taufpatin. Wir mussten die Hand küssen und um ein rotes Ei bitten. Da gab es immer viel zu essen, Geselchtes mit Schober*, Schürzenbandl* beträufelt mit Honig, Bröselpudding*. Mit nach Hause bekamen wir, in ein Tuch eingeschlagen, einen Gugelhupf und jedes extra ein rotes und ein blaues Ei sowie ein Kipferl, in das ein Geldstück hineingesteckt war. Einmal habe ich eine Kleiderschürze bekommen, das war etwas ganz Besonderes. Man ging auch zu den Nachbarn, um ein rotes Ei bitten, dabei wurde manchmal ein Sprücherl gesagt.

Wir Kinder mussten schon sehr viel arbeiten, kochen, abwaschen, der Mutter helfen. Im Sommer beim Heuen ist Vater schon, wenn es hell wurde, um zwei Uhr Früh aufgestanden, um mit der Sense Futter zu mähen. Mein Bruder und ich mussten nach dem Frühstück das Grünfutter mit einem Stecken auseinanderstreuen, damit es besser trocknen konnte. Mein Bruder und ich waren die Älteren, somit wurden wir auch fest zur Arbeit herangezogen. Korn* und Weizen mähte Vater mit der Sense, die Mutter musste Garben machen, mein Bruder und ich aus dem Stroh Bandl* machen, mit denen man die Garben zusammenbinden konnte. Zum Schluss wurden dann die Garben zu einem Bockerl* zusammengestellt oder auf einem Stecken aufgehängt, und das bei der ärgsten Hitze.

Wenn der Acker abgeerntet war, wurde umgeackert. Die Ochsen wurden ins Joch gespannt. Der Vater ging hinten mit dem Pflug, der Bruder und ich gingen vorne, eins mit dem Strick in der Hand und das andere mit einem Stecken, um anzutreiben.

Ich kann mich nicht erinnern, Schulaufgaben gemacht zu haben, höchstens Gedichte haben wir auswendig gelernt. Im Herbst mussten wir Obst klauben und Most machen. Das Obst wurde mit einer Birnenreibe zerkleinert, die mit der Hand gedreht wurde. Später kaufte Vater einen Benzinmotor und eine kleine Dreschmaschine. Die Windmühle* wurde auch mit der Hand gedreht, um das Getreide vom Unkraut zu reinigen. Es gab ja Korn, Weizen, Gerste und Hafer.

Das Jungvieh war im Sommer auf der Weide, die Kühe waren im Stall. Im Herbst wurden die Kühe jeden Nachmittag hinausgetrieben, um das Gras aufzufressen, denn zum Abmähen stand zu wenig. Wir Kinder mussten immer aufpassen, dass sie nicht wegrannten. Einen Weidezaun gab es ja nicht. Wir hatten auch ein Dörrhaus, wo wochenlang Zwetschken und Birnen gedörrt wurden. Die Dirndl, so heißen bei uns die Kornelkirschen, wurden zusammengeklaubt, und im Winter wurde Schnaps gebrannt.

Im Winter mussten wir auch helfen, besonders abends. Da war ja das Vieh im Stall. Es wurden immer zwei und zwei Stück aus dem Stall herausgelassen, um beim Trog Wasser zu saufen. Im Winter, wenn es sehr kalt war, war das Wasser zugefroren, da musste es mit heißem Wasser aufgetaut werden. Das Vieh war natürlich sehr listig und wollte im Hof herumspringen. Da mussten wir mit einem Stecken in der Hand aufpassen, dass sie beim Wasser soffen.

Ich wollte gerne Schneiderin lernen, aber bei den Bauern blieb man entweder zu Hause, oder man ging in Dienst. In den Sommerferien sind mein Bruder und ich immer ein paar Wochen zu den Großeltern gegangen. Stundenlang mussten wir über Berg und Tal, es gab ja keine Straße, nur Weg und Weide. Einmal lief uns ein Stier nach, da waren wir schnell beim Zaun – und hindurchgeschloffen. Wir mussten auch durch einen Wald, das war ein Zigeunerwald, da lagerten die Zigeuner mit Pferd und Wagen. Wir hatten immer Angst und liefen ganz leise. Bei den Großeltern war es wunderschön, da hatten wir Essen, das es zu Hause nie gab, nachmittags zur Jause Geselchtes mit Gurkensalat, jede Menge Obst, herrliches Obst.

Zu Hause gab es nie frisches Brot, und wir mussten auch bitten um jedes Stück Brot. Das Fleisch gab es nur für Vater. Wenn ein Schwein abgestochen wurde, hieß es, Nirndl* und Hirn darf nur der Vater essen, denn die Kinder werden davon blöd. Abends gab es immer Milchrahmsuppe mit Kartoffeln. Kaffee gab es nie. Hunger brauchten wir nicht leiden, aber es gab immer Sterz oder im Sommer Äpfelspatzen* und sehr oft Zwetschkenknödel. Für die Schule bekamen wir Brot und einen Apfel, ganz selten Schmalzbrot. Zu Weihnachten gab es auf dem Christbaum nur selbstgemachte Kekse und Äpfel, zum Essen Kletzenbrot. Als Geschenk gab es Schafwollsocken oder eine Weste, alles selbst gesponnen und gestrickt. Selbst gemachte Schokolade, das war etwas Besonderes. Die Äpfel zu Weihnachten hat Mutter im Herbst aufgehoben. Mutter hatte nie Geld, um etwas zu kaufen.

Am 8. März 1938, kurz bevor Hitler kam, hat Mutter noch ein Kind bekommen. Vater ist 1939 eingerückt.

Als ich 13 Jahre alt war, war ich bei den Großeltern. Da hat mir Großmutter vom Dachboden aus einer alten Truhe ein wunderschönes Kleid gegeben. Ich habe den Stoff gewendet, das Innere nach außen genommen und mir ein schönes Kleid selbst genäht. Ich habe mir sowieso immer meine Kleider selbst genäht, als ich schon verheiratet war auch für meine Tochter und Enkelkinder. Den Schnitt habe ich mir immer aus den Modeheften herausgeradelt. Früher gab es kein Radio und keinen Fernseher, da hatte man noch Zeit für ein Hobby. Abends wurde auch viel gestrickt.

Wir sagten dann zu den Eltern auch „du", das brachte die Zeit so mit sich. Mein Gatte ist vier Jahre älter als ich, da ging es streng zu. Es war ein Bergbauernhof in 600 Meter Höhe, eine große Familie, Eltern, Großeltern und sieben Kinder. Die Großeltern sind 1937 und 1940 gestorben, mit 90 Jahren. Die Kinder durften nie zu den Eltern „du" sagen, auch nicht als sie vom Krieg nach Hause kamen.

Früher gab es sehr viele Bettler. Die kamen um einen Teller Suppe und ein Krügel Most. Bei meinen Schwiegereltern, das war ein Haus, wo sie immer über Nacht blieben. Viele Bettler kamen alle Jahre wieder. Sie zogen weit umher, hatten aber nur gewisse Bauern, wo sie über Nacht blieben. Etliche lernte ich noch kennen, einer davon war der Lumpenbettler, weil er im Rucksack Altes mit sich trug. Sie mussten den Ausweis, Zünder und Tabak abends abgeben, und morgens bekamen sie alles wieder zurück. Geschlafen haben sie im Winter immer im Stall und im Sommer im Stadel, eine Decke bekamen sie von uns. Ein Bauchredner war auch darunter. Das war für uns Kinder sehr lustig.

1947 habe ich meinen Gatten kennen gelernt, als er aus der Gefangenschaft nach Hause kam. Im selben Jahr ist seine Mutter an Krebs gestorben. 1948 haben wir geheiratet, obwohl meine Eltern nicht damit einverstanden waren. Ich wollte nie Bäuerin werden, aber was kann man gegen die Liebe. Eine Freundin sagte damals zu mir: „Lieber klein hausen, als Tag und Nacht grausen." Jetzt sind wir schon 51 Jahre verheiratet. Aber wenn ich die Zeit zurückdrehen könnte, würde ich vieles anders machen und die Vernunft auch sprechen lassen. Wir hatten einen schweren Anfang. Das Haus war zum Teil baufällig, der Schwiegervater im Rollstuhl, mit Multipler Sklerose, drei Geschwister waren noch zu Hause.

Er war ein Bergbauernhof, auf dem hart gearbeitet wurde. Es gab keine Maschinen. Korn, Weizen, Gerste, Hafer wurden mit der Sense gemäht, dann mit den Ochsen bergauf heimgebracht. Kartoffeln, Kraut, Rüben – alles mit der Hacke gehauen. Wir hatten auch einen großen Garten mit Gemüse, Bohnen und Ribiseln. Im Herbst wurde Obst geklaubt, da wir selbst den Most machen, auch die Obstpresse wurde mit der Hand gedreht.

Im Winter haben wir die Dreschmaschine ausgeliehen und das Korn gedroschen; da hatten wir schon einen Benzinmotor. Im Winter, wenn es kalt wurde, gingen wir in den Wald, Bäume umschneiden. Ich war immer bei jeder Arbeit mit meinem Gatten zusammen, denn seine drei Geschwister gingen auch in Dienst. Wir konnten ja keinen Lohn zahlen, so waren wir ganz allein, mit dem Schwiegervater im Rollstuhl. Sieben Jahre mussten wir den Schwiegervater pflegen, da gab es vom Staat keinen einzigen Groschen Beihilfe. Den Doktor und alles mussten wir selber bezahlen. Ganz selten gab es ein Achtel Wein oder einen Tabak zum Rauchen. Nach einem Jahr haben wir eine Tochter bekommen, aber durch die viele Arbeit habe ich mich ruiniert und nicht auskuriert, somit bekam ich kein Kind mehr.

Als wir dann den Strom bekamen, wurde es leichter. 1954/55 wurde in Gemeinschaft mit den Nachbarn eine Lichtleitung gebaut. Das waren zirka zwölf Kilometer, lauter Bauernhäuser, und die waren alle sehr weit voneinander entfernt. Man hat sehr viel zusammengeholfen, denn die Masten mussten alle händisch eingegraben werden, zum Teil gab es auch steinigen Grund. Gegessen wurde immer abwechselnd bei einem anderen Bauern, alle miteinander, auch die Elektriker. Der Transformator stand im Mittelpunkt. Ich weiß noch ganz genau, es war im Frühjahr 1955 vormittags, wir hatten gerade Besuch, und die lagen noch im Bett, als es auf einmal licht wurde, und überall die Lampen brannten. Das war eine Freude. Natürlich wurden gleich ein Radio und ein Kühlschrank gekauft, ein Motor und eine Kreissäge, damit wir nicht mehr mit der Hand schneiden mussten. Eine Waschmaschine wurde erst viel später gekauft. Wir bauten auch im Haus sehr viel, da mussten wir noch alles händisch machen, Sand, Zement und Wasser mischen. Später konnten wir uns eine Mischmaschine kaufen.

Mein Gatte musste auch erst den Führerschein machen, zuerst für ein Motorrad, da dachten wir im Traum nicht daran, dass wir uns einmal ein Auto leisten könnten. Wir waren ja auf einem Berg, auf 600 Meter Höhe, und keine Straße. Zum Bahnhof hatten wir neun Kilometer. Es gab eine Durchzugstraße vom Pielachtal ins Traisental, bis dorthin waren es auch 500 Meter.

Dann wurde zu uns eine Straße gebaut, das war auch in Gemeinschaft mit drei Bauern, die noch weiter auf dem Berg oben wohnten. Die Straße wurde ganz neu angelegt, sehr viel durch unsere Wiesen und unseren Wald. Damals gab es keine Vergütung, wenn wir nicht einverstanden gewesen wären, wäre sie nicht gebaut worden. Leider musste sehr viel gesprengt werden, im Wald, da wurde viel Schaden beim Holz angerichtet. Aber wir hatten ein gutes Verhältnis zu den Nachbarn, und es wurde überall zusammengeholfen. Bei so verstreuten Bauernhäusern ist die Nachbarschaftshilfe ganz wichtig.

Wir haben Wirtschaftsgebäude, Stall, Garage, Hochsilo, Güllegrube, Schweinestall usw. gebaut. Für tüchtige, junge Bauern gab es damals viel Beihilfe und zinsenloses Geld, sonst hätten wir das alles nicht geschafft. Wir nahmen uns eine Wandersäge*, um das Bauholz zu schneiden.

Mit den Nachbarn hatten wir ein sehr gutes Verhältnis, da half man sich bei größeren Arbeiten gegenseitig sehr viel. Es waren oft zehn Leute, und abends nach der Arbeit ging es lustig zu. Im Fasching, wenn ein Bauernball oder Feuerwehrball war, gingen wir alle gemeinsam durch den Schnee, die Abkürzung war drei Kilometer, und morgens zur Stallarbeit kamen wir erst nach Hause.

Unsere einzige Tochter wurde am 11. Oktober 1948 geboren. Sie war unser ganzer Stolz, sehr brav und sagte auch immer: „Ich werde nie das Elternhaus verlassen." Dann lernte sie ihren Mann kennen, 1966 haben sie geheiratet. Er zog auch bei uns ein. 1967, im März, wurde Sonja geboren. Im Juni 1968 wurde das zweite Kind, Irene, geboren. Ich wollte immer, dass die Jungen neben unserem Haus selbst ein Haus bauen sollen, aber der Schwiegersohn hat von seinen Eltern einen Baugrund bekommen. Sie fingen an, ein Haus zu bauen. Der Schwiegersohn sagte immer, für die Kinder sei es viel zu weit zur Schule, und die Landwirtschaft sei zu klein und hätte keine Zukunft – obwohl wir der beste Braunviehzüchter im Pielachtal waren. Wir haben viele Auszeichnungen und Urkunden bei Ausstellungen in Wels und Amstetten für Stiere, Kühe und Kalbinnen bekommen.

Zwischen Weihnachten und Neujahr 1968/69 zogen sie fort vom Elternhaus, ohne vorher ein Wort darüber gesprochen zu haben. Es war furchtbar, ich habe das nicht verkraftet. Klein-Sonja mit fast zwei Jahren war so süß und sehr anhänglich. Das Haus war plötzlich so leer. Wenn die Tochter und der Schwiegersohn kamen, dann immer ohne Kinder.

Ich weinte sehr viel, und eines Tages, ich war ganz alleine im Haus, nahm ich den Telefonhörer und fragte bei der Fürsorge in St. Pölten, ob sie nicht ein Kind hätten, mit zirka vier Jahren. Sie sagten gleich ja, eine Mutter hätte ihr Kind hergeschenkt, der Bub wäre auf einem Pflegeplatz, und wir sollten uns den Buben anschauen. Wir fuhren mit der Fürsorge hin. Von der Pflegemutter wurde er dann vorbereitet, und wir sollten Andreas, so hieß er, auf einen Tag holen. Auf dem Pflegeplatz war noch ein zweiter Bub, der hieß Gerald, aber für den zahlte seine Mutter Unterhalt. Am 7. Februar 1969 holten wir dann alle zwei Buben auf einen Tag zu uns. Als sie abends heimfahren sollten, wollten alle zwei hierbleiben. Ich musste ihnen dann klarmachen, dass sie ja keinen Pyjama und keine Zahnbürste mithätten. So fuhr mein Gatte mit Gerald alleine nach Traismauer, Andreas blieb bei mir, und seit diesem Tag war Andreas bei uns. Es wäre natürlich unser Wunsch gewesen, eines unserer Enkelkinder, lauter hübsche Mädchen, hätte mit Andreas den Namen Veitinger getragen, da ja der Name auf dem Hof laut Papieren bis 1824 zurückgeht.

Obwohl Andreas sehr an uns hing und wir ihn auch sehr gern hatten, konnte er auch sehr jähzornig sein. Da dachte ich mir schon manchmal, warum habe ich mir das alles angetan. Aber da er ganz alleine war und niemand zum Streiten hatte, wurde er ruhiger.

Die Fürsorge kam ein einziges Mal nachschauen, aber als sie sahen, wie glücklich Andreas war und wie es ihm ging, sagten sie auch nie mehr etwas wegen einer Adoption, und so vergingen die Jahre. Durch Zufall erfuhr seine Mutter, wo ihr Kind war, da war Andreas zirka zehn Jahre alt. Sie hatte kein Kind mehr bekommen, so wollte sie Andreas wiederhaben. Sie holte ihn zu Weihnachten ein paar Tage, aber er wollte nicht bei ihr bleiben. Nachher hat sie ein Kind bekommen, dann hat sie das Interesse an Andreas wieder verloren. Als Andreas zum Bundesheer musste, holte er sich die Papiere von seiner Mutter. Sie kannte ihn gar nicht, als er plötzlich vor der Tür stand. Mit 25 Jahren hat Andreas geheiratet. Er schickte seiner Mutter eine Heiratsanzeige, aber sie hat nicht einmal ein Billet geschickt.

Wir haben Andreas einen Beruf lernen lassen, er wurde Maurer. Er war in der Jugend sehr strebsam. Beim Fortbildungswerk* war er Sprengelleiter*, dann Bezirksleiter.

Nach dem Bundesheer ging er für neun Monate auf die Golanhöhen*. Dazwischen kam er einmal im Urlaub nach Hause, dann wollte er nicht mehr wegfahren. Jede Woche habe ich ihm einen langen Brief geschrieben, oft auch eine Karte dazwischen. Ich habe jetzt einmal seine Briefe gelesen, es waren 36 Stück. Ich glaube, er hat sehr an Heimweh gelitten. Als ich einmal schrieb, dass wir ihn adoptieren werden, wenn er nach Hause kommt, da hat er einen so fröhlichen Brief geschrieben, denn sein größter Wunsch war, Veitinger zu heißen. Er hieß Schuller Andreas, aber wenn das Telefon läutete, stellte er sich immer mit Veitinger vor. Im Urlaub hat er sich ein Auto gekauft. Als es geliefert wurde, war er ja nicht da, so wurde das Auto auf meinen Namen gemeldet, und er fuhr jahrelang unter meinem Namen.

Andreas sagte immer, wenn er einmal Bauer wird, dann möchte er genauso mit uns alles besprechen und zusammen beim Tisch essen, wie halt eine richtige Familie. Im September 1989 hat er geheiratet. Wir haben vorher den Dachboden ausgebaut, eine neue Küche gekauft, Wohnzimmer, Schlafzimmer, Vorzimmer, Bad und WC. Andreas hat dann noch ein Schlafzimmer ausgebaut. Die Schwiegertochter ging arbeiten, und ich habe für die ganze Familie gekocht.

Nach Weihnachten, im Dezember 1989, gingen wir zum Notar und haben alles, die Landwirtschaft, Haus, Maschinen, Vieh, die Wohnung im ersten Stock Andreas und der Schwiegertochter übergeben. Wir haben uns im Erdgeschoß ein Schlafzimmer, Wohnzimmer und Küche behalten. Mein Gatte sagte immer zu mir, dass wir das alles nicht schreiben lassen brauchen, der Andreas ist so tüchtig, wichtig ist die Wirtschaft, und dass der Name weitergeht. Nur wurde nachher alles anders. …

Andreas hat gleich das Milchkontingent verkauft. Mein Gatte musste unterschreiben. Zwei Jahre vor der Übergabe hatten wir im Stall noch eine Rohrmelkanlage mit Milchtank machen lassen, das kostete uns noch über 100 000 Schilling. Auf alle Fälle haben wir immer alles in die Wirtschaft und in Maschinen hineingesteckt.

Ich wollte damals nicht unterschreiben, da sagte mein Gatte: „Mach mit deiner Hälfte, was du willst." Was blieb mir anderes übrig? Ich bestand darauf, im Erdgeschoß das Wohnzimmer und Schlafzimmer, Bad und WC auf uns schreiben zu lassen.

Was sollten wir machen? Das Elternhaus, wo der Ururgroßvater schon gelebt hat, würde mein Gatte nie verlassen. Als wir 1948 geheiratet haben, war eine sehr schwere Zeit. 1947 ist die Mutter an Krebs gestorben, und Vater war im Rollstuhl. 1947 kam mein Gatte von der Gefangenschaft nach Hause, und drei jüngere Geschwister waren noch zu Hause. Das ganze Haus baufällig. Es gab keine Maschinen, wir mussten alles mit der Hände Arbeit machen. Die Geschwister gingen auch fort, denn wir konnten ihnen ja nichts zahlen. Wir haben gearbeitet bis in die Nacht hinein und nichts als gespart. 1954 ist der Schwiegervater gestorben. Es wurde eine Lichtleitung gebaut, in Gemeinschaft aller Bauern. Als wir dann den Strom hatten, ging es aufwärts. Wir haben Stall gebaut, Garage, Güllegrube, Schweinestall und im Wohnhaus eine neue Küche und Zentralheizung. Die Nachbarn haben sehr geholfen, es wurde sehr viel Wert auf Nachbarschaftshilfe gelegt. Früher gab es alles: Korn, Weizen, Gerste, Hafer, Kartoffeln, Kraut, Fisolen, Rüben und Klee; Schweine, Hühner, Schafe, Ziegen, Hasen, Kühe, Ochsen, Hund und Katzen. Heute gibt es nur Grünland mit Kalbinnen, die dann zur Versteigerung gebracht werden. Es gab keinen Radio oder Fernseher, kein Auto. Es wurde nur gespart, damit manche Jungen heute sagen: Warum wart ihr so blöd? …

Jetzt ist bei uns Gott sei Dank alles in Ordnung. Die Jungen haben alles neu gebaut. Manchmal war es schon schwer, wenn die Bagger und große Maschinen kamen, und alles weggebracht wurde, was wir so schwer erarbeitet haben. Als wir sahen, es kommt ein Neubau und unsere Wohnung im Erdgeschoß muss weg, da war es ganz wichtig, dass uns der Notar gut abgesichert hat.

Aber man hat auch eine Freude, wenn die Jungen so tüchtig sind. Wir bekamen im Neubau, im Erdgeschoß, unsere Wohnung, neun mal neun Meter, vier große Fenster, Küche und Wohnzimmer. Die Jungen sind im Obergeschoß, sehr schön.

In der ersten Zeit nach der Übergabe überlegte ich auch, vom Haus wegzuziehen, irgendwohin, wo man später einmal besser einkaufen oder zum Doktor gehen kann. Aber mein Gatte geht vom Elternhaus nicht weg. Es werden ja überall Sozialwohnungen gebaut, aber ich wusste auch nicht, wo man sich da erkundigen kann und wie das wäre. Wir haben ja alles hergeschenkt.

Mein Gatte bekommt eine Pension, mit der Ausgleichszulage zusammen reicht es, und wir brauchen zu den Jungen nicht betteln gehen. Solange wir gesund sind, geht es uns ja gut. Ich habe meinen Haushalt, und mein Gatte fährt noch mit dem Auto. Wir wohnen nämlich auf einem Berg, haben zum Zug neun Kilometer. Es gibt schon eine schöne Straße, aber wir sind ganz alleine, das nächste Haus ist 500 Meter weit weg. Hoffentlich bleiben wir gesund, damit wir noch oft mit den Senioren auf Urlaub fahren können.

FRIEDERIKE HAHN

*wurde am 7. September 1929 in Niederneustift im Waldviertel als un-
eheliches Kind geboren. Ab dem dritten Lebensjahr wuchs sie bei ent-
fernten kinderlosen Verwandten in Etzen bei Groß Gerungs auf. 1950
heiratete sie, übernahm den Hof der Zieheltern und zog fünf Kinder
groß. Neben der Bewirtschaftung des Hofes vermietete die Familie 25
Jahre lang Zimmer an Feriengäste.*

*In Erinnerung an den früh verstorbenen Ehemann schrieb Friede-
rike Hahn in der Zeit zwischen 1993 und 1995 ihre Lebensgeschichte
– als „Buch unseres Lebens" – nieder. Neben ihren persönlichen Erinnerungen schildert sie eingehend das Arbeitsleben als Bäuerin und die
schrittweise Modernisierung des Hofes sowie des bäuerlichen Haushalts in den Nachkriegsjahrzehnten.*

*Das handschriftliche Manuskript Friederike Hahns umfasst 122 Sei-
ten und wird im folgenden Textbeitrag in Ausschnitten wiedergegeben.*

*Außer ihren lebensgeschichtlichen Aufzeichnungen erstellte die
Autorin Sammlungen von Waldviertler Mundartausdrücken und von
überlieferten Erzählungen ihrer Vorfahren.*

*Friederike Hahn verstarb am 14. Dezember 2012 im 84. Lebens-
jahr.*

„Brauchts keine G'schichten machen ..."

Meiner kargen Erinnerung nach regnete es, der Himmel war
trüb, und ich sehe mich heute noch sitzen, auf dem Pferde-
fuhrwerk. Es war Herbst 1931, mein Vater hatte die Zügel des
Pferdes, und Großmutter saß neben mir. Sie war sehr froh, dass
sie mich loswurde. Sie mochte mich nicht, so wie meine Eltern.
Sie fuhren mich zu meiner Großtante und dem Onkel. Dort
sollte ich vorläufig bleiben.

Ich war zwei Jahre alt und wurde Frieda genannt. Es war
nur zirka eine Stunde von meinem Geburtsort zu diesem Dorf.
Meine Tante, die ich bald Mutter nannte, war die Schwäge-

rin meiner Großmutter. Diese sagte zu ihr: „Brauchts keine G'schichten machen mit der. Zum Tisch lass sie nicht sitzen, auch in kein Bett legen, schieb sie mit einer Lade unter die Betten! Behalt das Kind eine Zeit, wir können es jetzt nicht brauchen." Die zwei Leute nahmen mich bei sich auf, und sie taten das Gegenteil von dem, was ihnen aufgetragen wurde. Sie hatten selbst keine Kinder. Ihren Erzählungen nach hatte ich Striemen von Schlägen am Körper. Völlig ausgehungert aß ich in einem unbewachten Augenblick die Kartoffeln aus dem Hühnertrog.

Ich war ganz verwahrlost, es schien, dass ich nicht ganz normal war. Die Leute, die mich sahen, sagten zu meiner Tante: „Warum nimmst du dir kein normales Kind, sondern ein Patscherl*?" Man kann sich vorstellen, wie ich ausgesehen habe. Meine Ziehmutter ging der Sache auf den Grund und erfuhr, dass sie mich im kalten Dachboden liegen gehabt hatten, von klein auf, in Lumpen gehüllt, wenig zu essen. Keiner kümmerte sich um mich. Mutter war nicht viel zu Hause, der Großmutter und allen war ich im Weg.

Der einzig Gute war mein Großvater, der auch nicht mehr rüstig war, aber doch so viel machte, dass ich nicht umkam. Er nahm mich aufs Feld und überallhin mit. Wäre er nicht gewesen, wäre ich nicht durchgekommen. Er, in Sorge um mich, hatte eines Nachts einen Traum. Es erschien ihm eine weiß gekleidete Frau, die zu ihm sagte: „Sorge dich nicht, für das Kind ist gesorgt." Darüber freute er sich morgens sehr, und da fiel ihm seine Schwester ein.

So war ich nun in einer kleinen, lieben Ortschaft, die mir zur Heimat wurde, auf dem kleinen Bauernhof meiner Zieheltern. Die waren zu dieser Zeit auch nicht mit Gütern gesegnet. …

Ich glaube, ich war kein ganz braves Kind, und meine Zieheltern waren beide schon über fünfzig Jahre, als ich zu ihnen kam. Sie hatten mit mir schon ihre liebe Not. Vater war so gut zu mir. Ich kann mich nicht erinnern, dass er mit mir einmal geschimpft hätte. Bei der Mutter musste ich manchmal auf ein Holzscheit knien, oder es kam die Birkenrute, wie es zu dieser Zeit noch war. Das Ärgste war, wenn sie mich in ein finsteres

Loch, die „schwarze Kuchl", sperrte. Da hatte ich solche Angst, dass ich schrie. Meist ließ mich Vater heraus. Ich spüre diese Angst heute noch, deswegen habe ich meine eigenen Kinder nie eingesperrt. Mutter meinte es nicht böse, irgendwer musste ja erziehen. Mein Trotz tat mir nachher wieder sehr leid. Ich wurde zur Arbeit aufs Feld mitgenommen und war als Kind schon gern in der Natur.

Viel schwere Arbeit war zu leisten

Eine davon war, die Wiesen mit der Sense zu mähen, Schlag für Schlag, eine mühselige Arbeit. Wenn man es nicht gut konnte, sah alles wie gerupft aus. Auf manchen Wiesen wuchs der Bürstling*, da brauchte man eine gute Schneid, und es war doch nur wenig und kein gutes Futter. Eine solche Wiese war die sogenannte „Aug", eine große, freie Fläche; da war ich schon als Kind sehr gern. Rundherum Äcker mit goldenen Saaten. Nirgends stiegen die Lerchen so hoch zum Himmel empor wie dort, schmetterten und trällerten ihr Lied. Die Straße schlängelte sich viel schmäler als heute hindurch; es fuhr fast kein Auto außer dem Postauto.

Die Wiesen wurden kaum gedüngt, den Mist brauchte man auf den Äckern. Der Graswuchs war dadurch langsamer und spärlicher. Wenn irgendwo ein kleines Bächlein durchfloss, wurde das Wasser in die Wiese geleitet, dann wuchs mehr Futter. Zur Sonnenwende oder um Johanni, am 24. Juni, begann das „Heigna", die Heuernte. Da trockneten die kleinen Pflanzenseelchen, die so wunderbar wehen, zu Heu, als Nahrung für die Tiere. Nach einem Schönwettertag wurde es zu Heuschobern „zusammengeschiebert"*, am nächsten Sonnentag auseinandergestreut, umgekehrt, später auf den Leiterwagen geladen, mit „Wischbam"* und Seil niedergebunden und von den Ochsen heimwärts gezogen.

Oft wurde es „gnedi"*, wenn ein Gewitter aufzog. Die vielen „Breima"* machten das Vieh und die Ochsen ganz unruhig. Sie schlugen um sich, manche gingen durch, liefen mit Heu und

Wagen davon. Da gab es meist Trümmer. Man musste „füastehn"*. Das wurde meistens von Kindern getan. Mit einer buschigen Birkenrute wurden der Bauch und die Augen, die oft ganz schwarz vor Fliegen und Bremsen waren, abgestreift. Ich weinte oft dabei, weil sie mich auch furchtbar bissen.

Im Stall musste das Heu bei enormer Hitze hoch hinaufgegeben, oben weggezogen und unters Dach gestopft werden, denn die Stadel waren damals noch kleiner als heute.

Nach dem „Heigna" folgte bald der Schnitt, so gegen Ende Juli, zu Jakobi*. Mit der „Pledern"* und mit Sicheln wurde das Getreide in sengender Hitze gemäht, von den Frauen mit den Sicheln „donagnomma"* und auf Garben zusammengelegt, gebunden und „gemandlt"*. Zirka neun Garben wurden zu einem Kornmandl* zusammengestellt, sodass sie vom Wind nicht gestürzt werden konnten.

Mit ungefähr fünf Jahren musste ich schon die Halme klauben, die beim Schneiden hinunterfielen oder liegen blieben. „Schade um jede Ähre", sagte man damals. Jetzt beim Mähdrusch fallen ganze Büschel und Häufchen Körner zu Boden. Da fallen mir oft die Generationen vor uns ein, die jedes Körnchen notwendig brauchten. Vater sagte als Kind zu mir: „Wenn du viele Ähren klaubst, gibt es Krapfen am Kirtag, denn da ist das Mehl dafür drinnen." Ich glaubte es, war fleißig und freute mich auf die Krapfen, die ich heute noch gerne esse.

Kirtag war für mich als Kind schön und blieb es auch, als ich schon ein junges Mädchen war. Es war damals fast der einzige Festtag im Sommer. Da gab es Schweinsbraten und Knödel, schon von den eigenen frischen Erdäpfeln. Das erste Mal wurden Gurken gekauft, es gab sie vorher nicht. Dazu Ribiselwein, auch Eigenbau. Heute kann sich niemand mehr vorstellen, was das alles für uns bedeutete. Schweinsbraten gab es nicht oft, nur Selchfleisch, da frisches Fleisch ohne Kühlung verdorben wäre. Wenn Schweindln geschlachtet wurden, wurde Braten gemacht, in ein „kettenes Häfen"* geschlichtet und mit Schmalz übergossen; so hielt sich das Fleisch, und so wurde mancher Braten gerettet.

Kein Feiertag war im späteren Leben mehr so gut und schön, wie diese Kirtage in der Kinder- und Jugendzeit. Oft ergab es sich, dass wir spät nach Hause kamen und uns der Schlaf plagte, wenn wir am Kirtagmontag mit dem Leiterwagen hinausfuhren und den ganzen Tag die trockenen Mandln aufluden. Der Wagen war mit einer „Plocha"* ausgelegt, damit die Körner nicht durchfallen konnten. Die „Fahrln"* mussten schön gerade geladen sein, was einer besonderen Geschicklichkeit bedurfte, um gut damit nach Hause in den Stadel zu kommen. Als Kind war das eine schöne Abwechslung, auf dem leeren Wagen mit hinauszufahren; nach Hause musste man daneben hergehen.

Als ich etwas älter war, war ich schon im Kornstock, um die Garben weiterzuschupfen. Was ich mit viel Freude erwartete, war das Korndreschen im Stadel. Ein „Broatdrescher"* wurde bestellt. Ein Nachbar schloss einen Benzinmotor an, der puffte und werkte fürchterlich. Die Nachbarn halfen sich gegenseitig aus. Arbeit und Staub gab es genug dabei, auch etwas Gutes zu essen, fast in jedem Haus etwas anderes. Wir Kinder hüpften um das Geschehen herum.

Bevor es den „Troaddrescher"* gab, wurde mit der Drischel gedroschen; meist im Winter, der ganze Kornstock, das dauerte Wochen. Ich lernte es noch. Die Korngarben wurden auf der Tenne aufgelegt. Die Drischel war ein langer Stiel aus Holz, daran mit Lederriemen befestigt ein Schwengel, auch aus Holz und mit kleinen Eisenreifen umgeben. Damit schlug man im Takt, während man weiterging, auf die Ähren. Dadurch fiel das Korn heraus. Ohne Takt ging es nicht. Bei mehreren Drischeldreschern hörte sich der Takt ungefähr so an: „Stich d' Katz o, stich d' Katz o, stich d' Katz o!"*

Die Hafermahd war das Nächste. Mit ein paar Sensen wurde der Hafer Mahd für Mahd niedergelegt. Dann ließ man ihn trocknen. Dabei flatterte schon oft der Halmwind, so nannte man den ersten kühlen Herbstwind. Der Hafer wurde zu großen Binkeln gebunden oder auch lose geladen und erst im Winter gedroschen, wenn wieder mehr Zeit war. Es kam „Barthelmai"*, das bedeutete Herbst und noch viel Arbeit bis zum Winter. Um diese Zeit begann das „Groamatheigna"*. Das

Grummet war kürzer und spärlicher, es braucht nicht so lange zum Trocknen. Im Herbst hat die Sonne nicht mehr so viel Kraft und wirft schon viel Schatten.

Die sonnigen Sommertage haben auch die geduldigen Obstbäume mit goldenen Früchten beladen. Die Äpfel und Birnen leuchten rotwangig durch das Laub in diese Herbsttage, an denen noch überall die Blumen blühen. Ein ganzes Heer von Schmetterlingen kreist darüber. Quellen rauschen lieblich in den Wiesenbächlein, aber auch die Nebel ziehen schon geisterhaft wie Spinnenfäden durch die Täler.

In diese Zeit fiel mein erster Schultag. Im Dorf neben der Schule aufgewachsen, zitterte ich trotzdem diesem Tag entgegen. Die Kinder waren damals nicht so couragiert wie heute. Die erste Zeit lernte ich schwer, hätte noch ein Jahr gebraucht. Heute würde man zurückgestellt werden. Es waren nur ein paar Schritte in die Schule, später wäre ich froh gewesen, wenn der Weg länger gewesen wäre, schon der Gaudi wegen. …

An den Anfang des Schuljahres fiel das Erdäpfelgraben – wochenlang, „Roanl* um Roanl". Die Mutter scharrte sie aus – sie bückte sich sehr schwer –, ich klaubte sie zusammen. Resi, von der ich noch öfter schreiben werde, „schlaunte"* es sehr. Sie war überhaupt sehr fleißig, sie war ein schlankes, „g'riehriges"* Weiberl. Sie war schon länger als ich hier im Haus, sie war ledig geblieben, und meine Ziehmutter war ihre Tante. Bei den Erdäpfeln halfen auch einige Taglöhner, wie die Traxlerin, die nebenan im Gemeindehäusel wohnte. Sie kam auch so ganz gerne auf ein Tratscherl oder abends auf eine Stosuppe* zu uns. Sie war eine liebe, lustige Frau, die ich ganz gern mochte.

Vater trug abends die schweren Kartoffelsäcke auf dem Rücken in den Keller. Tagsüber musste er „Halmackern"* und eggen, was mit den Ochsen sehr langsam ging. Die waren von dem vielen Waten in der Ackererde sehr müde. Das Saatbeet, das die goldenen Körner des Roggens aufnahm, wurde jetzt hergerichtet. Wenn der Sämann mit seiner „Safürta"* voll gelber Körner Schritt für Schritt eine Handvoll nach der anderen in Gottes Namen hinausschwang, wollte ich auch säen. Wenn ich neben Mutter herlief, nahm ich auch eine kleine Hand voll zum Streuen.

Die Tage im Herbst werden immer kürzer, der Wind immer schärfer und kälter. Aber die wunderschönen Wälder, die in allen Farben in der goldenen Herbstsonne wie Feuer leuchten und prangen! Langsam fallen schon die bunten Blätter und tanzen im Herbstwind. Nachts fällt Reif auf Wiesen und Felder, der im Schatten schon liegen bleibt.

„Dann kam die gemütliche Zeit im Jahr ..."

Bevor es aber ganz Winter wird, müssen noch das Kraut und die Krautrüben* eingebracht werden. Manches Jahr hat es dabei schon geflankelt*. Die „Krauthapln"* wurden gehobelt, gesäuert und in einem Schaffel eingetreten. Es wurde als Vorspeise gegessen. Es sollte den Magen füllen, um bei der Hauptspeise zu sparen. Das Sauerkraut wurde zu fast allem gegessen.

Mutter kochte sehr gut. Wenn wir vom Feld nach Hause kamen, war oft eine Überraschung auf dem Tisch. Wir aßen viel Fleisch, mehr als es damals Brauch war, da wir zum Schwein noch fast jedes Jahr ein Rind schlachteten. Zu meiner Freude durfte ich so ein Stück frisches Fleisch in die Schule und in den Pfarrhof tragen. Auch die Ärmeren kamen nicht zu kurz, auch sie bekamen ihr Stück Fleisch. Vater sagte immer: „Ein ganz kleines Stückerl Fleisch und ein Mehlknödel sind mir lieber als die ganze Mehlspeise zusammen."

Bei den meisten Bauern war es so eingeteilt: sonntags Fleisch, vielleicht noch am „Pfingsta*" und am „Irta"* Grammelknödel; alle anderen Tage gab es Mohnnudeln, Patschnudeln*, Mohnknödel, Einbrennknödel, Sterz, Strudel, Schomblattln*, Wuchteln* und vieles mehr. Für Schomblattln wurden nach dem Brotbacken Nudelblätter in den Ofen hineingelegt, gebacken, zerbröselt und mit Butterschmalz übergossen.

Um den Theresiamarkt* nahmen wir die Äpfel von den Bäumen, die fast immer reichlich und gut waren. Sie wurden in den Kornhaufen oder auf den Boden* gelegt und im Winter zugedeckt. Die Birnen kamen in den Backofen, für Kletzen. Das Kletzenbrot, zu Weihnachten gebacken, das schmeckte gar so gut und fein. Es gab nur das Obst von unseren Bauern, im Geschäft gab es keines zu kaufen; wir hätten auch das Geld dazu nicht gehabt. Am Theresiamarkt wurde schon von der Ernte verkauft: Mohn, Schafwolle oder Flachs.

„Hoar"* wurde noch angebaut, zu Garn gesponnen, zu Leinen gewebt und gefärbt. Männerhosen, Kleider, Leintücher, Bettwäsche, Säcke, Seile – alles, was man so brauchte, wurde daraus gemacht. Der übrige „Hoar" wurde in Schett* gebunden, bei einem Nachbarn, der ein Pferd hatte, aufgeladen und auf den Markt gebracht. Ich durfte manchmal mit Mutter auf den Markt mitgehen, zu Fuß, es waren immerhin 14 Kilometer. Oft lud uns ein Fuhrwerk auf, das gerade des Weges kam.

Von den Einnahmen wurde bei den Standln das Nötigste gekauft, wie Blaudruck*, Linzerzeug* für Schürzen und Kleider, Kopftücher. Da wurde gehandelt, was ging. Man musste sparsam sein und auf jeden Groschen schauen. In den Geschäften wurden Zucker, Feigenkaffee, etwas Weizenmehl und Sacharin gekauft, um Zucker zu sparen. Alles andere wurde fast selbst erzeugt.

Vor dem Winter wurde noch Waldstreu gerecht, mit den Schwingen* auf Haufen getragen und nach Hause geführt. Streu waren Laub und Nadeln von den Bäumen, auch „Grasst"*, gehacktes, grünes, feines Geäst. Das alles wurde den Tieren als Einstreu geboten, denn das Stroh brauchte man zum Futterschneiden. Es wurde mit Heu gemischt gehäckselt. Ein Schub Heu, ein Schub Stroh, das ergab Futter für die Tiere.

An die Göpelstange* wurden die Ochsen angespannt und im Kreis herumgetrieben. Über eine Transmission*, ein großes Rad mit Riemen, wurde die Futtermaschine angetrieben. Da es im Waldviertel früher viel mehr Schnee gab, musste da, wo die Ochsen gingen, oft zweimal in der Woche geschaufelt werden. Der Göpel* war ja im Freien. Die Schneewand war manchmal so hoch, dass man beim Ochsentreiben weder hinein- noch hinaussah. Das war nicht einladend, bei jedem Wetter mit den Ochsen zu gehen. Und erst das Haferdreschen mit der Stiftlmaschine*, das einige Wochen dauerte. Da taten mir die Ochsen und ich selber leid dabei – so lange im Kreis zu gehen. War der Hafer

gedroschen, so wurde dieser wie das Korn mit einer Reiter* ge-
reitert und dann mit der Windmühle*, die man oft tagelang mit
der Hand drehen musste, von „Fleimen"* und Unkrautsamen
„geputzt"*. Es war meist schon mitten im Advent, als man damit fertig war.

Im Advent gingen wir jeden Tag in die Roratemesse*. Es hieß
früh aufstehen und vorher die Stallarbeit machen. Gefrühstückt
wurde erst nach der Messe. Die Freude aufs Weihnachtsfest
warf mich immer fast um. Bäckerei machte meine Mutter keine,
etwas Lebkuchen wurde gekauft. Vater holte den Christbaum
aus dem eigenen Wald. Es war meist eine kleine Fichte, die
auf dem Tisch stand. Geschmückt wurde sie mit Äpfeln, ver-
goldeten Nüssen und in Silberpapier eingewickelten Würfel-
zuckerstücken. Schokolade oder Zuckerln gab es fast nicht bei
uns, dafür gab es guten Gugelhupf, Strudeln, Kletzenbrot und
gebackene Mäuse*. Am Heiligen Abend gab es Fleisch und Bröselpudding*, mit heißem Most übergossen.

Geschenke gab es nur für mich, und nur, was ich ganz notwendig brauchte; meist war es etwas für die Schule oder etwas
zum Anziehen, selbst genähte, selbst gestrickte Sachen. Eine
Puppe hätte ich mir immer gewünscht, habe aber nie eine bekommen, auch Spielsachen nicht. Aus alten Kleidern machte
ich oft selbst so einen Wurstel* oder eine Kugel, wie ein Ball.
Aber die Freude war bestimmt größer als bei heutigen Kindern,
die vor lauter Sachen nicht wissen, was sie zuerst ansehen oder
spielen sollten.

Am Johannistag* standen die Dienstboten aus*, bis zum
Dreikönigstag. Ich hatte einen älteren Onkel, auch ein Bruder
meines Großvaters, der nicht verheiratet war. Er kam immer um
diese Zeit. Da nähte, wusch und strickte ihm Mutter alles. Der
hatte bis ins Alter, als er dann ein paar Schilling Rente bekam,
sein ganzes Leben lang „Herrn deant"*.

Dann kam die gemütliche Zeit im Jahr, die hatte ich sehr
gern, wenn es auch oft die kältesten Monate waren. Jänner, Februar – da waren wir alle in unserer einzigen Stube beisammen.
Sie war Wohn- und Schlafraum zugleich. Der kleine, eiserne
Ofen glühte, gab wohlige Wärme. Vater saß auf der „Hoanzl-

goaß"* und „schneckerte"*: Holzschuhe, Schaffeln, Butten*, „Hoastiel"* und „Keaschpa"* zum Unterzünden und zum Leuchten im Keller wurden gemacht, auch Besen wurden gebunden. Es wurde gestrickt, geflickt, gestopft, Wolle gewickelt und geschneidert; Männerhemden, Schürzen, Alltagskleider und Bettwäsche.

Wenn es dann zeitig dunkel wurde, legten sie die Arbeit weg. Man drehte kein Licht auf, wir setzten uns rund um den kleinen, eisernen Ofen. Der gab durch das Türl einen warmen Schein. Dann wurde geplaudert und es wurden Geschichten erzählt, von Geistern, von der „Wilden Jagd"* und der „Trud"*; die gibt es heute nicht mehr. Wenn ich so zurückdenke, eine der schönsten Zeiten meines Lebens war diese. …

Wenn die gemütlichen Wintertage vergingen und die Tage länger wurden, da sagte man: „Zu Neujahr einen Halmenschnitt, zu Dreikönig einen Hirschensprung, zu Lichtmess eine Stund'." Die Sonne bekommt mehr Kraft, dies spürt man: „Bei Tag alles rinnt, bei Nacht alles klingt".

An klaren Märztagen, wenn die Sonne warm schien, wurde im Wald gearbeitet. Bäume wurden umgeschnitten, mit „Schorn"* und „Mesl"* wurde das Holz klein gekloben, dann wurde Meter um Meter Brennholz auf Stöße geschlichtet, schon für den nächsten Winter. Auch auf Spanholz durfte nicht vergessen werden. Es musste eine astreine Föhre sein, die wurde liegen gelassen, bis sie sich blau verfärbte. Daraus wurden die Späne gemacht. Auch eine schöne, große Fichte brauchte man für „Bindwera"*, für das Holzgeschirr, das im Winter gemacht wurde. Wenn ich als Kind nebenan im Wald mit den Zapfen spielen konnte, war ich in meinem Element: Das waren meine Ochsen und Kühe.

Heute noch sehe ich diese schönen, späten Wintertage mit dem blauen Himmel, der von farbigem Licht erfüllt ist, das sich ausbreitet und alles überglüht, wie über den Himmel geschüttet. Ein Eichhörnchen springt in einer Waldlichtung vom Baum herunter, schaut frisch und frech zu mir her, und raschelnd huscht es wieder davon. Diese vorwitzigen Tierchen beobachtete ich schon als Kind gerne am Waldrand und mache es auch heute noch.

„Unverstanden von Gott und der Welt"

Über mein erstes Schuljahr zu schreiben zählt nicht zu den freudigsten Sachen. Rechnen begriff ich lange nicht. In Lesen und Deutsch war ich nicht so schlecht, wenn man davon absieht, dass ich in der ersten Bank saß und dennoch nicht sah, was auf der Tafel stand. Ich schrieb alles von einer Nachbarin ab, und wir mussten „Schulbleiben". Hedwig, so hieß sie, verbesserte ihre Fehler – von der Tafel ab –, machte das Heft zu und ließ mich nicht mehr schauen. Sie durfte nach Hause gehen. Zu mir sagte die Lehrerin Talwitza: „Schau auf die Tafel und verbessere!" Da fing ich an zu weinen und sagte: „Wenn ich es nicht sehe." Ich hatte es mir nie zu sagen getraut.

Sie ging mit mir nach Hause und sagte es meinen Zieheltern. Denen war das auch nicht aufgefallen. Dass ich so kurzsichtig bin, ist übrigens ein Erbe meines Urgroßvaters. Der Augenarzt sagte damals, wenn ich keine Gläser trage, würde ich mit zwanzig blind sein. Der nächste Augenarzt war in Krems – schlechte Verbindungen, man musste übernachten. Das alles samt Augengläsern kostete viel Geld, sodass die Eltern oft nicht wussten, wie es weitergehen soll.

Da fing bei mir ein wenig das Unglücklichsein an. Als ich in die Schule kam, mit den Brillen, lief in der Klasse alles zusammen. Das kann man sich heute nicht mehr vorstellen, wo es so viele Brillenträger gibt. Vielleicht war es nur auf dem Land so zu dieser Zeit, dass ich in der ganzen Umgebung die Einzige war. Man wusste ja so wenig von den Städten und der weiten Welt. Zeitungen wurden nicht gekauft, außer dem „Bauernbündler"*. Vater hatte auch die „Agrar-Post"*.

Mir wurde aufgetragen, auf die Gläser aufzupassen. Das kann man verstehen, die Geldausgabe und die Strapazen, bis man eine Brille hatte. Ich wurde genügend bestaunt, überall, wie etwas Exotisches. Es dauerte aber nicht lange, da wurde ich schon verspottet: „Vieräugige", „Du mit den Winterfenstern", „Brillenschlange", „Metallbeißerin". Sie nahmen mir die Brille weg, dass ich nichts sah, und riefen: „Die blinde Kuh." Kinder können grausam sein. Ich weinte viel und bitterlich. Dieses

Unding Brille veränderte mein Selbstbewusstsein ganz, es war weg. Die Einzige im Umkreis! Dann kam noch hinzu, dass viele Kinder von daheim wussten, dass ich ein angenommenes Kind war. Ich wurde viel gehänselt deswegen und außerhalb stehen gelassen, auch oft von den Dorfkindern.

Es wurde in den späteren Schuljahren auch nicht viel besser. In meiner labilen Kinderseele fühlte ich das alles so sehr. Ich wollte auch was gelten, wie andere. Dann fing ich an, eine Zeit lang Sachen zu erzählen, die gar nicht stimmten, und auch schlimm zu sein, um aufzufallen. Das wurde wieder der Mutter erzählt. Die schimpfte mich wieder, sagte, ich müsse weg von hier, zu meinen Eltern. Da bekam ich Angst vorm Weggehen, ich war ja hier zu Hause. Ich versteckte mich in einem Steinkobel im Wald, dass sie mich nicht mehr finden. Auf einem Holzscheit musste ich knien und bekam die Rute zu spüren. Es wurde damit nichts besser gemacht.

Es gingen immer welche zur Mutter und erzählten meistens mehr, als es war, ich war ja nur ein Pflegekind bei den Leuten. Ich hatte bei allem und vor allem Angst. Ich fasste alles, besonders bei Mädchen-Handarbeiten, sehr ungeschickt an. Nach der Schulentlassung konnte ich das und alles, was ich brauchte, von selbst.

Im Umgang mit Leuten tat ich mir etwas schwer. Unverstanden von Gott und der Welt. Bei jedem kindlichen Leid betete ich zu Gott um Hilfe. Trotz allem lachte ich gern und viel. …

Eines Abends, das werde ich, so lange ich lebe, nicht vergessen, es war, glaube ich, der 25. Jänner 1938, rief Vater uns heraus. „Weiß nicht", sagte er, „brennt es irgendwo? Der Himmel ist ganz rot." Die Leute kamen aus den Häusern und schauten ängstlich diesem Schauspiel zu. Es wurde blutrot gegen Osten zu und verbreitete sich am ganzen Himmel. Es wimmelte wie fließendes, dunkelrotes Blut. Es war so ein Zittern in dieser Röte drinnen, es dauerte Stunden. Alle sagten, das sei ein Himmelszeichen. Sie hatten Recht. Es kam ein fürchterlicher Krieg, der so verlief wie die Richtung des wallenden Blutes am Himmel, der die ganze Welt erschütterte. Ich hatte lange Angst, wenn es dunkel wurde. Heimlich wurde darüber gewispelt. Von der Regierung aus hieß es Nordlicht.

In dieser Zeit durfte man über nichts reden, sonst wurde man eingesperrt. Auch in der Schule veränderte sich sehr viel. Das Kreuz in der Klasse verschwand, dafür kam ein Führerbild an die Wand. Auch unser Herr Direktor, der schon lange Organist in unserer Kirche war, sollte das nicht mehr machen. Am Morgen vor dem Schulunterricht mussten wir Schüler vor das Schulhaus gehen. Da stand eine dicke, lange Stange, da wurde jeden Morgen die Hitlerfahne gehisst, ein Spruch aufgesagt und Lieder gesungen: „Horst-Wessel-Lied", „Es zittern die morschen Knochen" oder „Deutschland, Deutschland über alles in der Welt". Mutter sagte, es komme ihr vor wie ein Götzendienst. In den Geschichtsstunden lernten wir viel über den Führer und das große Deutsche Reich. ...

Dann der Krieg

Es dauerte nicht lange, waren die ersten Einberufungen da für Burschen und Männer. Den Frauen, deren Männer schon im Krieg waren, blieb die ganze schwere Arbeit am Hof. Später bekamen sie junge Polen, junge Burschen und Mädchen, zugeteilt, auch gefangene Franzosen waren da. Im Nachbarhaus waren zwei Polen, sie hießen Peter und Honorata, sie waren sehr fleißig und nett. Sie wurden nicht überall gut behandelt. Vater und ich halfen auch öfter bei der Nachbarin aus.

Bald kamen die ersten Nachrichten von Gefallenen. Es wurde für jeden ein Totenamt gehalten. Bei den ledigen Burschen gingen beim Zug in die Kirche zwei Bräute mit, eine weiße und eine schwarze. Auf Polstern trugen sie ein Bild und die Orden des Gefangenen. Viele Tränen flossen und viel Trauer – Frauen um ihre Männer, Kinder um ihre Väter. Es gab Familien, wo gar zwei oder drei Söhne gefallen sind. Es hieß „Für Führer, Volk und Vaterland!", was mir in meinem jungen Herzen oft sehr wehtat. Eine schreckliche Zeit!

Wenn Soldaten auf Urlaub da waren, junge Burschen, holten sie meinen Vater mit der Ziehharmonika ins Gasthaus. Sie wollten tanzen und bettelten: „Spiel uns! Wer weiß, ob wir je wieder nach Hause kommen?" Auf einer solchen Feier kam auf einmal der Ortsgruppenleiter böse angerannt, beschimpfte meinen Vater, warum er spiele, ob er nicht wisse, dass Krieg sei. Vater sagte ihm, worum es ging. Ein Mädchen, das nicht zur Stallarbeit nach Hause kam, hatte das ausgelöst. Nach Jahren sagte mein Vater noch oft: „Ich habe ihnen mit meiner Musik Freude gemacht, auch noch denen, die nicht mehr nach Hause kamen." Und das waren nicht wenige.

In den Städten herrschte Hunger. Die Städter kamen mit allen möglichen Sachen aufs Land heraus zu den Bauern, um zu tauschen; um ein paar Lebensmittel, wie Fett, Butter, Brot, Kartoffeln, alles Essbare. Es gab auch welche, die reich wurden davon. Die Bauern hatten selbst nicht viel, es fehlte an Arbeitskräften und Pferden, die waren auch eingerückt. Abzuliefern hatte man viel. Da kamen die Bonzen, die was zu reden hatten, gingen auf die Böden und in die Keller, um alles zu schätzen. Die Tiere im Stall und die Kornmandln auf dem Feld wurden abgezählt. Wehe, es wurde was gefunden, das nicht angegeben war! So erging es unserer Nachbarin. Sie kam ins Gefängnis, wurde krank und nie mehr ganz gesund.

Es gab lustige Sachen dabei. In der nächsten Ortschaft schlachteten sie bei der Hausschlachtung zwei Schweine. Im Hof waren alle vier Hälften aufgehängt. Da kam die Polizei. In der Eile nahm jeder eine Hälfte und lief damit davon. Übrig blieben zwei Hälften, jedes mit einem Schwanzerl.

Aufs Steirerwagerl* wurden tote Schweine hinaufgesetzt, als Braut hergerichtet. Das Wagerl mit der Braut stand beim Wirtshaus. Ein vorbeigehender Polizist nahm sie bei der Hand, der Handschuh fiel herunter, und die Sauhaxn schaute hervor. Auch in einem Leichenwagen wurden sie transportiert. Die Leute hatten kuriose Einfälle. Ein Bauer sagte im Wirtshaus, er habe in der Selch drei Sauen* hängen. Er wurde angezeigt. Die gingen nachschauen. Da hingen wirklich an einer Schnur die Pik-, die Karo- und die Herzsau. Da hat sich so manches zugetragen in diesen Zeiten. Es war nicht immer lustig, trotzdem wurde geschmunzelt.

Traurig war auch, dass Menschen, die etwas behindert waren, fortgeholt wurden und nicht mehr lebend zurückkamen. Ihrer Ansicht nach waren das Volksschädlinge, kein Recht zu leben. Traurig …

Der Krieg ging Gott sei Dank immer mehr dem Ende zu. Die wenigen, die einen Volksempfänger hatten, das war das erste Radio, hörten Auslandssender. Das war bei schwerer Strafe verboten. Doch erzählten sie, dass die Fronten dauernd zurückgehen, auf Österreich zu, das damals Ostmark hieß. Russen und Amerikaner kamen immer näher. Die Angst vor dem kommenden Feind wurde unter den Leuten immer größer. Es wurden ja schreckliche Dinge erzählt vom Feind. Auch unter den Anhängern der Partei hatte die Begeisterung schon nachgelassen. Ein Mann, der nur einige Worte im Gasthaus verlor, wurde noch am gleichen Tag von der Gestapo abgeholt, kam nur mehr tot zurück. So ging es vielen. Über den Kriegsverlust durfte nicht gesprochen werden.

Es gab zu dieser Zeit nirgends einen Lichtblick, Ausweg, keine Zukunft – nur die Arbeit hielt uns aufrecht. Keine Kleider, keine Schuhe, alles war zu klein – ich war etwas gewachsen –, höchstens ein Paar alte wurden erhandelt. Für die Kleider- und Lebensmittelkarten bekam man zu dieser Zeit so gut wie nichts. In einer Wiesenmulde baute sich Vater selbst Tabak an, da er gerne Pfeife rauchte.

Der Winter 1944/45 war sehr schneereich. Wir Mädchen wurden eingesetzt, auf den Straßen Schnee zu schaufeln. Männer gab es nur ganz alte und junge Knaben. Bei der Feuerwehr wurden die Mädchen für den Notfall ausgebildet.

Die älteren Männer und Knaben wurden noch zuletzt zum Volkssturm* eingezogen; hatten kaum ein Gewehr, einen Spaten und ein Kochreindl* von zu Hause umgehängt. Die Armen sollten den verlorenen Krieg noch retten. Viele davon kamen noch in den Wirrnissen des Krieges und Rückzugs ums Leben. …

„Wir halfen, so gut wir konnten"

Wir bekamen Anfang März 1945 die Weisung, die Straße Richtung Zwettl zu räumen, da der Kreisleiter durchfahren sollte, hieß es. Jedenfalls sahen wir nichts von ihm, aber einige Tage später kamen Kolonnen ungarischer Soldaten, manche mitsamt Familien, daher. Wir wussten nicht, warum. Später sagte man, dass sie die Front aufgerissen haben und davongelaufen sind, vor den Russen, die unaufhaltsam näher rückten. Es wurde gekämpft, man hörte von Weitem die Schüsse. Die Ungarn hatten auf ihren Gespannen – mit Ochsen, die ganz lange, große Hörner trugen – Bettwäsche und Leintücher zum Tauschen gegen Essen und Nachtlager. Mit großen Planenwagen kamen auch die Siebenbürger an. Es waren schöne Leute, besonders die Frauen, mit schönen Gesichtern, nur waren sie fast verdeckt von ihren Kopftüchern, mit einer Falte hineingebunden. Ich glaube, wir haben nicht für den Kreisleiter, sondern für den Flüchtlingsstrom geschaufelt.

Ohne aufzuhören, quollen auf der Straße Menschenschlangen aller Nationen durch das Dorf, ganz nah an unserem Haus, an den Fenstern vorbei; mit dem Hausrat auf dem Wagen, elende, müde Pferde oder gar Hunde angespannt, mit Handwagerln oder zu Fuß, sogar welche mit Kühen sah ich. Ein Flüchtlingsstrom, der wochenlang nicht abbrach, so dicht, dass man kaum die Straße zu Fuß queren konnte, kaum gehen, schon gar nicht fahren konnte, zu unserem Leidwesen, denn wir mussten mit allem über die Straße, so knapp liegen wir daran.

Es kam dann Tauwetter. Durch den vielen Schnee und das viele Fahren wurde alles zu einem knöchelhohen Matsch und machte die Straßen fast unbefahrbar. Bei unserem Haus fing ein bergiges Straßenstück an. Man kann sich nicht vorstellen, was sich da abspielte: hängen gebliebene Wagen, über die Böschung gefallene Ochsenwagen und Pferde. Blieben wieder einige stecken, stand die ganz Kolonne. Da wurde geschrien, geflucht und gejammert. Mensch und Vieh voll Hunger, kalt war es noch, besonders in den Nächten, Kinder mit fast nichts am Körper als dünnen Lumpen, alte, gebückte Leute, die weinten.

Einer schob den anderen aus dem Weg. Nur vorwärts wollten alle, Richtung Oberösterreich, das war ihr Ziel, den Amerikanern entgegen. Von hinten kam schon etappenweise der Feind, die Russen. Jemand sagte mir, dass in Zwettl so viele Flüchtlinge waren, dass sie nirgends mehr Platz fanden. Sogar auf der Stadtmauer saßen sie, alles war lahmgelegt.

Dieses furchtbare Flüchtlingselend werde ich mein ganzes Leben nicht vergessen. Diese Menschen taten mir so leid. Wir halfen, was wir konnten. Wir hatten ja selbst nichts mehr. Wir gaben fast das letzte Stück Brot her. Mutter sagte: „Kind, wir haben dann selbst nichts mehr zu essen." In die Mühle konnten wir in diesem Chaos nicht, um Korn zu mahlen. Man brauchte auch einen Mahlschein dazu.

Durch dieses Stocken auf der matschigen Straße kamen so viele herein zu uns, dass wir uns selbst nicht mehr umdrehen konnten. Wir hatten damals nur eine Stube, wo die Eltern schliefen, und eine kleine Kammer, wo ich und Resi schliefen. Auf dem Fußboden breiteten wir Stroh auf, darauf schliefen die Menschen, wie gestapelt, meist Frauen und Kinder. Die Männer schliefen im Stadel oder Schupfen*. Auch da war kein Durchkommen, wenn wir abends oder morgens Futter für die Tiere holten. Man stieg über sie hinweg, es ging nicht anders. Die wurden nicht einmal munter. Wenn wir in die Stube wollten oder mussten, ging die Tür nicht auf, da sie knapp davor lagen. Wir hatten einen großen, alten Kachelofen fast mittendrin stehen, man konnte rundum gehen, da wurde geheizt und gekocht. Auch dort lagen sie.

Dieser Anblick ausgemergelter Kinder, auf dem Stroh kniend, die Händchen zum Himmel erhoben, betend: „Himmelvater gib uns unsere Heimat wieder und was zu essen, ein Stückchen Brot, wir haben Hunger, lieber Jesus!" – diese Kinder und ihre Not bleiben mir ewig in Erinnerung. Ich weinte oft mit ihnen und fragte mich: „Kann Gott diesen armen, unschuldigen Kindern widerstehen?" Das tat so weh, nicht viel helfen zu können. Wir halfen, so gut wir konnten. Kartoffeln hatten wir noch im Keller. Wir mussten aber welche zurückhalten, die wir zum Ansetzen brauchten. Trotzdem kochten wir immer welche für sie. Die Milch von unseren Kühen bekamen die Kleinkinder, die noch nicht einmal gehen konnten. In dieser Zeit habe ich viel von meinen Nerven verloren. Gott möge unsere Enkelkinder vor diesem Leid bewahren!

Dieser Menschenstrom ging ohne Unterbrechung, oft sogar zweireihig, bis Ende April. …

Als die letzten deutschen Soldaten abgefahren waren, wurde es auf einmal ganz still. Niemand fuhr mehr auf den Straßen, alles leer. Wir machten wieder unsere Arbeit. Scherhaufen* sowie Steine mussten weggeräumt werden – Wiesenräumen nannte man es. Reisig wurde gehackt, mit einer Birkenrute, auch Strohbänder nahmen manche, zu Bürdeln* gebunden, auf Stöße gestellt, getrocknet und mit dem Ochsenwagen auf schmalen, schlecht zu befahrenden Wegen nach Hause gebracht.

Als noch viel Militär auf den Straßen fuhr, konnte ein älterer Herr mit seinem Motorrad nicht mehr weiter, als er von der Arbeit aus Echsenbach nach Hause fuhr. So bat er uns, ob er es nicht bei uns einstellen dürfte. Gerade dieses Rad wäre uns beinahe zum Verhängnis geworden.

Eines Abends, als wir von der Arbeit nach Hause kamen, trauten wir unseren Augen nicht. Die Straßen waren wieder voll von Soldaten, hoch zu Ross, fast lauter weiße Pferde, schöne Uniformen, behängt mit vielen Orden. Wir wussten nicht, was auf einmal los war, da es schon länger ruhig gewesen war. Einige kamen zu uns herein. Wir fragten, ob sie auch zu den Amis wollten wie alle anderen. Da wurden sie ganz böse und schrien uns an: „Wir werden kämpfen und den Feind hinaustreiben." Da begriffen wir erst, dass es lauter SS-Männer waren, wie man die Todestruppe nannte; sie trugen auch das Abzeichen. In ihnen kochte die Wut – oder war es Angst? Resi in ihrer guten Art sagte: „Wo wollt ihr denn hin? Der Krieg ist doch schon aus." Mehr brauchte sie nicht, sie gingen auf sie los, drohten mit dem Erschießen, fuchtelten mit den Gewehren herum. Dann gingen sie in den Hof hinaus, fanden dort das Motorrad des Herrn Prinz und wollten wegfahren. Vater stellte sich ihnen unter der Tür in den Weg und sagte: „Das Rad gehört nicht mir, darum kann ich es euch nicht geben." Sie gingen wieder mit den Gewehren auf Vater los, der auch schon ein alter Mann war, stießen ihn nieder und wollten ihn erschießen. Draußen auf dem Weg standen Männer vom Dorf, die ihm zu Hilfe kamen. So hat sich kein Russe Vater gegenüber benommen. Die SS war ja gefürchtet, sie hatten mit niemandem Erbarmen. Gott sei Dank verließen sie unser Dorf bald. Dann war wieder gespenstische Ruhe nach all dem Trubel, aber die Angst blieb.

„Also, so schaut der lang gefürchtete Feind wirklich aus …"

Der 10. Mai 1945 – der Krieg war aus, Christi-Himmelfahrts-Tag, ein Feiertag. Die Sonne strahlte hernieder, ein Tag, der schöner nicht sein konnte. Wir gingen in die 8-Uhr-Messe. Als wir heimkamen, fing Mutter zu kochen an. Ich weiß noch, es gab Nudelsuppe mit selbst gemachten Nudeln; das andere weiß ich nicht mehr.

Vater und ich setzten uns vorm Haus aufs Bankerl. Vor unseren Augen das stehen gelassene Zeugs, Militärautos und vieles andere lag herum. Wir sprachen beide über Vergangenes und kommende Ereignisse, auch Angst fraß in uns. Kein Mensch war im Dorf zu sehen, als wenn wir allein auf der Welt wären. Alles unheimlich still, nicht einmal ein Vogel sang, das fiel uns beiden auf. Es war zirka halb elf Uhr – mitten in diese Stille hinein das Geknatter eines Maschinengewehrs am anderen Ende des Dorfes. Wir hielten beide den Atem an, sahen uns betroffen an. Da hielt schon vor unseren Augen am Dorfplatz ein Jeep mit aufgepflanztem Kanonenrohr. Wir erkannten sie nicht, glaubten irgendein Militär. Wir gingen einige Schritte zu ihnen hin, sie redeten uns an. Da kam schon unser Herr Pfarrer gelaufen, begrüßte sie freundlich, sagte zu uns: „Das sind unsere Befreier, die Russen."

Wir waren ganz durcheinander. Einige Leute kamen noch dazu. Es waren zirka zwölf Leute, die wir bei den ersten im Dorf angekommenen Russen standen. Offiziere und eine hübsche Frau in Uniform mit vielen Kriegsorden an der Brust saßen im Jeep und stiegen aus. Sie konnten gebrochen Deutsch, man verstand es halbwegs. Eine Nachbarin stand dabei, mit einem Kind am Arm. Die Frau nahm es in den Jeep hinein und herzte es. Irgendjemand sagte: „Nimm das Kind herunter – wenn sie damit davonfahren …" Die Frau erschrak, nahm das Kind herunter und ging sofort weg.

Unser Pfarrer, Pater Lambert, hatte viel zu dieser freundlichen Aufnahme der ersten Russen beigetragen. Es konnte mit ihnen reden, das war gut. Sie waren sofort lieb und freundlich zu uns. Ich dachte mir: „Also, so schaut der lang gefürchtete Feind wirklich aus, der uns alle umbringen wird. Eigentlich sehr freundlich." Ein Stein fiel mir vom Herzen. Wir fragten, ob alle so nett wie sie sind. Da sagten sie ehrlich, die vielen Truppen, die nach ihnen kommen, seien auch nur Soldaten, man solle vorsichtig sein. Sie fuhren nach einer halben Stunde wieder weiter. Wenn Widerstand geboten worden wäre, wären wohl Kugeln aus der Röhre gekommen.

In meiner Freude lief ich zum Nachbarn, rief in den Hof hinein: „Die Russen sind da!" Sie waren gerade im Stall, schauten mich ganz verständnislos an, trauten sich aber nicht herunter. Der obere Ort hat von dem allen nichts gesehen. Wir gingen ins Haus, um die mittägliche Stallarbeit zu tun. Da hörte man schon ein donnerndes Gerassel von Fuhrwerken. Hunderte, Hunderte, ohne abzubrechen, mit Pferden vor Panjewägen*, die Mannschaft obenauf in braunen Uniformen, kamen in rasendem Tempo durch das Dorf.

Als wir noch im Stall arbeiteten, vielleicht eine Stunde nach dem Einzug, kamen schon Offiziere zu uns in den Stall, riefen: „Pferd, Pferd, Uhra, Uhra!", und schwangen die Reitpeitsche sehr knapp an uns vorbei. Wir hatten aber beides nicht, so gingen sie wieder. Wir versuchten, etwas zu Mittag zu essen. Aber die Aufregung war zu groß, es schmeckte keinem recht. Als wir zum Fenster rausschauten, sahen wir, wie sie mit den Pferden der Nachbarsleute davonfuhren.

Der Stein fiel zu früh von meinem Herzen. Wir hatten keine Ahnung, was los sein würde. Nach dem Essen ging ich über die Wiese ein paar Schritte zum Nachbarhaus. Auf Weg und Straße wäre es nicht möglich gewesen, da war alles braun. Meine Freundin war krank, so besuchte ich sie – ein Wiener Mädel, das mit Mutter und Geschwistern aus der Stadt geflüchtet war. Mutter sagte noch zu mir: „Komm gleich wieder!" Sie hatte Angst. Ich dachte mir nichts mit meinen 16 Jahren. Ich glaubte, die kommen nicht in die Häuser, die bleiben auf der Straße. Damit hatte ich mich sehr getäuscht. Ich saß am Bettrand der Mitzi, so hieß sie, das war wohl unsere Rettung. Die Tür ging auf, herein kamen vier Mann mit gespornten Stiefeln, gingen auf uns zu, mit bösen Blicken. Mitzis Mutter schaltete sofort: „Mädels krank, krank!", denn vor Krankheiten hatten sie furchtbare Angst. Sie drehten um und gingen, mit der Reitpeitsche an die Stiefeln schlagend, wieder hinaus. Da sagte ihre Mutter: „Mädel, lauf nach Hause!"

Unerfahren, wie wir waren, begriffen wir nicht ganz, worum es ging, nur Angst war da. Die Tür ging von diesem Zimmer in den Hof hinaus. Ich machte sie auf, sah nur ein braunes Meer, sonst nichts. Kopf an Kopf, so dicht gedrängt, es hätte keiner umfallen können. Ich weiß nicht, wo ich den Mut hernahm – oder war es Schutz von oben? Ich bückte mich und lief mit einer Schnelligkeit unten hindurch, dass keiner in diesem gedrängten Haufen richtig begriff, was zu seinen Füßen war, lief kerzengerade auf unser Haus zu und sperrte hinter mir zu. Keiner hatte mich, Gott sei Dank, richtig gesehen. Meine Eltern waren schon in Sorge. Dann begriff ich erst richtig, zitterte, weinte noch lange, bis ich wieder ruhig wurde.

Zusperren half nichts, trotzdem taten wir es. An diesem Tag wurde spätabends an der Tür gerüttelt. Mutter ging aufsperren, sie war die Mutigste unter uns. Draußen waren zwei Frauen, mit Orden behängte Russinnen: „Schlafen hier …" Mutter zeigte ihnen die Ehebetten. Sie schüttelten den Kopf und sagten zu Mutter: „Du alt, du brauchen." So gaben Resi und ich unsere Betten für sie her. Wir schliefen auf dem Boden auf Stroh, bei den Eltern in der Stube. Die zwei sperrten sich fest ein, die hatten selber Angst. Mit den zwei Frauen hatten wir großes Glück, denn es kam die ganze Nacht kein einziger Russe herein. Im Nachbarhaus, das war die Schule, wüteten sie fürchterlich, rissen alles heraus, warfen es auf den Boden, zertrampelten alles; da waren teils Sachen von der Raiffeisenkasse und der Schule dabei. Die Frau des Direktors mit Kindern und die Lehrerin sprangen beim Fenster hinaus, liefen, ein anderer Nachbar half ihnen, nahm sie auf. Eine Frau lag unter dem Klavier, die fanden sie, Gott sei Dank, nicht. Die Wirtsleute und die Geschäftsleute waren nicht in ihren Häusern, sie flüchteten in eine entlegene Ortschaft, die Hörweix hieß.

Von diesem Morgen an ging für uns Mädchen und Frauen das Verstecken an. Oft unter unmöglichen Umständen: bei einem Nachbarn zwischen zwei Böden, wo es so niedrig war, dass wir fast nur liegen konnten; noch dazu war es da oben so heiß, und es stank fürchterlich. Es musste wo eine tote Katze gelegen sein. Die meiste Zeit war mir so übel, dass ich nur dahinvegetierte.

Es dauerte Tage, bis die Russen durchgezogen waren, obwohl sie Tag und Nacht wie wild dahinfuhren. Die Kommandantur blieb im Ort und mit ihr viele Soldaten. Man durfte sich als Mädchen nirgends sehen lassen. Viele Frauen wurden überfallen, viele konnten sich nicht immer verstecken. Sie hatten kleine Kinder und mussten die Arbeit tun, im Stall und überall. Sie behalfen sich mit zerrissenen Kleidern oder schmierten sich Ruß auf Gesicht und Hände. Da grauste auch den Russen, so kamen sie durch. Auch den Frauen mit kleinen Kindern im Arm taten sie nichts zuleide, denn sie liebten Kinder sehr. In den Häusern war noch kaum ein Mann vom Krieg zu Hause.

Wir hatten einen Pfarrer, von dem ich schon geschrieben habe, der die Russen bei der Ankunft begrüßte und mit ihnen sprach. Ich glaube aus Freude, dass all der Druck auf die Priester durch das Regime weg war; die hatten ihm seinen VW weggenommen, mit dem er die Jahre davor so eine Freude hatte. Oft hatte er bei der Predigt nasse Augen und konnte fast nicht sprechen. Nach diesen Tagen der Russenzeit wurde er auf einmal ganz sonderbar, fing mit den Russen einen regen Pferdehandel an.

Im Hof des Pfarrhauses war ein Heuhaufen, darauf gingen die Pferde herum. Natürlich konnten sie das nicht mehr fressen, und keiner kümmerte sich um die armen Tiere. Er fuhr mit den russischen Panjewagerln aus, öfter mit vier Pferden angespannt, kaum zu lenken mit den Zügeln, bis alles in einem Vorgartl oder sonst wo landete. Er vergaß meistens aufs Messelesen, oft auch sonntags, war meistens ganz verschmutzt und verkommen.

Einmal schlief er im Straßengraben. Ich hatte Angst um ihn, so weckte ich ihn auf. Er war ja so müde, kam auch nachts nicht zum Schlafen wegen seinen Pferden. Aber er half trotzdem viel und verhandelte mit den Russen. Wieder einmal spannte er vier Pferde vor, die gingen durch, der Gartenzaun ging auch mit. Einmal lud er Bienenstöcke auf den Wagen. Nach einer Weile ging das Türchen auf, die Bienen stürzten sich auf Ross und Mann. Das war ein Chaos. Die verwickelten sich, kugelten sich auf dem Boden, samt dem Herrn Pfarrer. Es wurde ihm geholfen.

Auch er musste manchmal vor den Russen davonlaufen. Er begegnete mir im Wald. Ich erschrak, ich glaubte, es wären Russen, als es raschelte. Er sprach mich gleich an. Er war in meiner ganzen Schulzeit Katechet, ein sehr guter, intelligenter, gescheiter Priester, den ich und alle sehr schätzten. Er konnte nichts dafür. Irgendetwas ist in dieser schweren Zeit mit ihm durchgegangen. Das dauerte Monate, dann wurde er wieder ganz wie früher. Seinen Lebensabend verbrachte er im Stift. Ich hatte sehr große Achtung vor ihm, weil er es trotzdem gut meinte.

Auf einmal mussten die Bauern Vieh nach Größe des Hofes – ein bis vier Stück – abliefern. Vater war Waagmeister, ich half ihm dabei. Wir brauchten Tage, bis alles Vieh gewogen war. Es wurde in großen Herden auf die Wiesen des Gutshofes Rottenbach zusammengetrieben. Es waren tausend Stück, aus der ganzen Umgebung. Niemand konnte sich um so viele Tiere kümmern. Das Gras war niedergetreten, und nichts mehr zu fressen da. Sie brüllten vor Hunger, fielen halb verhungert auf den Boden und wurden von den anderen Tieren niedergetreten. Dazu kam noch die Maul- und Klauenseuche. Als es zu spät war, wurden Bauern zwangsverpflichtet, mit dem eigenen Gespann Gras in die verhungerte Menge hineinzufahren. Wir wurden auch eingeteilt. Die kranken Tiere fielen über das Futter her. Vater sagte, er glaubte schon, es gäbe kein Hinauskommen mehr, so trampelten sie über ihn und den Ochsen.

Zwei Tage später fraßen unsere Ochsen nicht mehr. Schaum rann aus ihren Mäulern, die Zähne wackelten, die Klauen waren eitrig und fielen ab. Alle Tiere in unserem Stall wurden krank. Die Kühe gaben keinen Tropfen Milch mehr. Wir standen unter Quarantäne, durften nicht hinausgehen.

Es war aber Zeit zum „Heigna". Wir schlichen oft heimlich auf die Wiesen. Das Heu brauchten wir für die Tiere, es blieb nichts anderes übrig. Das Schwerste war das Heimbringen des Heus. Mit Ochsen traute sich keiner zu uns, und Pferde gab es kaum. Sie spannten schon auf der Straße ab, und wir zogen den vollen Heuwagen selbst in den Stadel hinein und den leeren wieder hinaus. Das war eine Plage. Der Herr Pfarrer fuhr uns mit seinen Pferden in dieser Zeit viel Heu ein. Dafür sei ihm heute noch ein „Vergelt's Gott!" gesagt. Es gab viele andere, die uns damals in der Not nicht halfen. In der Not gibt es nicht sehr viele Freunde.

Nach Wochen, als die Klauen wieder nachwuchsen, musste man um die Ochsen auf den Feldern wieder Angst haben. Da kamen welche daher, spannten sie ab und nahmen sie einfach mit. Wir versteckten sie sogar einmal beim Nachbarn im Stadel, denn sie waren zwei große, schöne, dunkel rotscheckige Ochsen.

In der „Oagat"* war es noch schlechter als im Dorf. Dort bildeten sich ganze Horden von Banditen, zogen russische Uniformen an, hatten Gewehre und gingen als Russen in die Häuser. Sie plünderten und stahlen die letzten Pferde, die noch da waren. Auch in unserem Dorf stahlen sie in einem Haus die Pferde. Wegen der russischen Kommandantur trauten sie sich nicht mehr so viel herein. Das war so traurig, dass es unsrige Leute waren. Gewehre und Uniformen hatten sie wahrscheinlich von den Russen gestohlen. In einer nahen Ortschaft sprang nachts ein Mädchen in Panik aus dem Fenster ins nahe Kornfeld und wurde von ihnen niedergeschossen. Wir hatten die meisten Felder an den Straßen. Es wurde zwar ruhiger, aber vereinzelt fuhren immer wieder russische Soldaten vorbei. Beim Kornschneiden ging es, man ließ sich schnell ins hohe Korn fallen.

An einem herrlichen Sonntagmorgen wagte ich mich nach langer Zeit wieder einmal zur Messe in die Kirche. Bei der Kirchentür standen wir, einige Mädels, und diskutierten. Ich weiß heute noch, ich trug einen schwarzen Rock mit einer leuchtend rosa Bluse. Ein Pferdegetrampel ließ uns aufschauen. Wir sahen eine Menge Reiter von der Kurve her auf uns zukommen. In Angst liefen wir sofort in die andere Richtung davon, denn nach Hause konnte ich nicht mehr. Der ganze Dorfplatz war braun von Russen. Wir liefen zu einem Haus, aus dem auch die Töchter dabei waren. „Bei uns finden sie euch", meinten die Eltern. So liefen wir querfeldein dem nächsten Wald zu. Aus dem Dorf hörten wir viel Lärm, so liefen wir immer tiefer in den Wald hinein, aus Angst. So saßen wir lange. Keine hatte eine Uhr; Armbanduhren kannte man bei uns noch nicht.

Als wir glaubten, es müsse gegen Abend sein, liefen wir Richtung nach Hause. Von einer Lichtung konnte man ins Dorf sehen: Da war noch alles braun – und viel Lärm von Soldaten und wiehernden Pferden. Da sahen uns welche von weitem stehen, fingen an zu laufen, auf uns zu, und riefen: „Hurje, hurje!" – und uns nach. Wir schlüpften ins nahe Dickicht, dort hockten wir auf einem Häufchen beisammen. Die niederen Äste der jungen Bäume deckten uns so gut zu, dass sie uns nicht fanden. Sie suchten nebenan, überall, so nahe, dass wir sie bei der Uniform hätten anfassen können. Zittern ist gar kein Ausdruck, wir beteten. Das Wiener Mädchen meinte nachher: „Da hab ich erst beten gelernt." Ich suchte in späterer Zeit nach dieser Stelle, habe sie aber nie mehr gefunden. Da kann man nur sagen: Gott hat die Hand über uns gehalten.

Wir blieben bis in die Dunkelheit sitzen. Unterdessen sind sie aus dem Dorf abgezogen. Durchs Kornfeld schlich ich nach Hause und schnell beim hinteren Tor hinein. Die Eltern waren schon voll Sorge um mich. Sie wussten ja nicht, wo ich hingekommen war. Sie erzählten, es waren viertausend Mann und unzählige Pferde, die in unserem kleinen Dorf lagerten. Alle Brunnen des Dorfes waren leer geschöpft, aber kein Soldat hatte ein Haus betreten. Wenn man das schon vorher wüsste …

„Meine Zieheltern drängten schon zum Heiraten"

Alles Schwere geht irgendwie und irgendwann vorüber. So gingen auch der Krieg und das Jahr 1945 zu Ende. Jeder wollte jetzt alles auf einmal nachholen. In Bauernstuben wurden Rockatänze* abgehalten. Es wurde alles ausgeräumt, und schon wurde getanzt. Zwischendurch wurden lustige Spiele gespielt. Mein späterer Gatte war auch zurückgekommen, aus dem Lazarett vom Tegernsee. Er war sehr lustig und kannte viele Spiele. Beim „Stockschlagen" wurden einem die Augen verbunden, und ein kleiner Polster wurde ihm in die Hose gegeben. So musste er kriechen, mit einem Stock wurde draufgeschlagen. Er sollte erraten, wer es war. Wenn er ihn erkannte, musste der seinen Platz einnehmen. „Zahnziehen", „Donnerwetter" – es würde zu weit führen, die Spiele ausführlich zu beschreiben.

Beim „Schlachten" wurde ein Mann mit einer Decke ganz zugedeckt, auf allen Vieren wurde er mit einem Strick hereingeführt. Es wurde ein richtiger Handel um den Ochsen geführt, er wurde an den Fleischer verkauft und geschlachtet. Unter der Decke wurde ihm auf den Kopf ein großes kettenes Häfen aufgesetzt, daneben ein kleines Flascherl Hühnerblut gehängt. Einer schlug mit einem großen „Mesl" auf den Kopf des Ochsen. Das machte einen fürchterlichen „Tuscher"*, und das Blut rann unter der Decke hervor. Wenn es gut gespielt wurde, schaute es sehr dramatisch aus. Die Mädchen fingen meist zu schreien an.

Der Polsterltanz wurde gerne getanzt. Die Mädchen saßen im Kreis, dann ging ein Bursche Polster schwingend herum, kniete sich vor eine hin, meistens eine, die gut tanzte. Sie gaben sich ein Busserl und tanzten mitsammen einen Tanz. Dann wurde das Ganze umgekehrt gemacht, das Mädchen holte sich einen Burschen. Die älteren Mädchen tanzten sehr gut, sie lernten es schon vor dem Krieg. Ich konnte es nicht gut. In den Kriegsjahren haben wir es nicht gelernt. Noch sehr jung und nicht recht hübsch fand ich mich damals.

Mein Vater spielte bei diesen Tänzen Ziehharmonika und Herr Böhm die Geige dazu. Es war ein sehr gutes Duo. Sie bekamen da und dort ein paar Schillinge dafür, mehr konnte keiner geben. Keiner hatte nach dem Krieg Geld. Vater spielte aus Freude an der Musik.

Es gab in den Wirtshäusern noch nicht viele Unterhaltungen, aber in Marbach war ein Heimkehrerkränzchen, da gingen am Sonntagnachmittag meine etwas ältere Freundin und ich hin, zu Fuß. Wir unterhielten uns gut und tanzten viel, ich mit einem um zehn Jahre älteren Burschen. Da ist man mit seinen 16 Jahren sehr stolz drauf. In meiner ersten Verliebtheit gingen wir noch fast ein Jahr miteinander. Dann war der Altersunterschied doch zu groß, so ging wieder jeder seine Wege. …

Es besserte sich jedes Jahr etwas. Man bekam schon manches zu kaufen, nur Geld war keines da. Überall wurden schon Unterhaltungen und Tänze abgehalten. Tanzen gingen wir gerne, meistens mehrere gemeinsam, nach Kirchbach, Groß Gerungs, Rosenau – das war in der Nähe und für uns erreichbar. Der gemeinsame Weg zu Fuß oder mit dem Rad war immer eine Gaudi. Wenn ich zurückdenke, möchte ich das nicht missen. Die Kirtage wurden wieder überall gefeiert. Auf den Tanzböden standen wir vor und nach dem Tanz in Gruppen zusammen und lachten und plauderten. Wie heute sich ins Gastzimmer und an einen Tisch setzen konnte man nicht. Die meisten hatten kein Geld mit, um sich etwas zu kaufen, wir Mädels nie, die Burschen nicht viel. So manch einer kaufte uns ein Kracherl. Das hat so gut geschmeckt. Wenn ich spät nach Hause kam und in der Früh aufstehen musste, zur Stallarbeit und aufs Feld, da wurde der Tag lang.

So gingen die paar schönen Jugendjahre schnell dahin. Jahr für Jahr wurde uns die Arbeit schwerer, meinen Eltern und mir. Ich ging Vater nach Kräften zur Hand, aber man konnte auf Dauer starke Männerhände nicht ersetzen. Die schweren Kornsäcke wurden auf einer Sprossenleiter hinauf auf den Boden getragen, die Kartoffelsäcke in den Keller. Die größeren trug alle ich, voll Stolz, wie stark ich doch bin, nicht ahnend, dass es die Wirbelsäule in den späteren Jahren nicht vergisst. Der Arzt fragte: „Was haben sie mit der gemacht?" …

Nach dem Krieg hatte ich eine Bekanntschaft, die sich aber nicht als echt erwies. Meine Zieheltern drängten schon zum

Heiraten. Es wurde ihnen alles zu viel, die schwere Arbeit, und sie wollten die Wirtschaft abgeben.

Ich sprach und tanzte schon immer gern mit einem Bauern-burschen. Er war drei Jahre älter als ich, aus einer Streusied-lung, die man Waldhäusl nannte. Das gehörte auch zur Pfarre. Wir trafen uns oft beim Kirchgang oder beim Grab seiner Mut-ter, das neben dem meiner Tante war. Seine Mutter starb schon, als er neun Jahre alt war, die kleinen Geschwister zwei und fünf Jahre. So war auch seine Kindheit davon geprägt und nicht ganz leicht gewesen.

Zu dieser Zeit gab es einen sehr schönen Brauch, das Fens-terln, das in der heutigen Zeit verloren gegangen ist. Bekannte klopften ans Menscherfenster*, sagten oft auch ein Sprücherl auf. Eines davon weiß ich noch: „Mach auf dein Fensterl, du mein Herzbinkerl, du Zuckergoscherl, du goldenes Mistschei-berl, lass mich doch rein!" An den Menscherfenstern waren Jahrzehnte alte Eisengitter, das Fensterkreuz, angebracht. Die Gitter waren sehr eng, sodass der Kopf nicht einmal hindurch-ging, aber zu einem Busserl reichte es allemal.

Einen Beruf zu erlernen, wie es heute der Fall ist, das gab es bei den Bauernkindern kaum. Man wurde zu Hause gebraucht und nicht fortgelassen. Wohin auch dazumals? Maschinen zur Arbeit gab es noch nicht, nur Hände. Wo mehrere Kinder wa-ren, mussten diese zu den Bauern in Dienst gehen. Es konnte ja nur einer den Hof übernehmen. Die Dienstboten waren in man-chen Häusern nicht gut gehalten, oft bekamen sie zur vielen Ar-beit auch noch schlechtere Kost als ihre Herrenleute, oft auch zu wenig. Die Bezahlung war sehr karg, vielleicht ein Arbeitskleid zu Weihnachten. Das war alles.

Bekam eine Dirn gar ein uneheliches Kind, was vorkam, da waren sie und das Kind arm. Sie wurde scheel angeschaut, ver-achtet. Sie musste das Kind meist weggeben. Wenn sie Eltern hatte, gab sie es dorthin, sonst zu fremden Leuten. Bei der Mut-ter konnte das Kind nur selten bleiben.

Die Dienstboten wurden beim Bauern je nach Alter oder Können verschieden eingeteilt. Es gab den Rossknecht, Klein- und Großknecht, die Hausdirn, die Kuh- und Saudirn und einen Halterbuam*. Andere Arbeitsmöglichkeiten gab es auf dem Land nicht sehr viele. Heute kann sich die Jugend das gar nicht mehr vorstellen, wie es einmal war. …

Die Landwirtschaftskammer veranstaltete zwei Winterlehrgänge mit Kochkurs, 1949/50, der nächste 1950/51. Wir waren zirka 20 Mädchen, und es war vieles zu lernen, auch viel Neues. Es war eine sehr schöne Zeit.

In einem dieser Winter lernte ich bei einer Frau in der Nachbarschaft das Wollespinnen. Sie hieß Feßl Marie und war eine sehr ruhige, gute, brave Seele. Die Wolle von den eigenen Schafen zu spinnen war für uns sehr wichtig. Wäre neugierig, ob ich es heute noch könnte. Wir haben kein Spinnrad mehr und keine eigene Wolle. Im Frühjahr und Herbst wurden die Schafe gewaschen und, wenn sie trocken waren, geschert. Wir banden ihnen die Haxerln mit einem weichen Band fest, sonst hätten sie nicht stillgehalten. Schnitt für Schnitt wurde die Wolle mit der Schafschere heruntergeschnitten, nochmals getrocknet und in Säcke gefüllt. Im Winter wurde sie „gezoast"*, gekämmt und in feine, weiche Fladen geteilt, die wie Schäfchenwolken aussahen. Dann erst wurde sie fein gesponnen. Damit strickten wir die Socken. Für Westen färbten wir die Wolle ein. Wir strickten schöne Muster ein. Dazu brauchte man gute Augen, die ich nie besaß. …

„Es wurde eine Doppelhochzeit …"

Meine Zieheltern drängten mich, sie wollten schon übergeben. Sie waren müde geworden von Arbeit, Kummer und schweren Zeiten, die sie mitgemacht hatten. „Zwei Weltkriege, das ist genug", sagten sie immer. Ich solle heiraten, meinten sie. Ich liebte meine Zieheltern sehr, wie ein Kind seine eigenen Eltern nur lieben kann. Wenn sie nicht gewesen wären, was wäre wohl aus mir geworden? Ich war oft auch grantig und trotzig, wie sie auch, doch wir verstanden uns trotzdem gut.

Im Frühjahr 1950 machten wir vom Fortbildungswerk* aus einen Ausflug, um Musterhöfe zu besichtigen, auch auf die Rax marschierten wir hinauf. Das war mein erster Ausflug, denn Schulausflüge gab es ja während der letzten Kriegsjahre kaum. Außer in Maria Taferl, wo ich zu Fuß hin- und zurückging, war ich noch nicht sehr weit von zu Hause fort gewesen. Vom Ausflug ganz begeistert, kamen wir sehr spät heim. Meine Eltern schliefen schon. Ich ging zu ihnen in die Stube, setzte mich auf den Bettrand und erzählte voll Begeisterung, was alles zu sehen war.

Mein zukünftiger Mann nahm diesen Abend sein Fahrrad, hatte kein besonderes Ziel, wie er mir später erzählte, und fand sich auf einmal in unserem Dorf. Bei uns sah er Licht, dachte an mich und lenkte das Rad zu unserem Haus. Er hörte reden, ging zum Stubenfenster und erkannte meine Stimme. Neugierig geworden, hörte er meine begeisterten Schilderungen teilweise mit an und war davon auch mitgerissen. Er hörte auch gerne von landwirtschaftlichen Neuerungen. Er wartete, bis ich schlafen ging, ins Stüberl, wo ich mit Resi schlief. Als ich kaum im Bett war, klopfte es am Fenster. Da ich ihn schon immer gut leiden konnte, machte ich das Fenster auf. Wir wussten einander so viel zu erzählen, dass es im Nu vier Uhr Früh war. Es wurde schon licht, als er mit dem Rad wieder heimfuhr. Die Zeit war so schnell vergangen. Das Fenster war ganz ebenerdig. Als er aufstand, war er wie gerädert vom schlechten Sitzen.

Und so kam er fast jeden zweiten Tag zum Fenster, es wurde jedes Mal so spät. Er kam zu Hause meist nicht mehr ins Bett, sondern ging gleich zur Stallarbeit. Bei der Tagesarbeit fielen uns fast die Augen zu. Das machte uns gar nichts aus, besonders wenn man jung und verliebt ist. Wir freuten uns auf unsere Hochzeit und entschlossen uns sehr spontan dazu. Es wurde eine Doppelhochzeit im Oktober 1950.

Als wir alle Wege machten, natürlich mit den Rädern, kamen wir auch nach Groß Gerungs, um uns beim Standesamt zu melden. Da trafen wir seinen Bruder Franz mit dem Lastwagen. Der fragte uns, wohin wir denn wollten. „Wir heiraten!" – er wusste noch nichts davon. Er sprang vom Auto herunter und sagte spontan: „Da heiraten wir auch mit", ließ alles stehen und liegen und lief zu seinem Mädchen. Die war samt ihren Eltern nicht wenig betroffen von dieser Schnelligkeit. Aber es ging sich noch alles aus. Mit der Kleidung gab es Probleme, und sie ließ zu wünschen übrig. Für das weiße Brautkleid mussten wir Lebensmittel geben, um alles zu bekommen.

Die Trauung hatten wir in unserer kleinen, schönen Dorfkirche, an einem Donnerstag. Das war noch so der Brauch. Das Hochzeitsmahl war im ortseigenen Wirtshaus, zirka 90 geladene Gäste. Mit den Lebensmitteln haperte es noch sehr. Wir gaben dem Wirt ein eigenes Schwein zum Auskochen.

Die Hochzeit war sehr lustig. Die Musikkapelle spielte sehr gut. Abends kamen die Dorfjugend und die Freunde meines Mannes als Maschkerer*. In einem Zug marschierten sie ein, vorne auch eine Braut und ein Bräutigam. Es wurde getanzt. Es gab so viele Leute wie bei einer Freimusik*. Um Mitternacht wurde entmaskiert, und es ging fröhlich weiter bis in die Früh.

Um Mitternacht wurde den Bräuten von der Kranzljungfrau* der weiße Schleier abgenommen; eine kleine Rede und ein Tanz mit dem Brautführer, dann wurde die Braut dem Bräutigam übergeben. Ein etwas trauriges Lied wurde dabei gespielt. Mein Schwiegervater fing zu weinen und zu jammern an, er wollte meinen Mann nicht hergeben. Alle hatten Tränen in den Augen, da weinten auch wir.

In einem unbeachteten Augenblick liefen wir beide in unser Haus hinüber, das war ja gegenüber, und weinten eine Weile bitterlich. Wir mussten aber gleich wieder zurück, damit wir den Hochzeitsgästen nicht abgingen.

Das „Brautverzahn"* wurde gemeinsam gemacht. Der ganze Hochzeitszug zog, von der Musik begleitet, zum anderen Dorfwirtshaus. Das Getränk, das dort getrunken wurde, zahlte der Brautführer. Das war bei so vielen Leuten nicht gerade wenig. Viele Gstanzln wurden dabei gesungen. Um sechs Uhr Früh war erst Schluss.

Unser Hochzeitstag war ein herrlich warmer Herbsttag, aber als wir am nächsten Vormittag aufwachten, lag viel Schnee. Wir waren mit den Ackern des Haferfelds noch nicht ganz fertig, wir hatten nicht mehr alles geschafft. Mit den Ochsen ging das nicht so schnell, die waren oft so müde, dass sie sich während des Gehens niederlegen wollten. Dieser Schnee blieb bis November, dann konnten wir erst fertig ackern.

Diesen Monat hatten wir auch Überschreibung. Wir übernahmen das Bauernhaus von den Eltern – mit dem Ausnahm'* für drei Personen, die Eltern und Resi. Da wurde man im Vertrag verpflichtet, für freie Wohnung, Essen, Arzt, Spitalkosten und Betreuung aufzukommen. Krankenkasse und Rente gab es für die Bauern noch nicht. Auch ein Kalberlgeld* im Jahr bekamen sie. Das machte uns aber nichts aus, das alles taten wir gerne für sie, obwohl wir selber kein Geld hatten. Das war alles selbstverständlich für uns, wir hatten doch Grund und Haus von ihnen. Wir rückten alle zusammen.

Das Haus war sehr alt und baufällig, nur mit einer Stube und einem kleinen Stüberl. Wir waren gerne beisammen. Trotz Enge gab es keine Streitereien. Wir kochten und werkten alle zusammen. Es war ein schwerer Anfang, aber wir waren glücklich. Wenn ich das oft heute meinen Kindern erzähle, sagen sie: „Das war eine andere Zeit." Nein, es waren auch andere Menschen!

„Wem es nicht passt, der soll sich's herrichten"

Mein Gatte werkte gleich die ersten Tage auf Feld und Wiesen, wollte alles auf einmal machen. Er grub Steine aus, zerrechte „Scherhübeln"*, von denen es auf den Wiesen genug gab und die beim Mähen sehr störten. Ganze Flecken „Hoadara"* grub er in den Wiesen aus und gab gute Erde drauf.

Im Winter 1950/51 verkauften wir unsere Ochsen. Mein Gatte war von zu Hause an Pferde gewöhnt. Sie zogen sie oft selbst auf. Er wollte ein Pferd haben statt der Ochsen. Dieser Winter war sehr kalt. Mit dem Ochsengeld mussten wir ein Pferd kaufen, denn im Frühjahr brauchten wir wieder eine „Zaug"*. Fünf Jahre nach Kriegsende gab es noch wenige Pferde. So viele waren im Krieg umgekommen, die restlichen hatten die Russen mitgenommen. Und so schnell wurden sie nicht groß. So entschloss sich mein Gatte, nach Wels auf den Pferdemarkt zu fahren. Er fand ein junges Pferd, das noch ein

Hengst war und auch nicht gezähmt, aber ein schöner Fuchs mit lichtem Schweif und lichter Mähne. …

Im Frühjahr zähmten wir ihn, das war Schwerstarbeit für uns beide. Er ging vorne mit ihm, ich hielt die Zügel samt „Ahrn"*. Das Pferd ging einmal nach vorne, dann wieder zurück und hüpfte ausgelassen hin und her. Es braucht eine lange Zeit, bis ein Pferd begreift, im Geschirr und mit Zügeln zu gehen. Wir haben ihn kastrieren lassen, denn er stieg mit seinen Vorderfüßen in die Höhe, klapperte damit an den Ziegelrändern der Dächer, wieherte und war kaum zu bändigen, wenn er eine Stute spürte. …

Mein Gatte war es gewohnt, dass die Wirtschaft gut im Stand war: der Stall voll Vieh und Zuchtsauen, Pferde – bei uns war noch lange nicht alles so. Es musste erst hergerichtet werden. Vater sagte immer: „Wem es nicht passt, der soll sich's herrichten." Bei den Schwiegereltern konnte leicht alles in Ordnung sein. Da waren drei bis vier Männer, die noch fest arbeiteten. Als mein Gatte heiratete, ging bald auch dort alles zurück. Er sinnierte oft über das alles.

Mein Vater half noch, soviel er konnte. Auch Resi war schon älter. Mutter kochte uns und machte den Haushalt. Wir waren sehr froh darüber. Da sie schon etwas kränklich war, kam sie selten aufs Feld. Leider hatten wir sie nicht sehr lange.

„Zum Arzt gegangen wurde nur im Notfall"

Ein Jahr nach unserer Hochzeit kam unser erster Sohn zur Welt, im September 1951. Vorher mussten noch die Kartoffeln ausgegraben werden. Stock für Stock wurden die Kartoffeln mit der „Hoa"* ausgegraben. Das Buckeln und Ausleeren der schweren Erdäpfelschwingerln und Butten war sehr mühsam, besonders für mich in meinem Zustand. Ein Kratzer an den geschwollenen Beinen genügte, und schon rann das Wasser heraus. Oft bekam ich es deswegen mit der Angst zu tun, glaubte, ich habe kein Blut mehr in den Beinen. Man wusste nicht so viel über Schwangerschaft und Geburt wie heute. Zum Arzt gegangen wurde nur im Notfall. Ich war bei allen fünf Schwangerschaften bei keinem Arzt. Über dieses Thema wurde nicht sehr viel geredet bei uns. Zu fragen getraute ich mich niemand.

Ich arbeitete am Erdäpfelacker, bis die ersten Wehen einsetzten. Abends melkte ich noch die Küche. Die Hebamme, schon eine ältere Dame, kam zu Fuß von der nächsten Ortschaft. Aber es wurde keine Hausgeburt, wie das damals üblich war. Mein Gatte fuhr mit der Rettung mit ins Krankenhaus und bat, ob er über Nacht bleiben dürfe. Man bewilligte es ihm – am Gang –, sonst hätte er in der Nacht zu Fuß nach Hause gehen müssen. Er wollte in meiner Nähe sein. Im Kreißzimmer hörte ich die ganze Nacht seine Schritte. Ehemänner durften zu dieser Zeit noch nicht bei der Geburt dabei sein, so wie heute. Aber es waren seine Schritte schon ein Trost. Erst am Vormittag wurde das Kind geboren. Als mein Gatte zu uns hereinkam, rannen ihm Tränen herunter. Eine Frau Direktor lag neben mir, sie sagte: „Ich habe in der Nacht für Sie gebetet."

Die Geburt und der Aufenthalt kosteten Geld. Es musste alles selbst bezahlt werden, da es noch keine Bauernkrankenkasse gab. Das war für uns schwer. Man wusste oft nicht, woher man es nehmen sollte.

Es gab im Dorf noch keine Mutterberatung, so fuhr ich mit einigen Frauen nach Groß Gerungs, mit dem Kinderwagen. Das waren hin und zurück 14 Kilometer. Der nicht ganz stabile und übertragen gekaufte Kinderwagen hat es ausgehalten.

Mit vier Monaten wurde unser Kind sehr krank. Lungenentzündung, starke Bronchitis, Fraisen* – er war so schlecht beisammen, dass der Arzt sagte: „Da hilft keine Spritze und keine Medizin." Er war zum Sterben, kämpfte fürchterlich um Luft. Mein Mann konnte es nicht mehr ansehen, so fuhr er mit dem Rad zu seinem Vater. „Komm mit", sagte er zu ihm, „unser Kind stirbt." Ich kochte wieder Tee, gab alles hinein, was mir einfiel: Brustzucker*, Honig, Zwiebel, Fenigel*, Kümmel, Thymian, Majoran. Ich gab ihn ihm sehr warm löffelweise in den fiebrigen Mund und wickelte ihn in heiße Tücher. Als er sich fast nicht mehr bewegte, fing ich in Panik an, ihn zu schütteln und rief: „Er stirbt!" In meiner Angst muss ich das Kind unbewusst mit dem Mund nach unten gehalten haben. Auf einmal gab es auf dem Fußboden einen Platscher*. Mutter schrie auf, aber ich war zu keinem Laut fähig. Endlich schaute ich auf den Boden. Da lag eine Kugel, wie ein kleiner Ball, aus festem Schleim, der ihn gleich erstickt hätte. Als mein Mann mit seinem Vater kam, war das Ärgste vorbei. Das war am Vormittag; als abends der Arzt wieder kam, war er schon fieberfrei. In diesem Winter starben zwei Kleinkinder in unserer Pfarre.

Unser Haus war, wie ich schon schrieb, in einem sehr schlechten Zustand. Bei den Dächern trat das Wasser durch, wenn es regnete, das meiste war mit Stroh und Schindeln gedeckt und schon sehr alt. Den Dachstuhl über dem Stall machten wir 1952 neu, er wurde mit Ziegeln eingedeckt, das erste Loch war zu. In diesem Frühjahr schuftete mein Mann sehr. Auf Wiesen und Feldern wurden Raine umgegraben; alles auf einmal ging halt auch nicht.

Im Jänner 1953 wurde unsere erste Tochter geboren, zur Freude meines Mannes; er wollte ein Mädchen. Das war schon eine Hausgeburt, eine Steißlage, und ich allein mit Mutter. Als die Hebamme kam, sagte sie: „Du hast Glück gehabt, bei einer solchen Geburt, allein."

Wenn ich dies alles so niederschreibe, erlebe ich nochmals all die glückliche Zeit mit meinem Mann, meinen Eltern und Kindern. Aber im Herbst 1954 starb leider meine Ziehmutter, die wir noch sehr gebraucht hätten, unerwartet schnell an einem Darmverschluss. Wenn ich sie im Krankenhaus besuchte, sagte sie: „Geh nach Hause zu den Kindern, mir kannst du nicht mehr helfen!" An einem Sonntag musste ich zu Fuß von Zwettl nach Hause gehen, das sind 14 Kilometer. Kein Autobus ging, Autos gab es noch sehr wenige. Ich weinte voll des inneren Schmerzes den ganzen Weg laut um sie, die so gut zu mir war. Gut, dass mir fast niemand begegnete. Einige Tage lebte sie dann noch zu Hause. Ihre letzten Worte galten den Kindern, die sie sehr gern hatte.

Nach dem Begräbnis der Mutter war eine Woche vergangen. Wir brachten mit den Kühen Brennholz nach Hause. Resi, die bei den Kindern zu Hause war, sagte: „Das Mäderl hat Fieber."

Sie wurde zwei Jahre alt. Ich nahm sie auf den Arm, wollte sie ins Bett tragen. Ein Ruck, sie verzog ihr Gesichtchen, und den Körper schüttelte es furchtbar. Ich lief mit ihr ins Freie. Der Arzt kam, schaute sie kaum an und sagte: „Das ist Kinderlähmung, die wurde beim Begräbnis angesteckt", so meinte er. In dieser Zeit gab es sehr viele Fälle. Aber ich kannte die Fraisen schon von früher, darum glaubte ich es nicht. Ich wehrte mich, ließ sie nicht ins Spital gehen – wie Recht hatte ich damit. So kam der Primarius selbst aus dem Krankenhaus her, untersuchte das Kind genau und sagte, es sei gesund. War ich froh, dass ich mich so gewehrt hatte, sonst hätte sie die Kinderlähmung bei den kranken Kindern im Spital bekommen. Das Kind war nach einigen Stunden Schlaf wieder lustig und wohlauf.

Sie bekam diese Fraisen noch öfter, bis sie vier Jahre alt war. Bei den jüngeren Kindern blieben sie ganz aus.

„Wir hatten die letzte schwarze Kuchl im Dorf"

Wir begannen mit dem Niederreißen des Schupfens. Der wurde größer und länger gebaut. Der Untergrund war sehr nass, wurde händisch von uns ausgegraben. Steine dafür schleppten wir mit der „Schloapfa"*, an die ein Pferd angespannt wurde. Sie wurden mit dem Eisenschlögel zerkleinert und hinein-geschlagen. Das Holz wurde schon im Winter davor mit der Zugsäge Baum für Baum im eigenen Wald abgeschnitten; da gab es für mich Schwielen, und die Hände schmerzten.

Bis zum Dachstuhl hinauf wurde alles noch händisch abge-bunden und hinaufgebracht, dazu lud man auch die Nachbarn ein. Wenn alles stand, setzte man ein grünes Bäumchen mit bunten Bändern auf den First. Jetzt begann die Gleichenfeier, mit Essen und Getränken.

Mit den Tieren im Stall ging es schon aufwärts, sodass man etwas verkaufen konnte, um zu bezahlen. Viel leisten konnte man sich nicht. Da musste man noch mit geflickten Arbeitsklei-dern gehen. Besonders die Arbeitshosen der Männer gingen bei dieser schweren Arbeit schnell kaputt.

In jedem Bauernhaus gab es noch Hühner. Mit dem Eiergeld kaufte ich, was für die Küche gebraucht wurde. Für den Nachwuchs wurden einer „bruatigen"* Henne, die im Nest saß, Eier untergelegt. Nach einigen Wochen schlüpften die goldgelben Küken aus. Das Erste, was man ihnen zu fressen gab, war Hirsebrei. Die Henne, die mit den Küken im Hof umherging, passte gut auf sie auf. Wenn ihr jemand zu nahe kam, lief sie ihm mit gespreizten Flügeln nach.

Im Jahr darauf wurde die schwarze Rauchkuchl eingerissen. Als der große Rauchfang mit Gewölbe und Backofen niederfiel, waren so viele Steine da, dass der Raum voll war. Die mussten alle hinausgebracht werden, mit hölzernen Scheibtruhen, die mein Gatte selbst machte, denn eiserne gab es noch nicht. Wir mussten sie durch den Vorraum und über Stufen in den Hof fahren. Dort wurde ein großer Steinhaufen angelegt. Später holten sich die Häuselbauer die Steine. Der Rest wurde dann zum Stallbau verwendet. Wir hatten die letzte schwarze Kuchl im Dorf, in allen Häusern war sie schon verschwunden. Nach tagelangem Wegräumen war dieses schwarze Loch für eine Küche fast zu klein, so nahmen wir auch die Zwischenmauer weg und einen Teil von der Stube dazu. Das Ärgste war, die Mauer weiß zu kriegen. Trotz Mörtel und Kalk schlug es schwarz durch. Einen kleinen Backofen bauten wir dazu, der heute noch steht.

Da gab es eine Begebenheit. Der Maurer sagte zu mir: „Bring viele Glasscherben, die werden unter dem Backofenboden verteilt, damit sich die Hitze lange hält. Ich suchte auf dem Dachboden alle alten Gläser und Scherben zusammen und gab sie dem Maurer. Als der die Scherben aufschüttete, sahen wir aus einem Glas so schwarze Körner herausrieseln. Vorsichtig zündete ich in den Scherbenhaufen hinein. Da schlug eine Explosion in die Höhe, beim offenen Dach hinaus. Die Scherben flogen, und wir liefen mit ihnen um die Wette. Wir glaubten, es hebt das Haus. Das muss Schwarzpulver gewesen sein. Zum Glück war noch nicht alles fertig. Wenn wir das übersehen hätten, wäre beim ersten Brotbacken alles in die Luft geflogen.

Durch den Bau musste das Wasser verlegt werden, von der Stube ins Vorhaus. Eine Handpumpe wurde aufgestellt und gleich Plastikrohre durch die Holzrohre unter der Straße bis zum Schulbrunnen geschoben, der auch schon jahrhundertelang unserer ist. Ein Glück, dass sie so schön zum Einschieben gingen.

Einmal habe ich es erlebt, dass eines dieser Holzrohre unter der Straße kaputt war. Die Rohre liegen mehr als mannshoch unter der Erde. Dazu wurde die Straße halbseitig aufgegraben, dann erst die andere Seite. Zu dieser Zeit fuhren noch kaum Autos. Man sah nur öfter diese Dreiradler, Pupperlhutschen wurden sie genannt.

Das war eine Freude, eine Küche zu haben. Auch Mutter freute sich damals sehr. Der alte Stubenofen, der noch große Kessel zum Wasserwärmen und zum Einweichen von „Ruatoschat"* hatte und eine große Holzluke, wo ein Tagesbedarf hineinging, wurde abgerissen und ein Herd mit einem Schiff für heißes Wasser gekauft. An so etwas Kleines musste man sich erst gewöhnen.

Als Nächstes wurde der Stall saniert und vergrößert: eine Betondecke, größere Fenster, auch alles ausbetoniert. Der Stall war vorher viel zu klein und in einem fürchterlichen Zustand, die Holzdecke zum Herabfallen, in den Mauern überall Löcher. Man hatte mehr Vieh als früher einmal. Eine zusätzliche gute Einnahme erbrachte in dieser Zeit das Rahmliefern, man war sehr froh darüber.

Wenn wieder der Winter kam, arbeitete man viel im Wald: Brennholz, Bauholz; Schleifholz* wurde auch gemacht, ganze Stöße davon. Wenn man Geld brauchte, wurde es verkauft. Die Rinde wurde mit dem Loheisen* abgerindelt, da schmerzten oft die Hände. Heute braucht man es gar nicht mehr zu schälen. Ein wenig Rast, auf einem Stock sitzend, einen Schluck Tee aus der Flasche, das stärkte wieder; dabei den Blick auf die paar Wintersonnenstrahlen gerichtet, die wie goldene Fäden zwischen Ästen und Wipfeln der Bäume hinab zum moosigen Boden des Waldes gehen.

Abends freute man sich auf die warme Stube zu Hause. Es wurde zeitig finster, da wurde kein Licht aufgedreht; im Schein des Ofenlichtes erzählten Vater und mein Mann vom Krieg. An anderen Abenden wurde wieder gearbeitet, Holzgeschirr und Bundschuhe* wurden gemacht. Es musste alles selbst gemacht werden, das Plastikgeschirr von heute gab es noch nicht.

Nach einigen Jahren kam auch der alte Stadel an die Reihe, er war zu klein und etwas windschief, schon löchrig und morsch. Dazu wurde wieder viel Holz abgeschnitten – auch für etwas Geld, das wir dazu brauchten. Der Untergrund wurde wieder aus vielen Steinen und Beton gestampft. Der Beton wurde teilweise noch händisch gemischt; mit der Schaufel wurden Zement, Sand und Wasser so lange hin- und hergeschaufelt, bis er die richtige Festigkeit hatte. Das ging schwer, ich habe es selbst noch gemacht. Heute kommt ein großer Mischwagen voll und bringt ihn dahin, wo man ihn braucht. Alles ist leicht geworden.

Ein Stadel mit Hocheinfahrt konnte selten errichtet werden, weil das Gelände passen musste. Unter der Hocheinfahrt brauchten wir eine Untermauer aus großen Steinen, die mein Gatte mit Reihaken* weiterbewegte; so konnten wir sie alleine aufstellen. Die Hocheinfahrt war dann mit Geld nicht zu bezahlen, so praktisch war sie beim Abladen von Heu und Stroh, es fiel alles von selbst hinunter. Man brauchte es nur unten etwas schlichten. Das konnte eine Person machen. Nur mehr Holz wurde dafür gebraucht, es waren zirka hundert Festmeter.

Bei diesem Bauholz waren viele astreine Föhrenbloche dabei, die man Schweizer Bloch* nannte. Die wären schade gewesen für einen Stadel. So verkauften wir sie, und um das Geld ließen wir uns von unserem Tischler einen amerikanischen Küchenverbau machen. Diese waren noch sehr selten in den Bauernhäusern. Die Küche sah sehr schön aus, hatte viel Platz im Inneren. Die steht heute noch an ihrem Platz und ist noch nicht schlecht für ihre mehr als 35 Jahre.

Neben den vielen Bauarbeiten durfte auch die Feldarbeit nicht zu kurz kommen. Das war ja unsere Existenz. Wir hatten keine Eltern mehr zum Mithelfen, in vielen Bauernhäusern waren sie oft noch sehr agil …

„Aber die Freude damals, einen Traktor zu besitzen …"

1958 kam unsere zweite Tochter zur Welt, ein rundes, pausbäckiges Dirndl. Die Hebamme sagte später oft zu ihr: „Du warst halt ein schönes Kind, gar nicht verknittert." Also ein zweites Mädchen, das wir uns gewünscht hatten.

Die Kinder wurden aufs Feld mitgenommen; das kleinere im Kinderwagerl, die größeren im Leiterwagerl. Manche Felder sind ziemlich weit entfernt. Meist war auch das Werkzeug zur Arbeit zu tragen, da schleppte man sich ganz schön ab damit. Wer halt eine Mutter zu Hause hatte, dem blieb das alles erspart.

Fertignahrung, die man so wie heute nur mit Wasser anrühren braucht, gab es für die Kinder noch nicht. Alles wurde in Kuhmilch eingekocht, ob Grieß oder Dr.-Reis-Mehl*. Durch die Hitze draußen gerann manches mitgenommene Flascherl, obwohl wir es ins Brünndl stellten. Bremsen und Fliegen sekkierten die Kinder auch im Schatten.

Mein Mann kaufte mir eine Waschmaschine, ich glaube, es war die erste im Dorf. Sie hatte Walzen, die man zum Auswinden der Wäsche mit der Hand drehen musste. Auch das Wasser musste man einfüllen und ablassen. Das war eine Wohltat bei so viel Wäsche und Windeln. Wenn ich an meine Jugendzeit zurückdenke, an das Waschen mit der Waschrumpel, die schwere Bettwäsche aus bedrucktem Leinen und die großen Leintücher, oft aus grobem Leinen, die mussten sehr groß sein, damit sie gut über den Strohsack reichten – sie wurden im Waschkessel gekocht und gerumpelt; das Schwemmen und Auswinden brauchte Kraft, wir machten das oft zu zweit.

Die großen Bauern aus der Umgebung hatten sich schon Traktoren gekauft; es setzte sich langsam durch. Pferde und Ochsen wurden verkauft. Das technische Zeitalter war auch bei uns im Anmarsch. Oft sprachen wir darüber, ob wir uns auch einen leisten können. Mein Gatte machte im November 1959 den Führerschein für Auto, Motorrad, Traktor und kleinen Lastwagen ohne Anhänger. Er bestand die Prüfung gleich beim ersten Mal, worauf er mächtig stolz war. Zum Kurs ging er oft zu Fuß nach Groß Gerungs, wenn er gerade niemand zum Mitfahren fand.

Um diese Zeit zogen meine Schwiegereltern von ihrem Bauernhaus weg, zu ihrer Tochter, die eine Wirtschaft gepachtet hatte. Mit einem Lastwagen voll schönem Vieh. Nur die beiden Pferde kauften wir ihnen ab. Es waren Haflinger, die hatte mein Mann noch selbst aufgezogen. Da sie in der Einschicht selten ein Auto gesehen hatten, waren sie sehr autoscheu.

Im Frühjahr 1960 fuhr ich einmal mit den Pferden ins Meinhartser Feld, das haarscharf an der Straße liegt, Hafer bauen. Ich hatte das Feld schon fast fertig geeggt, bis auf den Streifen neben der Straße; ein Pferd musste dabei am Straßenrand gehen. Da kam über den Straßenberg herauf ein großer Laster mit langen Eisenstangen, die schepperten sehr laut. Als er schon ganz nahe war, ließ ich die Zügel auf die Ahrn fallen, ging nach vorne, nahm die beiden Pferde beim Gebiss und redete ihnen gut zu, so wie mir mein Mann geraten hatte. Das war aber ein großer Fehler, ich war doch zu wenig stark dafür.

In ihrer Angst stiegen sie auf die Hinterbeine, hoben mich in die Luft und galoppierten, mit mir am Gebiss hängend, donnernd die Straße abwärts. Die Eggen flogen, das gab auf der Straße einen Riesenkrach. Ich dachte nur: „Wenn ich jetzt auslasse, bin ich tot, dann gehen Pferde und Eggen über mich hinweg." Lange hätte ich es nicht mehr geschafft. Auf einmal bogen sie wieder ins Feld hinein. Durch die schnelle Kehrtwendung flogen ich und die Eggen im Bogen davon – Gott sei Dank etwas seitwärts von den Pferden. Beim Wagen blieben sie stehen. Die Pferde zitterten genauso wie ich. Eines hatte sich am Bauch etwas aufgeschürft, aber sonst war nichts. Die Fahrer der Autos halfen mir wieder anspannen und sagten: „Na, du hast Glück gehabt. Wir glaubten schon, alles ist verloren." Ich war so erschrocken, dass ich kaum reden konnte, eggte aber den letzten Streifen noch fertig. Mein Gatte ließ mich dann nicht mehr mit den Pferden fahren. „Das ist da zu gefährlich", meinte er. …

Im April 1961 kam unser zweiter Sohn zur Welt, fast zur gleichen Zeit bekamen wir unseren neuen 18-PS-Traktor geliefert. Man bekam auch einen kleinen Maschinenkredit, sodass sich auch ein kleiner Bauer einen kaufen konnte. Aber wir hatten noch keinen Pflug und keine Egge, die mussten erst noch erstanden werden. Vom „Loatawagen"* wurde die Stange abgeschnitten, so konnte man ihn am Traktor anhängen. Es fehlte uns noch das Geld für alle dazugehörigen Geräte und Anhänger. Aber die Freude damals, einen Traktor zu besitzen, wenn er auch nicht so viel PS hatte wie die heutigen, war enorm. Es ging nun alles viel schneller.

Die erste Zeit hängten wir den Ochsenpflug und die Egge an. Da ich nicht Traktor fahren konnte, ging ich, den Pflug haltend, hinterdrein. Was heißt ging? Ich *lief*, das war ein Bild für Götter! Obwohl er mit dem Ackergang fuhr, warf es mich hin und her, besonders wenn es an einen Stein anging, da riss es mich vorwärts; und Steine gab es genug in den Äckern. Beim Eggen war es nicht viel anders.

Es sollte alles auf einmal gemacht und gekauft werden, Hausneubau und Maschinen. Man konnte sagen, was in Jahrhunderten nicht machbar war, sollte in kurzer Zeit geschehen. Ein neues Zeitalter war angebrochen. Dieser Umschwung in unserer Generation war nicht so leicht zu bewältigen. Nicht sehr lange, dann waren auch alle Geräte samt Ladewagen und Motormäher gekauft. Mit der Sense wurde nur mehr bei den Gräben nachgemäht. Das Heu lud sich fast von selbst auf. Eine selbstfahrende Heuraupe* kauften wir als Erste im Dorf, sie wurde auch ausgeborgt. Bald gab es dann die am Traktor angebauten. …

Im Sommer gingen mein Gatte und ich am Sonntagnachmittag gerne in die Felder spazieren, um die Frucht* zu begutachten. Wir setzten uns auf einen Ackerrain, um zu rasten. Oft ging auch das nicht, denn wenn es lange Zeit Schlechtwetter gab, wurde auch sonntags im Heu gearbeitet. …

„Daraus wurden 25 Jahre ‚Urlaub am Bauernhof'"

Wir entschlossen uns, einen Stock aufs Wohnhaus zu bauen. Im zeitigen Frühjahr nahmen wir den Dachstuhl ab und fingen mit dem Aufmauern an. Anfang August wurde schon das erste

Zimmer gemacht, mit zwei Maurern, die noch Lehrbuben waren, und denen der Mörtel immer von der Decke fiel. Fast umsonst mischte ich eine Mischmaschine nach der anderen – die schweren Kübel Mörtel aufs Gerüst hinaufheben, nebenbei kochen für alle. Es fiel mir deswegen so schwer, weil ich im letzten Monat schwanger war. Als Anfang September unser jüngster Sohn Otto zur Welt kam, war schon ein Zimmer im neuen Stock beziehbar.

Ich war bei den schweren Arbeiten am Haus viel allein, weil meine Leute zugleich Korn schnitten. Die größeren Kinder und Resi halfen meinem Mann dabei. Unsere älteren Kinder freuten sich nicht sehr über den kleinen Bruder, das hieß wieder Kinder hüten. Man kann es verstehen – die Kinder hatten es nicht leicht damals: Schule, Aufgaben und Arbeit. …

Durch das Bauen und den Maschinenkauf wuchsen auch die Unkosten, so sagte mein Gatte einmal: „Fahr mit dem Fahrrad und hol das ausstehende Holzgeld!" Wir hatten dem Händler etwas Holz verkauft. Das war ein Schulkollege von mir, so plauderten wir eine Weile mitsammen. Er sagte unter anderem, er habe Zimmer an Sommergäste vermietet, und war ganz begeistert davon. Daheim erzählte ich es meinem Mann, der meinte darauf: „Gar nicht so übel, das könnte man probieren." Gesagt, getan.

Wir machten fast alles fertig, möblierten die Zimmer, und im Winter darauf schrieb ich an große deutsche Städte, wie sie mir gerade einfielen: Köln, Wiesbaden, Karlsruhe usw. Wir bekamen von überall Antwort, bald auch Zusagen von Gästen. Unterdessen kauften wir Bettwäsche, Tischwäsche, Vorhänge – und so fing es an. Daraus wurden 25 Jahre „Urlaub am Bauernhof". Es war trotz vieler Arbeit eine sehr schöne Zeit, die ich nicht missen möchte.

Dadurch fiel noch mehr Arbeit in der Landwirtschaft auf meinen Gatten, der alles gern machte, fast immer mit einem fröhlichen Gesicht. Dank Maschinen und Hocheinfahrt ging es etwas leichter. Für mich war jetzt viel Arbeit im Haus. Anfangs half ich noch mehr im Stall, melkte die Kühe noch mit der Hand, bis die Melkmaschine kam. In den späteren Jahren melkte meistens mein Mann. Kälber und Schweine waren immer meine Arbeit. Kleinkinder und Schulkinder waren zu versorgen.

Leider lag Vater schon krank im Bett. Er konnte nicht mehr auf die Füße. Er probierte es immer wieder, lag dann auf dem Boden. Wenn mein Mann nicht da war, halfen mir die Kinder, ihn ins Bett zu bringen. Jede Nacht hoben wir ihn einige Male ins Bett. Den letzten Winter sagte er zu meinem Mann, er will hinaus und nochmals die Felder sehen. Mein Mann versprach ihm, dass er ihn auf den Traktor betten und mit ihm hinausfahren werde. Aber dazu kam es nicht mehr; am 5. März starb er, 86-jährig. Eine Woche vorher sagte er zu meinem Mann, der ihm immer die Pfeife stopfte, sie schmecke ihm nicht mehr: „Wenn ich nicht mehr rauchen kann, sterbe ich bald." So war es auch, er starb 1968 – mein lieber Ziehvater, dem ich so viel zu verdanken habe, der so gut zu uns allen war und dem ich an dieser Stelle ein herzliches „Vergelt's Gott!" ausspreche. Der Herrgott wird es ihm und Mutter vergelten, auch Resi nicht zu vergessen, die gute Seele. …

Im Frühjahr 1971 bauten wir einen zweiten Stock, diesmal über dem Stall, da die Nachfrage nach Zimmern sehr groß war und es uns gefiel, besonders meinem Mann. Da war abends immer was los, wenn er von der Arbeit hereinkam, da wurde gelacht, gescherzt, diskutiert, über viele Wissensgebiete geredet, über Gott und die Welt, wie man so sagt. Witze wurden erzählt, oft auch wurde gespielt und getanzt. Unter unseren Gästen war alles vertreten: Fabrikanten, Polizisten, Ingenieure, Direktoren, Jüngere mit Kindern, aber vielfach auch ältere Herrschaften.

Sonntagnachmittags gingen wir öfters gemeinsam spazieren oder etwas anschauen – zum spöttischen Lächeln unserer Dorfbewohner. Das machte uns aber nichts aus. Man braucht immer wen, über den man reden und lachen kann.

Da wir im Neubau Einzelzimmer hatten, kamen auch viele Singles, besonders Wiener. Im Sommer wurden Feste gefeiert, im Freien. Lampions hingen an den Bäumen, ein Fass Bier wurde angeschlagen. Viele schöne Erinnerungen, die kann man gar nicht alle niederschreiben. Das würde ein eigenes Buch füllen.

Es gab auch negative Sachen. Viel Eifersucht war unter den Gästen. Wenn ich durch den Garten ging, wollte jeder, dass ich zuerst mit ihm rede oder gehe. Da musste ich sehr aufpassen, dass ich alle gleich behandelte. Das war auch nicht immer so leicht. Ich musste mich trotz der vielen Arbeit doch ein Weilchen zu ihnen setzen.

Als wir mit den Gästen anfingen, kochte noch eine Gastwirtin für sie, aber dann konnte sie wegen des Berufs ihres Gatten nicht mehr. Um die Gäste zu halten, musste ich Vollpension anbieten, das war Arbeit von früh bis spät: etwas im Stall helfen, dann Frühstück herrichten, abwaschen (bevor wir einen Geschirrspüler bekamen), zum Kochen anfangen für so viele Leute … Bis alles wieder weggeräumt war, wollten sie schon wieder eine Jause, dann wieder Abendessen. Auch geputzt, gewaschen, gebügelt musste werden. Zwischendurch kamen sie zu mir, mit ihren Freuden, Sorgen, Familienproblemen, mit allem wurde ich konfrontiert.

Oft kamen dadurch unsere Kinder zu kurz, darum wollten sie diese Gäste nicht sehr gern. Wir saßen oft halbe Nächte in Küche und Aufenthaltsraum beisammen. Einer von uns musste bei ihnen bleiben, oft alle zwei. Mein Gatte tat das sehr gern, denn er lachte viel und gern, sprach mit jedem, ob alt oder jung. Als wir mit den Gästen fast ganz aufhörten, war er oft traurig.

Die Kinder wurden größer, heirateten, nun brauchten wir die Zimmer selber. Mir gingen die Gäste weniger ab. Ich war ihrer schon oft müde, denn es gab auch Probleme mit ihnen. Einer wollte nicht zahlen und doch da bleiben. Er schimpfte mich. Als ich vom Polizei-Holen sprach, zahlte er dann doch, aber nicht gerne. Das alles kostete mich viele Nerven, denn nicht alle waren gut. An einem Neujahrsfest waren fast nur Wiener Polizisten da, die waren sehr lustig und nett, schossen aber so viele Raketen, dass wir Angst um unser Haus hatten.

Es war viel Leben im Haus. Mit der eigenen Familie saßen oft über zwanzig Leute bei Tisch. Dann ging wieder etwas schief bei der Kocherei, was auch vorkam. Einmal fiel der Deckel vom Salzfass und das ganze Salz fünf Minuten vor dem Essen in die Suppe: schnell die Grießnockerl heraus und eine neue Suppe dazu, denn die Gäste saßen schon bei Tisch. Ein anderes Mal salzte ich die Naturschnitzel zweimal. Wegen der vielen Kleinigkeiten, um die sie in die Küche kamen – Getränke, Milch, immer brauchten sie etwas –, in dieser Hektik salzte ich sie noch einmal. Man kann sich denken, wie sie schmeckten, als ich sie kostete. Die Soße herunter, alles gewaschen, schnell eine neue Soße … Beim Essen fragten sie, ob die Köchin verliebt war.

Ein andermal, halb zwölf, das Wasser kochte, ich wollte die Nudel gerade hineingeben, in dem Moment rutschte der Topf von der Elektroplatte. Ich wollte ihn noch auffangen, es ging daneben, das kochende Wasser auf meinen Fuß. Ich wusste vor Schmerz nicht, was ich zuerst anfangen sollte. Dann stellte ich meinen Fuß in ein kleines Wandl mit kaltem Wasser hinein, rutschte damit weiter und kochte fertig, blieb mir ja nichts anderes übrig. Beim offenen Fenster riefen die heimkehrenden Gäste herein: „Na, ist Ihnen heiß?" Ich sagte: „Ja." Ich erzählte es nicht beim Mittagsmahl. Der Fuß brauchte Wochen, bis er ganz heilte. So könnte man nach mehr als 25 Jahren „Urlaub am Bauernhof" noch vieles erzählen. Viele blieben Monate, auch Jahre, wegen Gästemangels habe ich mich die ganzen 25 Jahre nicht zu beklagen gehabt. …

„Nun wurde es um uns zwei ganz ruhig …"

Der ältere Sohn kam dann schon aus der Schule. Es war ja ein Altersunterschied von 13 Jahren zwischen älterem und jüngerem Sohn. Er blieb vorläufig zu Hause, da sich das Erlernen eines Berufes oder Handwerks bei Bauernsöhnen noch nicht so durchgesetzt hatte, was wir später oft bereuten. Die ältere Tochter kam in die Krankenpflegeschule Schwarzach. Bevor sie mit dem Lernen fertig wurde, heiratete sie nach Deutschland, was wir nicht sehr begrüßten. Der Schwiegersohn und seine Familie gehörten zu den ersten deutschen Gästen bei uns. Da war sie noch ein kleines Mädchen. Als sie sich nach Jahren wieder sahen, verliebten sie sich und heirateten bald.

Der Abschied war für uns und für sie nicht leicht. Es war doch ein fremdes Land, eine ganz andere Mentalität; ich finde, etwas kühler als wir. Sie sagte nie etwas, aber ich glaubte zu spüren, dass sie nie ganz zu Hause war dort. Bald bekamen wir zwei Enkerl, die wir selten sahen. Wegen der weiten Strecke kamen sie nur ein- oder zweimal im Jahr herein, und wir kamen zum ersten Mal zu ihnen hinaus, da waren sie schon zehn Jahre verheiratet. Aber der kleine Enkelsohn Stefan war ab seinem vierten Lebensjahr jeden Sommer bei uns. Der liebte seinen Opa von ganzem Herzen, der Opa ihn auch. Er war am liebsten bei ihm auf dem Traktor und auf dem Feld. Die zwei waren bis zum Tod meines Gatten ein Herz und eine Seele.

So verging die Zeit. Die zweite Tochter heiratete einen Wiener. Nach dreizehnjähriger Ehe ließen sie sich scheiden. Das tat weh, meine Tochter tat mir leid. Mein Gatte hat es nicht mehr erleben brauchen, so vieles nicht mehr, was ich noch tragen muss.

So kam auch schon bald der zweite Sohn aus der Schule, der uns als Kind, weil er oft krank war, Sorgen machte. Ein guter Gast, ein Direktor einer großen Firma, nahm ihn als Lehrling nach Wien. Er lernte Fernmeldeelektroniker, da war viel zu lernen. Andere waren HTL-Schüler, aber er hat es blendend geschafft. Er war immer ein guter Schüler. Er blieb 18 Jahre lang in dieser Firma.

Nun war schon der Jüngste dran, so schnell vergeht die Zeit. Er wollte auch zu den Geschwistern nach Wien, er lernte Tischler. Das war schon immer sein Wunsch gewesen. In die Lehre nahmen ihn wieder liebe Gäste, Ing. Waldmann, der auch nicht mehr lebt …

Als unsere jüngste Tochter noch in Werfenweng in Salzburg im Gastgewerbe war, da holten wir beide sie nach der Saison ab und brachten sie vor Saisonanfang wieder hin. Das war eine Abwechslung, auf die wir uns immer sehr freuten; eine herrliche Fahrt in die schönen Berge des Salzburgerlandes.

Nun wurde es um uns zwei ganz ruhig, die Kinder fort. Zum Wochenende kamen die Söhne nach Hause. Da gab es zu waschen und zu bügeln für alle drei. Mein Gatte gewöhnte sich sehr schwer daran. Wenn er draußen auf dem Feld war und den Schulbus sah, war ihm als müsste einer aussteigen und zu ihm kommen, wie sonst so oft …

Der ältere Sohn ging auch schon eine Zeit lang in Wien zur Arbeit. Er wollte sich auch sein eigenes Geld verdienen. Als er noch zu Hause war, bezahlten wir ihm den Führerschein und ein älteres Auto. In Wien im AKH verdiente er gut. Es ging ihm auch gut, er war 15 Jahre bei der Firma. Er kündigte, weil er bei seiner Familie zu Hause sein wollte. Bei uns im Waldviertel ist jetzt ein guter Arbeitsplatz schwer zu bekommen.

Mein Gatte wollte die Pachtgründe nie weggeben. Er meinte, wenn einer der Söhne sie braucht, sind sie dabei. Sonst wäre in der heutigen Zeit unsere Wirtschaft doch zu klein gewesen. So sagt man jetzt, früher hat es auch reichen müssen. Mein Mann war so bedacht, dass es doch einmal weitergeht mit der Wirtschaft. Wir haben uns so viel Mühe gegeben, die „Stoanakobeln" in den Äckern und Wiesen weggeräumt und wieder alles hergerichtet. Aber es kam anders als gedacht, wie so oft im Leben. Der Sohn, der es einmal weiterführen sollte, ging in die Stadt, mit seiner Familie.

Mein Mann verkraftete das nie ganz, bis zu seinem Sterben nicht. Er liebte diese Familie fast abgöttisch, besonders seine kleine Enkelin. Er weinte oft verstohlen. Oft fand ich sein Bett leer, da stand er draußen auf der Wiese, bei den Birken und schaute zum Himmel. Er hatte keine richtige Ruhe mehr. Mir tat auch das Herz weh, aber ich tröstete ihn. Außer kleinen Reibereien, die es zwischen Jung und Alt überall gibt, waren wir sehr gut zusammen, auch heute noch.

Dann kam die große Frage: Wer nimmt jetzt die Wirtschaft samt Haus? Die zwei jüngeren Söhne waren noch zu Hause, nicht verheiratet. Der Jüngste wollte sich ein Häusel bauen, auf unserem Baugrund am Hofstattacker. Inzwischen ist es so weit, es steht sehr schön dort oben, mit herrlicher Aussicht. Auch seine Frau wollte die Wirtschaft nicht, kann man verstehen. Mein Mann konnte das Haus noch im Rohbau sehen und mithelfen. Das Dach wurde gerade gemacht, als er starb.

So nahm der zweite Sohn das Haus mit Wirtschaft. „Wir werden sie viehlos neben dem Arbeitgehen fortbringen, wir machen alles kleiner", sagten alle, „dass sich Tati nicht mehr so viel plagen braucht." Einige Kühe wollte mein Mann doch noch, ohne allem wollte er nicht sein. Er war halt noch mit Leib und Seele Bauer.

Wir gingen die letzten Jahre Gott sei Dank oft auf Reisen, auch ins Ausland. Er freute sich immer sehr: mit dem Schiff auf dem Meer, zwei Tage lang, das faszinierte ihn; in die italienische Schweiz und in die Schweizer Berge, Julierpass, San Bernardino und vieles mehr; nach Holland mit seinen Blumenfeldern und schwarzbunten Kühen, das Meer, Rotterdam. In Amsterdam fuhren wir durch die Kanäle und saßen am Meeresstrand. Auch Frankreich durchreisten wir. Eine Woche im August waren wir in Wagrain, von dort aus fuhren wir bis Bayern hinein die Seen entlang. Berge und Sehenswürdigkeiten besuchten wir, das war alles wunderschön. Den nächsten August waren wir wieder eine Woche in Kleinarl, wo wir viele Ausflüge machten. Abends gingen wir meistens ins Café zu Annemarie Pröll. Wir wohnten als Nachbarn vom Haus Waggerl. Eine herrliche Woche! Deutschland durchreisten wir fast ganz, im Schwarzwald gefiel es mir besonders gut. Im Mai 1990, die letzte gemeinsame Fahrt, an die Adria, nach Jugoslawien, mit dem Schiff nach Venedig. Einen Tag lang in Venedig, mit den Gondeln und den singenden Gondolieri. Mein Gatte genoss die Schifffahrt sehr, ging aufs Deck hinauf und bewunderte den herrlichen Sonnenuntergang, wenn das Meer sich so golden färbt, dass man glaubt, es ist flimmerndes Gold.

Noch sehr viel Schönes haben wir gemeinsam gesehen. Dies alles zu schreiben, würde zu weit führen. Das freut mich so sehr, dass ihm das viele Schöne noch gegönnt war. Wir waren so glücklich dabei. Wir gingen meist Hand in Hand, dass uns manches Lächeln der Mitreisenden zuflog. „Na, ihr Liebesleut!", riefen sie uns oft zu. Wenn ich oft zu ihm sagte: „Das machen wir, wenn wir die Wirtschaft nicht mehr haben", da bekam ich oft keine Antwort, als wenn er den frühen Tod geahnt hätte. …

„Das war so ein unbeschreiblicher Schmerz ..."

Der Sommer 1990 war sehr lange heiß, deshalb war das „Groa-
mathei" schon Anfang August im Stadel. Man stöhnte wegen
der Hitze, so auch mein Mann. Er sagte zu mir an diesem
schicksalsschweren Tag, nachdem er die letzten paar Schöber
heimgeholt hatte: „Ich glaube, es wird doch regnen." Er kam zu
mir in die Küche, wo ich gerade die Jause richtete für die vielen
Leute, die auf dem Dach des Neubaus arbeiteten. Der Sohn lag
mit einer Blutvergiftung im Krankenhaus. Mein Mann und ich
waren am Vortag bei ihm auf Besuch.

In der Küche erzählte er mir, mit wem er gesprochen hatte
und trank dabei einige Gläser gespritzten Saft. Ich wollte ihm
Most geben, den lehnte er ab. Er meinte, er vertrage schon eine
Hitze, aber heute sei sie ihm fast zu viel. Ich sagte zu ihm: „Du
brauchst doch nicht jetzt, vor Mittag, um Grünfutter fahren. Es
ist auch abends noch Zeit dafür, wenn's kühler wird." Er gab
mir zur Antwort: „Das bisschen Gras, das in der Kling* noch
ist, reicht kaum für eine Mahlzeit, darum hole ich es. Jetzt vor
dem Dreschen ist noch Zeit für diese Kleinigkeit." Er erzählte
mir noch, dass die Leute schon den Mähdrescher herrichteten.
„Ja, es wird nicht mehr lange dauern bis zum Dreschen", sagte
ich darauf. Es war zirka halb zehn, als er sagte: „Ich fahre jetzt."
Jedes Wort dieses Gesprächs werde ich mein ganzes Leben lang
nicht vergessen.

Ich machte mich wieder an die Arbeit, um fertig zu werden.
Die Schwiegertochter war gerade gekommen, um die Jause zu
holen, als Franz, ein junger Mann aus dem Dorf, hereinkam. Er
war Anrainer dieser Wiese, die am Ortseingang lag. Verzweifelt
sagte er: „Ihr Mann ist eingeklemmt. Ich glaube, er ist bewusst-
los." Wir zwei Frauen bekamen es erst gar nicht richtig mit.
„Wollt ihr mitfahren?", meinte er. Wir standen wie angewurzelt
da, keines Wortes fähig. Ich zitterte am ganzen Körper. Dann
fuhr er weg. Erst dann begriff ich es.

Zu meiner Schwiegertochter sagte ich: „Fahr schnell zu den
Leuten ins Haus hinauf, hol sie herunter!" Da oben waren Tochter Gabi, der Schwiegersohn und auch Stefan, unser 17-jähriger

Enkelsohn. Die anderen zwei Söhne waren in Linz und Wien in der Arbeit. Als ich wieder ein wenig zu mir kam, fiel mir in meiner Angst die Feuerwehr ein. „Vielleicht kann sie meinem Mann helfen", dachte ich verzagt und lief die paar Schritte zum Nachbarn, dem Feuerwehrhauptmann. Bei der Tür hinein schrie ich schon: „Helft meinem Mann, bitte, bitte! Da ist was mit dem Traktor. Was, weiß ich nicht." Zu zweit sprangen sie ins Auto und fuhren davon. Ich glaube, er sagte: „Fahrst mit?" Ich stand da wie erstarrt, konnte nicht einmal denken. Alles war wie ausgeschaltet.

Die Frau nahm mich mit hinein, redete mir zu. Dieser Zustand – ich kann heute noch nicht begreifen, wie mir war. Ich sagte nur immer: „Was ist mit meinem Mann?" Ich hörte alles wie im Traum: „Doktor, Notarztwagen." Bei dem Wort Hubschrauber kam wieder etwas Denken in mich. Da dachte ich, er sei vielleicht mit dem Fuß oder der Hand ins Mähwerk gekommen. In meiner unbändigen Angst wollte ich nach Hause, in der Meinung, dass er dort vielleicht schon auf mich wartete. Ich ging hinaus, kam aber nicht weiter als zum Bankerl nebenan bei den Linden, denn es wurde mir schwarz vor den Augen. Dann weinte ich. In Erinnerung ist mir, dass nebenan Leute standen. Die sah ich wie im Nebel.

Ich hätte ja hingehen können, es war nur am anderen Dorfrand. In mir war alles tot. Ich weiß nicht, warum ich nicht hinging. Als ich nach Wochen wieder ein bisschen denken konnte, war es mir ein Rätsel, und ich machte mir danach Vorwürfe. Meine Tochter tröstete mich: „Sei froh, dass du das nicht mitansehen musstest." All die Leute, die herumstanden, wussten schon, dass er tot war, nur ich nicht. Sie kamen nicht her zu mir oder redeten mit mir. Ich begriff noch immer nicht, ging dann schwankend ins Haus. Eine junge Nachbarin ging mit mir hinein, ich fing an zu weinen, fragte immer noch, wie es ihm geht.

Ich ging wieder hinaus in den Hof, da kamen Leute zur Tür herein, allen voran meine Tochter. „Mami", schrie sie mir entgegen, „Tati ist tot!" Wer all diese Leute waren, weiß ich heute noch nicht. Es war alles voller Menschen, daran erinnere ich mich.

Der Arzt gab mir Valium. Dass der Herr Pfarrer kam, weiß ich noch, er sagte zu mir: „Das war ein guter, vorbildlicher Mensch. Der Familie Haas möchte ich auf diesem Weg herzlich danke sagen, dass sie den Priester anriefen, der kam und ihm auf der Wiese die letzte Ölung gab. Er starb mitten auf der Wiese, bei der Arbeit, unter Gräsern und Blumen, der blaue Himmel über ihm, dem Herrgott sehr nahe, als der Todesengel darüberging.

Auch meinen Enkelsohn brachten sie von der Todeswiese nach Hause, er wollte von seinem Opa nicht weg. Zu Hause legte er sich auf den Boden, schrie immer: „Opa, Opa!" Nicht einmal von der Polizei ließ er sich nach Hause bringen.

Irgendjemand holte meinen Sohn aus dem Krankenhaus. In Linz sagte man zu dem anderen Sohn nur, er solle heimfahren, sein Vater sei verunglückt. Einer von den Arbeitskollegen verredete sich und wünschte Beileid, da wusste er alles. Er sagte später, er weiß nicht, wie er nach Hause gekommen sei; er sah nicht viel, seine Augen waren blind vor Tränen. Der ältere Sohn aus Wien kam noch an diesem Tag. Der Tochter in Deutschland ging es besonders schlecht. Die erschrak so, dass sie in Panik fortlief, kam dann doch zu sich, ging heim, dann rief sie erst ihren Mann an.

Die vielen Tabletten, die mir gegeben wurden, taten nicht gut, aber ohne sie hätte ich es nicht durchgestanden. Ich konnte dadurch fast nicht mehr weinen, aber es drückte so fürchterlich innen drin. Das war so ein unbeschreiblicher Schmerz, der Tod kann nicht viel schlimmer sein. Ich fing dadurch an zu reden, redete über seine Liebe zu uns und über sein Gutsein.

Wie war es zu diesem schrecklichen Unfall gekommen? Er hatte den Ladewagen am Traktor schon fast angehängt, da rollte das Hinterrad zurück, bog ein und drückte ihn an die Deichsel des Wagens. So fand man ihn. Das ereignete sich neben den Häusern. Man sah ihn immer am gleichen Ort sitzen, so gingen sie schauen. Er war zwischen Deichsel und dem großen Hinterrad eingeklemmt. Ob es noch etwas genützt hätte, wenn jemand schnell mit dem Traktor weggefahren wäre? Er hatte nichts als einen blauen Fleck an der Brust. Mit Mund-zu-Mund-

Beatmung versuchte man es, aber es war zu spät. Er muss irgendetwas gespürt haben, dass ihm nicht gut war – sonst hätte er nicht von diesem bisschen Gras noch was stehen gelassen; wenn er schon zu mir gesagt hatte, dass es kaum für eine Mahlzeit reiche. Und er hängte trotzdem an. Warum? Er muss etwas gespürt haben, weil er heim wollte. Sicher hat er deswegen nicht mehr richtig reagiert, denn er war immer ein sehr vorsichtiger Mensch gewesen. Sonst wäre ihm das sicher nicht passiert.

Beim Begräbnis waren sehr viele Leute, auch die Feuerwehr. Ich bekam von dem allen nicht viel mit. In mir war alles wie aus Stein, konnte es nicht fassen, konnte ihn im Sarg und im Grab nicht finden, ich war in dichten Nebel eingehüllt. Wusste nicht einmal, dass das Lied „Ich hatt' einen Kameraden" gespielt wurde. Es war schwer, mich auf den Füßen zu halten. Ich spürte, dass der Schmerz mich total lähmte.

Wir waren 40 Jahre verheiratet, viel zu kurz war alles. Zu unserem 40. Hochzeitstag hatten wir eine Reise gebucht, das wäre eine Woche später gewesen. Schrecklich war es für mich, als ich nach Tagen zu mir kam, und es erst richtig begriff. Als die Kinder wieder alle nach Hause und zur Arbeit weggefahren sind und ich allein im großen Haus übrig blieb mit meinem Leid. Ich glaubte, es zerreißt mir vor Schmerz das Herz. Schrie immer seinen Namen laut durchs Haus, lief außen herum und schrie. Ich glaubte, er muss sich wo melden, wie immer. Wenn mich jemand gehört hätte, wäre ich wahrscheinlich ins Irrenhaus gekommen. Wenn ich nachts einmal vor Müdigkeit einschlief, was selten war, fiel ich tief, immer tiefer hinunter und wachte mit einem Schreckensschrei wieder auf. Ich ging nicht in unser gemeinsames Schlafzimmer, hätte das leere Bett neben mir nicht ertragen.

Der nächste Sonntag nach seinem Begräbnis war unser Kirtag. Die Blasmusik spielte auf dem Platz vor unserem Haus. Das war so schrecklich für mich, ich wollte nur sterben, wusste nicht, wo ich mich verkriechen sollte, man hörte sie überall lautstark. Umso mehr tat die Musik weh, weil mein Gatte ein Musikliebhaber war. Er spielte selbst Ziehharmonika.

Wenn ich in den nächsten Wochen einen Traktor hörte oder sah, machte ich die Augen zu, um ihn nicht zu sehen. Ich schrie

und weinte, haderte mit Gott und der Welt. Wer das nicht mitgemacht hat, kann den Schmerz und dieses Leid nicht verstehen. Wie auch? Es gibt keinen Trost dafür.

„Aber man ist trotzdem allein …"

In der Not hast du keine Freunde; es gab einige liebe Menschen,
die auch einmal zu mir reinschauten. Besonders eine junge
Nachbarin kam jeden Tag einige Male, hörte sich geduldig
meinen Jammer an. Meine Kinder riefen auch bei ihr an, wenn
ich mich nicht meldete. Wenn ich sie nicht gehabt hätte – weiß
nicht, was aus mir geworden wäre. Ich hatte oft auch Selbst-
mordgedanken, wollte nicht ohne ihn leben. Ihr sei gedankt für
das alles in diesem Buch, und der Herrgott wird es ihr lohnen!
Meine liebe Schwiegertochter schickte mir Pater Martin, weil sie
Angst um mich hatte. Der half mir sehr mit seinem Anstand,
mit guten Worten, weil er geduldig und lange mit mir sprach.
Ein „Vergelt's Gott!" sei ihm gegeben.

Ein Nervenarzt, zu dem ich ging, half nicht viel, denn niemand konnte mir meinen Mann mehr geben.

Drei Monate nach seinem Tod kam unser Enkelkind Martin
zur Welt, und mein Mann konnte ihn nicht mehr sehen. Das tat
wieder so weh, meinem Sohn und allen. Nach der Taufe standen wir an seinem Grab und weinten. Und jetzt ist er schon vier
Jahre alt, ein ganz lieber Bub, Opa würde seine Freude haben
mit ihm. Und er hat auch schon ein Schwesterchen mit einem
halben Jahr. Wieder denke ich: „Wie würde er sich freuen!"

Ein Jahr nach seinem Tod heiratete der letzte Sohn, ohne Vater. Das Herz blutete mir, allein ohne ihn auf der Hochzeit.

Ich übergab dann das Haus mit Wirtschaft den Jungen, die
sie dann aufgaben und verpachteten. Das tat anfangs auch weh,
da ich mehr als fünfzig Jahre gearbeitet habe und mein Gatte
vierzig Jahre, und anfangs waren es keine leichten Jahre gewesen. Wenn ich sehe, wie andere in unserem Alter noch beisammen sein dürfen, wird mir ums Herz schwer, dass ich oft lieber
zu Hause bleibe, um es nicht zu sehen. Und das heute noch,
nach fünf Jahren!

Kinder, Schwiegerkinder, Enkelkinder besuchen mich, sooft es ihnen ausgeht. Sie sind alle sehr lieb zu mir, es sei ihnen von Herzen gedankt dafür! Aber man ist trotzdem allein mitten unter den Kindern, denn er fehlt überall. Er war mir ein sehr guter Gatte, voll Liebe und Humor. Wenn ich einmal nicht im Haus war, suchte er mich überall ganz aufgeregt: „Wo ist die Mami?" Es kam ganz selten vor, dass ich einmal fort war. Wir waren immer zusammen, die vierzig gemeinsamen, schönen Jahre. Ich haderte mit Gott und der Welt, warum nicht ich statt ihm gestorben bin. Heute denke ich oft, auch die Kinder sagen es, er hätte es noch weniger geschafft ohne mich. „Keinen Tag ohne dich", sagte er oft zu mir, lange Trennungen schafften wir beide nicht. …

Nun muss ich meinen Weg allein gehen. Es ist schon fast fünf Jahre her, aber es tut noch immer sehr weh. Er geht mir überall ab. Wenn ich eine Reise mache, rinnen mir öfter heimlich die Tränen herunter. Es drückt im Herzen, dass ich aufschreien möchte. Wenn ich bei einer Musik oder Unterhaltung bin, wird mir schwer, wenn ich denke, dass er es nicht mehr genießen kann, wo er doch Musik so sehr liebte. Auch der Sitz neben mir bleibt leer. Ich sage oft: „Herr, für was war das gut?" Warum musste das gerade ihn treffen? Wir hätten noch so ein schönes Leben mitsammen haben können; eine schöne, große Wohnung, und ich sitze allein darinnen.

Aber weg will ich auch nicht von meinen Räumen, wo ich fast 65 Jahre war. Wenn sich ein Mensch in einem langen Leben etwas verdient, dann ist es die Freiheit, sich in den alten Tagen das alles zu bewahren.

Und ich schreibe, das ist meine einzige Freude, versuche ein Buch unseres Lebens zu schreiben. Es wird wahrscheinlich das Licht der Öffentlichkeit nicht erblicken, aber vielleicht werden unsere Enkerln noch gern darin lesen. Ich sitze oft, schaue zum Fenster hinaus. Die Sonne ist schon unter die Hügel gesunken, die Wolken ziehen einen rötlichen Schein, dunkle Schleier und lange Schatten liegen über dem Dorf.

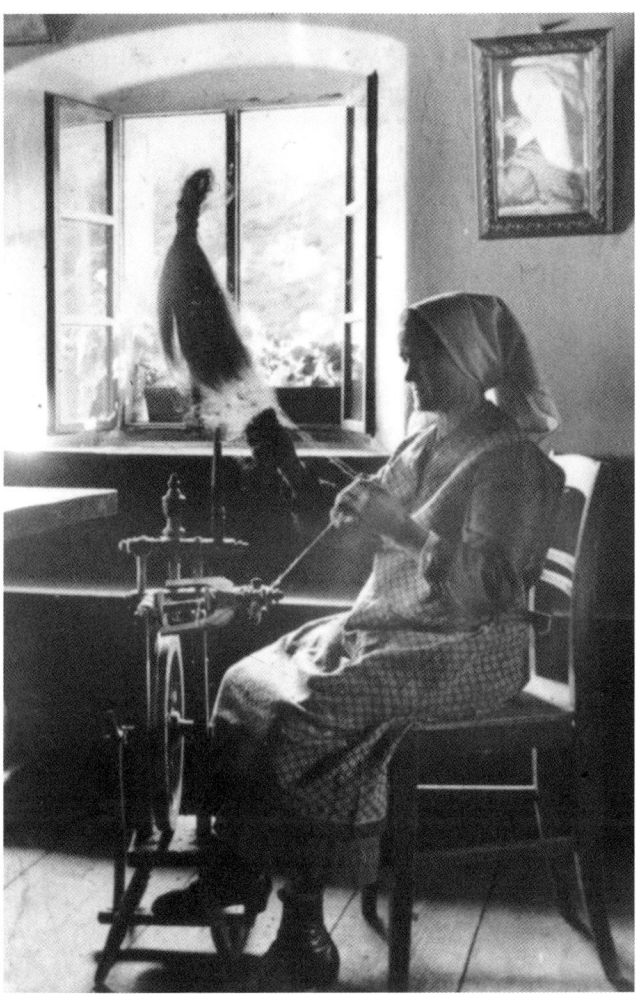

Traditionell waren Frauen in der bäuerlichen Wirtschaft
vorwiegend für Arbeiten im und um das Haus zuständig.
Die Versorgung der gesamten Hausgemeinschaft mit
lebensnotwendigen Gütern, vor allem mit Nahrung und Kleidung,
forderte tages- und jahreszeitenunabhängig ihren Einsatz.

35. Eine Spinnerin in Stübegg, Gemeinde Zöbern (1932)

Dennoch erlebten die meisten Frauen und Mädchen gemeinsame Spinnabende oder das Federnschleißen in den Wintermonaten als eine willkommene Abwechslung. Solche Zusammenkünfte boten Gelegenheit zum Plaudern, zum Geschichtenerzählen oder auch zum Erfahrungsaustausch zwischen Alt und Jung.

36. Beim Federnschleißen in einem Bauernhaus in der Gemeinde Hochwolkersdorf, Bucklige Welt (um 1958)

37. Blick in eine Küche in Hochwolkersdorf (um 1955)

38. Ebenso gehörten die Betreuung der Kinder und die Versorgung des Kleinviehs – hier wiederum in Hochwolkersdorf (um 1940) – zum traditionellen weiblichen Aufgabenbereich. Einnahmen aus der Kleinviehwirtschaft, etwa das „Eiergeld", kamen in die Haushaltskasse der Bäuerin.

Wasserentnahmestellen, Waschgelegenheiten oder Toiletten befanden sich großteils noch außer Haus. Das Wassertragen über längere Strecken oder das Spülen von Wäschestücken im winterlich kalten Wasser waren für viele Frauen mit bis heute unvergessenen Strapazen verbunden.

39. Am Dorfbrunnen von Zöbersdorf, Gemeinde Krumbach in der Buckligen Welt (um 1960)

In den arbeitsinten-
siven Sommermona-
ten mussten Bäuerin-
nen meist auch bei
der Heu- und Getrei-
deernte auf dem Feld
„ihren Mann stehen".
Um die Arbeiten rasch
und bei schönem
Wetter abschließen
zu können, waren alle
verfügbaren Arbeits-
kräfte eines Hofes
erforderlich.

40. Eine Familie bei
Heuarbeiten in Hoch-
wolkersdorf (1943)

Das Mähen mit der Sense galt eher als Männerarbeit; das Aufnehmen und Binden der Garben als Frauenarbeit. Kinder bereiteten die dafür notwendigen Strohbandln vor. Beim Kornschnitt wurden noch Sicheln oder Sensen mit speziellen Vorrichtungen verwendet, die ein gleichmäßiges Fallen der geschnittenen Halme und ein leichteres Aufnehmen der Garben bezwecken sollten.

41. Kornschnitt in der Gemeinde Groß Gerungs im Waldviertel (1947)

Besonders monotone, den Körper einseitig belastende Arbeiten wie beispielsweise das Hauen oder Jäten sowie die Ernte von Rüben- und Kartoffeln galten als Frauenarbeit. Mit dem zunehmenden Einsatz von Maschinen änderten sich oft auch solche geschlechtsspezifischen Zuschreibungen.

42. Beim Jäten eines Mohnfeldes in Groß Gerungs im Waldviertel (um 1970)

43. Bei der Zuckerrübenernte in Achau im Wiener Becken (um 1955)

In Abwesenheit
der Männer, etwa
während des Krieges
oder auf kleineren
Höfen, die im Ne-
benerwerb betrieben
wurden, übernahmen
Frauen auch tradi-
tionell männliche
Arbeiten.

44. Eine Waldviertler
Kleinbäuerin ackert
ihr Feld mit zwei
Kühen (Gemeinde
Groß Gerungs,
um 1965)

45. Katharina Gassler und ihre Eltern bei der Ernte von Kartoffeln, die zum Teil auch auf dem Wiener Naschmarkt verkauft wurden; im Hintergrund eine Wienerin, die ihre Sommerfrische in Hautzendorf im Weinviertel verbrachte (um 1933)

46: Die Modernisierung durch Maschinen erfasst in den Nachkriegsjahrzehnten keineswegs alle landwirtschaftlichen Betriebe mit gleichem Tempo. Zur selben Zeit, als eine Kleinbäuerin noch ihre Kühe vor den Pflug spannte (siehe Abb. 44), erfolgte die Kartoffelernte auf einem größeren Hof derselben Waldviertler Gemeinde schon mit Traktor und einem „Vollernter" (um 1965)

Im Jahr 1946 mangelte es sowohl an brauchbaren Zugtieren als auch an männlichen Arbeitskräften, die den Umgang mit Pferden gewohnt waren. Dementsprechend wurden Mut und Geschick von Frauen in den Kriegs- und Nachkriegsjahren öfter auf die Probe gestellt.

47. Eine Schwägerin von Maria Schneider in Hobersdorf im Weinviertel (1946)

48. Weniger als ein Jahrzehnt später fährt dieselbe Frau – neben ihr die drei Kinder von Maria Schneider – bereits mit Traktor und Anhänger aus (1954)

49. Familie Neuhauser schaffte sich zwar schon 1949 einen Traktor an, hat beim „Heigna" um 1958 in der Gemeinde St. Leonhard am Forst im Mostviertel aber noch beiderlei Gefährte im Einsatz.

„Anfangs mussten wir uns mit alten Geräten behelfen, wir konnten uns ja nichts leisten."

Außer der gemeinschaftlichen Arbeit für den Existenzerhalt von Hof und Familie sind Religion und Brauchtum noch prägende und verbindende Elemente im Alltag der meisten bäuerlichen Familien. Religiöse Feste, wie hier z. B. Fronleichnam, bieten Familien- und Gemeindemitgliedern verschiedene Möglichkeiten zur aktiven Teilnahme.

50. Maria Neuhauser mit ihren fünf älteren Töchtern zu Fronleichnam (um 1960)

Die Verbundenheit der bäuerlichen Familie im Glauben findet im reich geschmückten Herrgottswinkel seinen Ausdruck.

51. Eine Bauernstube in der Buckligen Welt; rechts außen eine Sommerfrischlerin, deren Mann dieses Foto gemacht hat (1951)

Ab den 1950er-Jahren fanden Urlaubsgäste vermehrt Aufnahme in Bauernhäusern und manchmal auch in die engere Hausgemeinschaft.

52. Viele Räumlichkeiten der Familie Hahn in Etzen bei Groß Gerungs im Waldviertel standen auch ihren Urlaubsgästen offen. Friederike Hahn links, ihr Mann rechts außen, ihr Sohn im Vordergrund links (um 1975)

53. Für die Erzählerinnen dieses Buches bedeutete die Ehe-
schließung und der damit verbundene Einstand als Bäuerin
eine unumkehrbare Weichenstellung im Leben.
Katharina Gassler heiratete 1940 und führte mit ihrem Mann den
elterlichen Hof in Hautzendorf im Weinviertel rund drei Jahrzehnte
lang weiter, bevor sie ihn an den Sohn übergaben.

54. Katharina Gassler als über neunzigjährige Altbäuerin mit
dem achten ihrer derzeit zehn Urenkerln (2006)

BERTA DÖRRER

geboren am 8. Oktober 1907, schrieb ihre Lebenserinnerungen zwischen 1985 und 1990 nieder. Die Erzählung setzt mit dem Tod der Mutter ein – die Autorin war damals sieben Jahre alt – und reicht bis ins Jahr 1990. Besonders ausführlich werden die Jahre des Zweiten Weltkriegs und die unmittelbare Nachkriegszeit beschrieben, die sie auf ihrem Hof in Hohenwarth am Manhartsberg durchlebt hat. Auf diesen Zeitraum konzentriert sich auch die nachfolgende Teiledition ihrer Aufzeichnungen, die im Original drei Schulhefte mit insgesamt rund 200 A5-Seiten füllen.

Berta Dörrer wuchs zunächst in St. Georgen an der Gusen in Oberösterreich auf. Die Familie hatte zwölf Kinder, von denen drei verstarben; der Vater war Zimmermann, die Mutter betreute Haushalt, Kinder und eine kleine Landwirtschaft. Nach dem frühen Tod der Eltern – die Mutter starb 1914 bei der Geburt des zwölften Kindes, der Vater fiel 1915 im Ersten Weltkrieg – wurden die noch unversorgten Kinder zunächst von der Großmutter und einer älteren Schwester betreut. Ein Onkel, der Priester war, nahm sich schließlich der Waisen an und bemühte sich um Pflegeplätze. Berta Dörrer wurde 1917 von einem kinderlosen Bauernehepaar im westlichen Weinviertel an Kindes statt angenommen.

„… und ich soll Mutter zu ihr sagen …"

Nach wunderbarer Bahnfahrt gab es einen Fußmarsch von zirka einer Stunde. Autobus gab es zu dieser Zeit leider noch keinen, so mussten wir wieder marschieren. Zu später Stunde kamen wir im Pfarrhof an, wurden von der Haushälterin sehr lieb aufgenommen, und es gab gleich ein gutes Essen. Zuerst durfte ich mich aber baden. Es war mein erstes Bad in einem schönen Badezimmer, was mir sehr wohltat und gefiel. Dazu bekam ich noch ein Zimmer für mich allein und ein herrliches Bett. Ich kam mir vor wie im Paradies. Am liebsten wäre ich ganz bei

Onkel geblieben, ich habe ihn statt zu fürchten wirklich lieben gelernt. Leider war es mir nur eine Woche vergönnt, diese Behaglichkeit zu genießen.

Eines Tages kam ein Pferdegespann mit schönem Wagen angefahren, Kalesche nannte man dieses Gefährt, in dem eine fesche, starke Frau saß, die mich begucken und eventuell gleich mitnehmen wollte. Nach einer längeren Absprache mit Onkel war es so weit, ich musste wieder wandern. So fuhren wir nach schwerem Abschied und vielen guten Ermahnungen meinem neuen Schicksal, meinem zweiten Leben entgegen. Wieder war es diese schöne Fahrt mit dem Pferd in Gottes schöner Natur, die mir den Abschied vom Pfarrhof erleichterte. Bei der Fahrt sagte mir diese Frau, ich gefalle ihr sehr gut, aber die Haare müsse ich mir vorne wachsen lassen, und ich soll Mutter zu ihr sagen – was ich mit Freuden befolgte.

So fasste ich mir ein Herz und erzählte der neuen Mutter, dass ich unschuldig zu dieser Frisur gekommen war. Schnittling nannte man diese abgeschnittenen Haare. In einer kleinen Streiterei schnitt mir eine Freundin in ihrem Zorn kurzerhand ein Stück heraus. Ich bekam zu Hause noch eine saftige Ohrfeige dafür verabreicht. Das war unser erstes längeres Gespräch.

Die Haare wuchsen zu meinem Leidwesen viel zu langsam nach, ich wollte ja Mutter gefallen. Mutter würde heute staunen, wie modern diese Frisur bei Mädchen und Frauen ist. Mir gefallen diese abgeschnittenen und zerzausten Haare auf keinen Fall, die Mädchen erbarmen mir.

Es ging schon der Abenddämmerung zu, als wir mit unserem schönen Laufpferd zu Hause ankamen. Es hieß Käthe und war ein ausgedientes Rennpferd, erzählte mir Vater später. Es bekam das Gnadenbrot, solange es möglich war.

Nun war ich in der Heimat, und zwar wieder auf einem Bauernhof, gelandet. Vater war der Erste, der mich willkommen hieß und mich vom Wagen hob. Dann kamen die Magd und der Pferdebursche, um mich auch zu begrüßen und hauptsächlich, um mich zu bestaunen. Nach einem guten Kaffee und Kuchen kam ich am nächsten Tag dazu, mir meine neue Umgebung anzuschauen und sie zu bewundern.

„Zeitweise hatte ich trotzdem Heimweh ..."

Hauptsächlich Vater erklärte und zeigte mir vieles. Ihn hatte ich bald ins Herz geschlossen. Er war ein lieber Mensch, immer freundlich und zeitweise auch lustig, was ich bei Mutter oft entbehrte. Die konnte sehr selten lachen, war zu den Dienstboten sehr streng, sodass selten ein Mädchen das Jahr blieb, wenn es woanders einen besseren Posten gab. Vater war hingegen überall beliebt und geachtet. Auch ich hängte mich sehr an Vater an, und er freute sich über mich, da ich sehr wissbegierig war.

Es gab ja so vieles zu entdecken und zu bestaunen in diesem großen Haus. Vater nahm mich überallhin mit, um mir die neue Heimat zu zeigen, damit ich sie lieben lernte. Die Freude war ja sehr groß, auch einmal einen Vater zu haben, der für mich Zeit hatte. Von meinem ersten Vater hatte ich, kann man sagen, gar nichts oder sehr wenig erhalten, da er sehr selten zu Hause war. Die vielen Kinder und die enge Wohnung werden keine große Anziehungskraft gehabt haben. So hat mich der liebe Gott dafür entschädigt und mir einen Vater gegeben, wie ich mir einen gewünscht habe.

Mit der Zeit lernte ich auch Mutter schätzen und lieben, aber nicht wie Vater. Mutter war es, die für mich sorgte, dass ich schöne Kleider und Schuhe bekam. Auch eine Schultasche musste besorgt werden, ich musste ja wieder in die Schule gehen. So fuhren wir mit der Käthl in die nächstgelegene Stadt, die zirka 20 Kilometer von uns entfernt war. Für mich wurden mehrere Stoffe gekauft. Mutter erweiterte ihre Garderobe auch, sie kaufte sich nur schöne und gute Sachen. Sie hatte schon ihr eigenes Geschäft, wo sie sehr gut bedient wurde. Auch für mich gab es passende Kleidungsstücke. Die Stoffe wurden dann von der Hausschneiderin, die öfters auf die Stör* kam – das hieß, dass sie ins Haus kam –, verarbeitet. Auch für das Dienstmädchen durfte die Schneiderin arbeiten, besonders wenn hie und da eine der Mutter den Dienst aufsagte und gehen wollte, weil Mutter es ihr zu bunt gemacht hatte. Geschenkt hat sie den Dirnen, wie man dort sagte, viel, geizig war sie nicht, aber sie konnte das Schikanieren nicht lassen, trotz gutem und oft auch bösem Zureden des Vaters. Wäre Vater auch so gewesen wie Mutter, wäre meine Kinderzeit nicht so schön verlaufen.

Zeitweise hatte ich trotzdem Heimweh nach den zu Hause gebliebenen Geschwistern und Freundinnen, bis eines Tages das Tor aufging und die Schwester mit ihren Eltern zu Besuch kam. Das war eine Wiedersehensfreude, nicht zu beschreiben. Wir durften uns dann öfters sehen, wenn die Eltern Zeit und Lust hatten, einzuspannen und fortzufahren. Nach ein paar Jahren überraschte sie mich mit ihrem Fahrrad. So konnten wir uns dann öfters sehen, da war dann die Welt schon in Ordnung.

Sobald ich fahren durfte, wurde auch ich Besitzerin eines sehnsüchtig erwarteten Rades. Zu dieser Zeit war es ja so schön, Rad zu fahren, da gehörte einem die Straße noch. Wenn man es schon gut konnte und es möglich war, wurde es jeden Tag benutzt, um damit – statt des langen Fußmarsches – aufs Feld zu fahren. Das war eine große Erleichterung. Es war ja so schwer, zu dieser Zeit überhaupt ein Rad zu bekommen, ein neues schon gar nicht …

„Mit sechs Kindern hatten sie es schon probiert"

Mutter und Vater hatten vor mir schon öfters Kinder aus der Verwandtschaft bei sich und ihnen das Erbe des Bauernhofes mit allem, was dazugehörte, versprochen. Alle gingen aber nach einer Zeit wieder nach Hause zu ihren Eltern, da ihnen die Tante zu streng und zu grantig war. Mit sechs Kindern hatten sie es schon probiert.

Der einzige Neffe von Vater wurde Priester. Wir verstanden uns sehr gut. Bei seiner Priesterweihe, die sehr groß im Elternhaus gefeiert wurde, war ich eine der Jungfrauen, da war ich zehn Jahre alt. Er war ein herzensguter Mensch, musste auch im Krieg einrücken und starb durch einen Unfall im Jahr 1944, in seinen schönsten Jahren. Vater hatte ihn in der Studienzeit viel unterstützt, und er schätzte und liebte seinen Onkel über alles. Meine Eltern waren sehr stolz auf ihn. Er war viel bei uns, ich durfte in den Ferien öfters mit ihm wo hinfahren, wenn es möglich war und ich nicht irgendwie störte. Er war die Freude meiner Kindheit. Wir musizierten miteinander. Er spielte Geige und ich Klavier, was ich mit Freuden erlernen durfte. Mutter wollte sich da nicht zurückstellen lassen. Da es meine Schwester schon etwas beherrschte und Mutter aus einer Musikantenfamilie war, so durfte ich es auch lernen. Mutter konnte auch sehr schön singen, war aber nicht zu bewegen, ihre Stimmte öfters hören zu lassen.

Die anderen Verwandten waren ganz lieb und nett zu mir, bis auf einige, die sich von Anfang an um das Erbe betrogen fühlten. Es waren eine mittlere Landwirtschaft und ein großes Haus zum Erben da. Das Testament war auch schon vorhanden, was ich erst später erfuhr. Als sich meine Eltern nach drei Jahren entschlossen, mich zu adoptieren, und mir ihren Namen geben wollten, da ging es dann an. Für mich war das eine bittere Zeit, da ich von den Verwandten sehr böse angeschaut wurde. Besonders der Bruder meines Vaters wollte es den Eltern durchaus ausreden. Aber meine Eltern, die mich schon ins Herz geschlossen hatten, ließen sich nichts mehr dreinreden.

Weil von den Kindern aus der Verwandtschaft keines bleiben wollte, hatten die Eltern einen Teil der Wirtschaft verpachtet, um es leichter mit der Arbeit zu haben. Mutter hatte dazu einen schweren Unfall, sodass sie lange ganz arbeitsunfähig war. Erst nach zwei Jahren kam ich, auf Anraten des Arztes. Da Mutter immer so schwermütig war, gab der Arzt dem Vater den Auftrag, es noch einmal mit einem Kind zu versuchen, um eine Ablenkung und Zerstreuung für sie zu finden.

Nach vier Jahren und dem Besuch meines Onkels wurden meine Papiere, die man zu einer Adoption brauchte, zusammengebracht. Ich brauchte mich meiner Papiere nicht zu schämen, es war alles in Ordnung. Da meine Adoptiveltern gute Katholiken waren und ich zwei Priester als Onkel hatte, ging es noch leichter. Dazu war ich ein folgsames Kind und auch ganz nett anzuschauen, wie ich öfter hörte, wenn ich vorgestellt wurde. Meine Schwester war von ihren Eltern schon adoptiert worden, so wollten es meine Eltern auch machen, um mich so halbwegs sicherzustellen, sollte ihnen etwas passieren.

Als es nun so weit war, waren der Bruder meines Vaters und noch ein paar andere ganz böse auf mich. Sie haben mich zeit ihres Lebens gemieden, obwohl ich ja eigentlich gar nichts dafür konnte. Hätte ich das gewusst und verstanden, dass ich da so unerwünscht war, hätte ich bestimmt verzichtet. Da acht Geschwister ihr Leben gemeistert hatten, wäre auch ich wo gelandet und hätte mich vielleicht nicht so plagen müssen wie in der Landwirtschaft. Aber ich hatte sehr große Freude an der Natur und fühlte mich glücklich, jedes Jahr alles wachsen und gedeihen zu sehen.

„Es gab auch sehr schöne Stunden früher"

Nun will ich das Haus etwas beschreiben. Es liegt auf einem Berg mit einer wundervollen Aussicht, umgeben von vielen Bäumen, die im Sommer Schatten spenden und dazu eine gute Luft. Da wir vom Dorf etwas abgesondert liegen, sind wir vom Verkehr und vom Lärm der Straße weg und brauchen den furchtbaren Staub, der durch die vielen Autos und Traktoren erzeugt wird, nur in geringen Mengen in uns aufnehmen. Im Winter sind wieder die Bewohner unten besser dran, besonders die Älteren.

Ich erinnere mich noch gut an meine ersten Weihnachten, als unter dem Baum ein schöner Schlitten stand, ach, das war eine Freude! Ich brauchte ja nur beim Tor ein paar Schritte hinaus machen und konnte schon hinunterfahren. Es waren uns fünf Kinder, heroben auf diesem Berg, das war immer ein Vergnügen für uns alle. Es wurde auch öfters Sand gestreut. Da haben wir Schnee drübergekehrt, und los ging es wieder, zum Ärger der anderen. Wir Bergkinder halfen fest zusammen und spielten auch im Sommer viel miteinander. Es war oft sehr lustig auf unserer Anhöhe. Ab dreizehn, vierzehn Jahren, da wehte zeitweise schon ein anderer Wind, besonders in den Ferien. Da hieß es schon mitkommen aufs Feld, besonders in die Weingärten.

Dortmals gab es in den Weingärten mit einem Pferd noch kein Durchkommen, da alles so eng gesetzt wurde. Dafür gab es Gemüse wie Kraut, Kohl, wunderschöne Gurken und Knoblauch. Im Sommer hatte man jeden Tag frisches Gemüse auf dem Tisch. Im Winter gab es viel Sauerkraut, besonders mittags zum Fleisch und abends zum Sterz. Die Milchsuppe, Stosuppe* wurde sie auch genannt, machte Mutter besonders gut, die wurde sehr gerne gegessen. Wenn etwas übrig blieb, wurde sie von manchen statt Kaffee bevorzugt.

Milch war immer genug vorhanden, das war die Einnahmequelle der Bauern. Davon musste das Dienstmädchen gezahlt werden, auch das Kuchlgeld* musste noch herausschauen. Für die Bäuerin blieb noch öfter ein Körberlgeld übrig. Das konnte man sehr notwendig brauchen, alles musste der Bauer ja auch nicht wissen.

Es gab auch sehr schöne Stunden früher, bevor Radio und Fernsehen ihren Einzug hielten. Wenn wir abends nicht zu müde waren, setzten wir uns nach getaner Arbeit vor dem Haus auf die Bank. Vater war meistens der Erste draußen und rauchte gemütlich seine Zigarre, manchmal auch Pfeife. Wir gesellten uns dazu; Mutter, ich, das Mädchen und der Pferdebursch, wenn er es nicht vorzog, zu einem Dirndl oder ins Gasthaus zu gehen. Der Nachbar, ein sehr sangesfreudiger Mann, und seine Frau kamen auch oft dazu. Da wurde um die Wette gesungen. Diese schönen, wehmutsvollen Lieder hört man ja heute gar nicht mehr.

An Festlichkeiten gab es nur den Kirtag und das Weinlesefest, das immer sehr schön war, vorausgesetzt, der liebe Gott hatte ein Einsehen mit uns, ließ viel wachsen und verschonte uns vor Hagel und Unwetter. Der Kirtag war auch immer sehr schön; da wurde immer eine ganze Woche gebacken, zwei Tage wurde nach Herzenslust gefeiert. Da gab es Räusche in Hülle und Fülle, große und kleine. Mit vielen konnte man lachen, bei den anderen war es ratsam, ihnen aus dem Weg zu gehen.

Zwei Tage im Jahr gab es bei uns noch, an denen es lustig war und viele gute Sachen gab. Das waren der Frühjahrs- und der Herbstmarkt. Da war die ganze Dorfstraße bevölkert mit Händlern. Wäsche, Kleider, Schuhe und Stiefel wurden gekauft, es gab eine große Auswahl. Die Leute, die kein Pferd ihr Eigen nannten, sparten die ganze Zeit schon darauf, um sich mit allem Möglichen einzudecken. Es gab ja so selten eine Möglichkeit, in eine Stadt zu kommen, um einkaufen zu können. Noch etwas gab es auf dem Markt: eine gute Wurst, Würstel und Kipferl. Das gab es ja sonst gar nicht. Wie gut diese Sachen mundeten, kann sich heute keiner mehr vorstellen. Heute wissen die Leute nicht mehr, welche Sorte sie essen sollen.

„Ich war viel zu ruhig und scheu ...“

Vater behandelte die Leute gut. Wenn sich Dienstleute, die etliche Jahre bei uns waren, selbständig machen wollten, hat er ihnen geholfen, einen Hausstand zu gründen. Beim Kauf eines kleinen Grundstückes hat er ihnen oft als Gutsteher* aus der Not geholfen. Sie brauchten dann nur langsam abzahlen, und er hat ihnen öfters einen Teil nachgelassen. Manche haben es mit ihrer Hände Arbeit abgezahlt.

Die Leute hielten sehr viel auf Vater, was man von Mutter nicht sagen konnte, die war gefürchtet wegen ihrer Unfreundlichkeit. Sie konnte wahrscheinlich aus ihrer Haut nicht heraus, trotz der Bitten meines Vaters. Er hatte sie sehr gerne, sie durfte sich kaufen, was sie wollte. Sie hatte als Erste im Dorf ein Grammophon mit sehr vielen Platten, ein Werkl zum Aufziehen, was ja dortmals in einem Dorf noch sehr bestaunt und bewundert wurde.

Vater erzählte öfter, sie war eine fesche, lebenslustige Frau, hatte nur einen Bruder, den sie über alles liebte und durch Fehlbehandlung eines Arztes in jungen Jahren verlor. Durch einen Krach mit der Schwägerin verlor sie ihr wunderschönes Elternhaus auch noch. Die Eltern waren auch schon tot. Die Kinderlosigkeit machte ihr auch zu schaffen, da sie ja sah, wie sehr Vater Kinder liebte und sie ihm keine schenken konnte. Da ist halt das Schicksal oft sehr unvernünftig. Bei denen, die Kinder nicht brauchen konnten, kamen sie oft unerwünscht. Wie viele bittere Tränen gab es da bei den Mädchen, die noch dazu sehr strenge Eltern hatten. Ein lediges Kind zu haben, das war zu meiner

Zeit, als ich noch jung war, etwas Furchtbares, ein ungeheuerliches Verbrechen. Durch die Pille, die es jetzt gibt, sind die Mädchen und Frauen doch sehr geschützt. Ob es dem Körper auf die Dauer auch guttut, ist eine andere Frage.

Ich bin heute noch der Ansicht, dass ich doch nicht ganz das richtige Kind für Mutter war. Ich war viel zu ruhig und scheu, was ich leider bis heute geblieben bin. Immer habe ich die Menschen bewundert und beneidet, die ein sogenanntes Auftreten und Courage besaßen.

Meine Jugendzeit ging dem Ende zu …

… und ich begab mich in den viel gepriesenen Stand der Ehe. Ich habe einen Bauernsohn glücklich gemacht, was er mir oft sagte. Er verehrte und liebte mich schon mehrere Jahre. Aber wir trafen uns sehr selten, da er weiter weg seine Heimat hatte. Dazu war der Mutter diese Heirat längere Zeit nicht recht. Aber wir gaben nicht nach, und so wurde schön langsam das Eisen geschmiedet.

Bevor wir aber zur Hochzeit rüsten konnten, musste für die Eltern eine Ausgedingewohnung geschaffen werden. Zwei Zimmer, Küche, Vorratskammer, Vorhaus und eine Veranda wurden angebaut. Auf ein Badezimmer wurde vergessen, oder es wurde dortmals noch nicht so viel Wert darauf gelegt wie heute. Platz wäre genug vorhanden gewesen.

Die Eltern aßen bei uns und halfen auch bei der Arbeit fest mit, solange sie konnten; Vater auf dem Feld, Mutter kochte uns, hütete das Haus und bald darauf ein kleines, liebes Mädchen. So konnte ich auf dem Feld fest mitarbeiten, was mich freute, andererseits wäre ich auch sehr gerne bei meinem Kind zu Hause gewesen, aber Mutter ließ sich nicht verdrängen. Um den Frieden ja nicht zu gefährden, fügte ich mich, denn nachts gehörte es ja doch mir, das heißt eigentlich uns. Nach ein paar Jahren erblickte ein zweites herziges Mädchen das Licht der Welt. Wir hätten uns ein Büblein gewünscht, aber leider, so war uns auch das Dirndl herzlich willkommen. Mutter übernahm auch das zweite Kind. Beide Elternteile hatten die Kinder sehr gerne, aber bei Mutter blieb das Erstgeborene ihr Sonnenschein, solange sie lebte. Sie nahm ihre Großmutterpflichten sehr ernst. Ich wusste, die beiden waren bei ihr gut aufgehoben. Sie war nun in ihrem Element und holte nach, was ihr in ihren jüngeren Jahren versagt geblieben war. Als beide schon gut laufen und sprechen konnten, nahm sich auch Vater ihrer liebevoll an. Er hatte sie sehr gerne, und auch die Kinder liebten ihren Großvater sehr.

„Nun stand ich alleine da …"

Alles wäre gut und schön gewesen, wäre es so weitergegangen, aber es kam die Angst vor einem zweiten Krieg auf. Es wurde schon viel vom Hitler geredet, oft gut, dann wieder böse und schlecht. Man wusste nicht, wem man trauen sollte und durfte. Und so brach die furchtbare Zeit an, mit ihren Ängsten und Nöten. Ich sehe heute noch den Fackelzug durchs Dorf marschieren und dazu das Geschrei: „Heil Hitler!" Wir wussten gleich: „Nun ist es um uns geschehen!" – da gab es nur mitrennen oder kuschen. Wir taten das Zweite.

Wir waren uns bewusst, dass der Mann auch bald drankommen wird, wenn es zu einem Krieg kommt und das Einrücken beginnt – was auch prompt geschah. Mein Mann hatte zum Glück einen Freund, der etwas helfen konnte, sodass er noch eine Zeit bei uns bleiben durfte. Als es aber bald immer ärger wurde, als von der Dorfbevölkerung schon etliche den Heldentod gefallen waren und wieder ein Einrückungsbefehl kam, als er schon schief angeschaut wurde, so ging auch er diesen bitteren Weg, um seine Pflicht zu erfüllen. Weil Vater auch noch hier war und etwas arbeiten konnte, gab es überhaupt keine Ausrede mehr. Da gab es nur mehr beten um ein Wiedersehen, was aber lange dauerte.

Ein Unglück, heißt es immer, kommt selten alleine. Mein Mann war zirka ein Jahr eingerückt, fing Vater zu kränkeln an. Wir gaben nicht mehr nach, er musste zum Arzt, der ihn gleich

ins Krankenhaus beförderte: Magenkrebs, der schon sehr fort-
geschritten war. Nur mehr eine Operation half. Nun hatten wir
keinen Gatten mehr, dazu aber einen schwer kranken Patienten,
der sehr viel Pflege benötigte. Mutter sagte, sie könnte diese
Pflege nicht übernehmen. So musste ich es tun, ich machte es
ja gerne.

Er war ein geduldiger Patient und wollte nach Wien ins Spital. Wir hatten eine Bekannte, die Krankenschwester war und
der ich auch öfters mit Lebensmitteln ausgeholfen hatte. Die
holte uns ab und brachte uns in ihr Spital. Es war furchtbar, wie
es in diesem Spital zu dieser Zeit zuging. Als ich Vater nach nur
zehn Tagen besuchte, weinte er, wie ich es bei ihm noch nie erlebt hatte. Er war verlegt worden, zu halb Geistesgestörten, die
er sehr fürchtete. Ich nahm ihn natürlich gleich mit nach Hause.
Als ich ihn daheim in sein Bett brachte und ihn mit frischer Wäsche versorgte, sah ich zu meinem Schrecken, dass der arme
Mann am ganzen Körper zerbissen war. Es waren nicht nur
Flöhe, auch Wanzen hatten da bestimmt mitgeholfen.

Das war im Jahr 1942. Ein Jahr darauf ist er, von vielen
Schmerzen gepeinigt, erlöst worden. Als er erkannte, dass es
keine Hilfe mehr gab, weinte er oft so bitterlich und haderte mit
dem Schicksal. Er wäre noch so gerne bei uns geblieben, sagte er
oft. Mit 73 Jahren hat ihn Gott zu sich geholt. Nun war mir mein
zweiter Vater auch wieder genommen worden. Ich hätte ihn ja
noch sehr notwendig gebraucht, um mir Rat und Hilfe zu holen. Nun stand ich alleine da, mit Mutter, den zwei Kindern und
der Wirtschaft. Mein Trost war, dass Vater viel erspart geblieben
war von der schrecklichen Zeit, die auf uns zukam.

„… unsere Männer schrieben uns fleißig …"

In der Familie des Freundes, der meinem Mann etwas geholfen hatte, um das Einrücken zu verzögern, ist der einzige Sohn
gefallen. Drei Kinder sind ihnen ganz klein gestorben und nun
das letzte auch noch, ein bildhübscher, braver Sohn. Das konnte
die Mutter nicht verkraften und wollte sich das Leben nehmen,

aber der Gatte kam gerade noch zurecht. Er rechnete schon jeden Tag damit, einrücken zu müssen, so kam er mit der Bitte zu uns, wir sollen seine Frau eine Zeit bei uns aufnehmen, damit sie unter Leuten sei. Meine zwei Mädchen, die sie sehr gerne hatten, waren entzückt über diesen Zuwachs. Sie kannten diese Frau ja immer als lustig, temperamentvoll, sehr gesprächig und couragiert. Es dauerte dann ziemlich lange, bis sie den größten Schmerz etwas verwunden hatte, vergessen kann man so etwas ja nie.

Die Tante stand mir dann sehr gut an*. In der Früh durfte sie schlafen, solange sie wollte, dann half sie Mutter kochen. Später kochte sie schon allein. Nachmittags ging sie auch mit uns aufs Feld, was ihr mit der Zeit ganz gut gefiel.

Nun, unsere Männer schrieben uns fleißig, und in der Hoffnung, dass es bald ein Wiedersehen geben werde, lebte man halt so dahin. Es gab auch bald ein Wiedersehen, das mir fast mein Leben gekostet hätte.

Mein Mann schrieb mir, dass er auf kurze Zeit in unsere Nähe versetzt werde, und ob ich ihn besuchen könnte. Natürlich wusste ich diese Gelegenheit auszunutzen. Ich fuhr mit dem Rad zur Bahnstation, schon sehr früh morgens, um länger mit ihm beisammen sein zu können. Als der Zug sich dem Endziel näherte, kamen zu unser aller Schrecken etliche Tiefflieger auf uns zu, da auch Soldaten im Zug waren. Ich kann es nicht sagen, wurde ein Waggon getroffen oder nicht, aber ich dachte, das ist das Ende meines Lebens. An allen Gliedern scheppernd, entstiegen wir dem Zug. Ich musste das Gebäude erst suchen. Man wies mich zu einem großen Bau, da war auch alles in größter Aufregung. Es wirbelte nur so vor lauter Soldaten, aber der, den ich suchte, war nirgends zu finden. In meiner Verzweiflung bat ich ein paar Soldaten, mir bei der Suche zu helfen. Sie liefen in dem Riesengebäude herum, laut seinen Namen schreiend. Endlich ging eine Tür auf. Er war in der Bekleidungskammer, Wäsche austeilen oder suchen. Er wusste von dem ganzen Spektakel nichts, auch von meinem Kommen wusste er nichts. Es verging viel wertvolle Zeit, sodass wir unsere Wiedersehensfreude gar nicht lange genießen konnten, da ich wieder zum Zug musste, um nicht bei Nacht mit dem Rad fahren zu müssen, was man als Frau ja immer sehr fürchtete. Auch beim Zurückfahren haben uns immer ein paar Flieger begleitet. Nach zwei Tagen wurde mein Mann schon wieder weiterversetzt, so freute es mich doppelt, ihn noch besucht zu haben. Er schrieb mir dann noch aus Deutschland und später aus Belgien.

„Allerhand hatten wir mit diesen Herren durchzumachen"

Zu Hause ging es inzwischen mit den Flüchtlingen an. Mir wurde eine Familie zugeteilt: Vater, Mutter und Tochter. Die Eltern gingen, die waren zur Arbeit etwas zu gebrauchen, die sechzehnjährige Tochter aber, ein starkes Mädchen, war nicht einmal zum Abwaschen zu gebrauchen. Dass so ein junges Leben so faul und patschert* sein konnte, ging mir nicht ein. Dazu konnte sie kein Wort Deutsch. Sie blieben nicht lange, wo sie hingekommen sind, habe ich nie erfahren. Es sind etliche Familien in unserem Dorf sesshaft geworden, haben sich sogar hier verheiratet und sehr gut bewährt. Heute muss man oft schon nachdenken, welche es waren.

Es ging dann die Zeit mit den Gefangenen an. Allerhand hatten wir mit diesen Herren durchzumachen. Die musste man nehmen, da eine ganze Menge eingetroffen war und in einem Gasthaus das Lager aufgeschlagen hatte. Der Raum, in dem sie schliefen, war ein Tanzsaal. Man ahnte nicht, dass es so lange dauern würde, bis man das Tanzbein wieder in Bewegung setzen durfte.

Wenn die Männer zu Hause waren, gingen sie selber ins Lager und suchten sich so halbwegs brauchbare Gefangene aus. Uns brachte der Aufseher ein paar ganz ausgemergelte Männer, die kaum stehen konnten. Man konnte da wirklich sagen „zum Erbarmen" – obwohl es ja unser Feind sein sollte. Ich hatte mit guten und schlechten Gefangenen zu tun.

Nun, die zwei wurden zu unserer Freude sehr brauchbare, brave Helfer, nur mussten wir sie zuerst aufpäppeln. Da sie unsere Kost nicht vertrugen – die war zu stark für ihren leeren Magen –, fingen wir mit Kamillentee und leichtem Grießkoch an. Mittags schickte ich sie in den Stadel aufs Stroh, damit sie sich etwas ausruhten. Wir hatten Glück, die verlorene Kraft kehrte langsam zurück.

Essen mussten sie, so der Befehl, alleine in einem Raum. Wir hatten einen größeren Vorraum vor der Küche, dort stellten wir beim Fenster einen kleinen Tisch auf, zwei Sesseln dazu, und da fühlten sie sich ganz wohl. Die zwei waren so gut mitsammen, wie es bei allen Menschen zu wünschen wäre. Es war nur schade, dass sie überhaupt kein Wort Deutsch konnten und nichts verstanden. In der Früh wurden sie vom Aufseher gebracht und abends abgeholt. Diese zwei Männer dankten mir die Geduld, die ich mit ihnen hatte. Wo sie nur helfen konnten, waren sie zur Stelle, und alles machten sie gemeinsam.

Zu dieser Zeit hatten wir noch einen älteren Mann für die Pferde, der so bei der Arbeit ganz brav war, aber vor jedem Sonntag mussten wir uns fürchten. Da kam er abends voll besoffen beim Tor herein und schrie fürchterlich herum. Wenn es ganz arg war, lief er mit offenem Messer im Haus herum und drohte uns mit dem Umbringen. Wenn ich ihn am nächsten Tag kündigte, weinte er und versprach mir immer, sich zu bessern, wozu er aber nicht imstande war, und ich war wegen der Pferde gezwungen, ihn wieder zu behalten.

Wir hatten zwei große, starke Pferde, die Vater noch gekauft hatte. Der war wie mein Mann ein großer Pferdeliebhaber. Ich glaube sagen zu dürfen, wir hatten immer wundervolle Pferde. Das Pferdegeschirr wurde immer geputzt, das Leder musste geschmiert werden, mit einem gewissen Öl. Die Pferde mussten jeden Tag geputzt werden, bis sie glänzten. Ich fürchtete diese großen Tiere immer. Wenn der Pferdebursche nicht aufstand oder den Kranken markierte, musste ich sie füttern, dann waren diese Biester unerbittlich, wenn sie ihr Futter nicht zur Zeit bekamen. Noch oft denke ich mit Grauen daran, wie ich mich da gefürchtet habe, von ihnen erdrückt zu werden.

Ich komme schon wieder vom Thema ab, und zwar deshalb, weil ich hoffte, durch die Gefangenen auf längere Zeit Ersatz für die Pferde zu haben und diesen Laufburschen endlich weggeben zu können. Aber weit gefehlt, es wäre zu schön gewesen für uns alle. Ich erinnere mich leider nicht mehr, wie lange sie hier waren, ich weiß nur, wir konnten uns schon ganz gut verständigen. Sie wussten ihre Arbeit schon so halbwegs, zu Hause oder auf dem Feld. Mir ging es zu dieser Zeit sehr gut, da sie mir die schwere Arbeit, wo es möglich war, abnahmen.

Wenn ich öfters Erdäpfelpuffer machte, waren sie ganz selig. Wir kannten sie gar nicht, die haben sie mir gelernt. Wir haben sie dann alle gerne gegessen, und ich esse sie heute noch. Diese beiden, die sich hier so wohl und glücklich fühlten, mussten weg. Es hieß, sie werden in der Zuckerfabrik gebraucht. Mein ganzes Bitten half nichts. Wenn wenigstens einer hätte bleiben dürfen. Es komme wieder Ersatz, hat es geheißen. Die zwei Männer konnten es gar nicht fassen und weinten viele Tränen und wir mit ihnen. Was für einem Schicksal werden sie entgegengegangen sein?

Ich bekam nach ein paar Tagen wieder einen noch ziemlich jungen Russen zugeteilt. Er konnte schon etliche Brocken Deutsch und sah auch ganz nett und freundlich aus, sodass wir wieder etwas getröstet waren. Er hatte nur einen Fehler, er fürchtete diese zwei großen, starken Pferde. Dem ging es so wie mir. Aber es half nichts. Mit der Zeit gelang es ihm doch, sich mit ihnen anzufreunden. Dieser ewige Wechsel war ja für die Pferde auch nicht gut. Es ging nun eine Zeit wieder so halbwegs dahin, nur das Allernotwendigste wurde gearbeitet. Hätten wir damals schon gewusst, dass uns alles genommen wird, hätten wir uns viele Sorgen und viel Ärger erspart. Wasil, so hieß der Gefangene, machte sich zu unserer Freude auch ganz gut. Er war willig, er war gerne hier, und der Betrieb lief so halbwegs weiter. Leider wurde uns dieser Mann auch wieder genommen. Er musste ins große Lager zurück, das 30 Kilometer von uns entfernt war. Er ging auch sehr schwer weg und bat uns, es zu probieren und ihn wieder aus dem Lager zu holen. Uns war ja auch leid um ihn, da man mit ihm schon viel sprechen konnte. Ich versprach es ihm, musste aber warten, ob mein Mann einmal Urlaub bekam. Das dauerte noch lange. …

Als Nächstes wurden uns zwei Russen versprochen. Die wollten beisammen bleiben. Der eine war ein Mordsnarr, der hätte lieber bleiben sollen, wo er war. Der hat uns das schönste Pferd, das wir besaßen, zu Tode gejagt. Es war zu den Weihnachtsfeiertagen. Ich bat ihn, er soll die Pferde einspannen und eine Zeit mit ihnen spazieren fahren. Ich hatte ja so große Angst wegen der gefürchteten Pferdekrankheit, dass der Kreuzschlag* sie treffen könnte. Er brummte eine Zeit herum und spannte dann doch ein. Sie sind zu weit fortgefahren. Ich hatte ein ungutes Gefühl in mir und wartete schon sehr auf die Heimkehr. Die Pferde dampften und schwitzten, was kein gutes Zeichen war. Als sie im Stall standen und angehängt waren, stürzte das eine schon zusammen. Hilfe war keine zu holen, da der Tierarzt auch eingerückt war. Bis etliche Männer gefunden wurden, war das Pferd schon tot. Ein Mann sagte mir, dass er es selber gesehen hätte, wie er die Pferde mit der Peitsche über einen Berg hinaufjagte, statt sie langsam gehen zu lassen. Das zweite Pferd hat es doch ausgehalten. Ich war dann eigentlich froh, dass auch die beiden nach einer Zeit wieder wegmussten.

Wir bekamen Ersatz, wieder einen Russen, im Alter von zirka 30 Jahren. Den hätten wir uns auch ersparen können. Der brachte uns mehr Ärger und Furcht, als wir vertragen konnten. Bei der Arbeit war er sehr gut zu gebrauchen, er war flink, ein ganz brauchbarer Kerl, aber er schlich meiner älteren Tochter etwas nach, was uns allen gar nicht gefiel. Besonders wenn sie im Kuhstall war, sie war nirgends sicher vor ihm. Obwohl ich ihn zur Rede stellte, er habe hier nichts zu suchen, er soll seine Arbeit machen bei den Pferden und was dazugehört, konnte er es nicht lassen. Er verstand schon etwas Deutsch, aber er folgte nicht. Da mein Man schrieb, er werde bald auf Urlaub kommen, wollten wir es ihm überlassen, sich dieser Sache anzunehmen. Vor uns Frauen hatte dieser freche Kerl gar keinen Respekt. Hätte ich ihn für die Pferde nicht so notwendig gebraucht, hätte ich ihn sofort weggegeben. Wir wollten aber abwarten, bis der Mann auf Urlaub kam, ins Lager fahren und uns vielleicht doch Wasil, den braven Gefangenen, wiederbringen könnte.

Als es nun endlich so weit war und es ein Wiedersehen mit
unserem Gatten und Vater gab, erzählten wir ihm von unserer
Angst vor diesem Menschen. Nach einer Aussprache mit dem
Aufseher versprach der uns, den Russen ins große Lager abzuschieben, damit wir Frauen vor diesem Kerl unsere Ruhe
hätten. Der Aufseher hat leider sein Wort nicht gehalten und
den Gefangenen einem anderen Kleinbauern gegeben, der ihn
für seinen Betrieb gar nicht gebraucht hätte, da er sowieso zu
Hause war.

Uns brachte er am nächsten Tag einen großen Mann, und
zwar einen Polen. Vom Aussehen her konnte man sagen, war
er ein fescher, freundlicher Mensch, aber wir hatten ein ungutes
Gefühl, mit ihm alleine zu sein, da ja der Urlaub meines Mannes
bald zu Ende ging. Ich wollte Wasil wiederhaben. Mein Mann
probierte es und fuhr ins Lager. Zur Freude des Russen bekam
er ihn wirklich wieder mit nach Hause. Den Polen wollte ich
wieder weggeben, er wurde aber nicht zurückgenommen, da
es hieß, der Krieg sei bald zu Ende, und dann kommen die Gefangenen sowieso ins Lager zurück. Da Wasil die Pferde so sehr
verabscheute, fanden wir uns damit ab, wieder zwei Gefangene
zu haben. Der Pole fing mit der Zeit an, mir schöne Augen zu
machen, und ich war doppelt froh, Wasil wieder bei uns zu haben. Er hat uns seine Treue und seine Dankbarkeit, wieder da
sein zu können, in der kommenden Zeit wirklich bewiesen.

Es wurde nun wirklich vom Ende des Krieges gesprochen

Man wusste nicht, sollte man sich freuen oder noch mehr
fürchten. Es wurde dann sehr viel davon gesprochen, dass die
Häuser angezündet und die Leute erschossen oder verschleppt
werden und so weiter. Da sich schon etliche Familien auf einem
versteckten Hügel einen Bunker oder besser gesagt eine Höhle
gegraben hatten, um sich wenigstens das Leben retten zu können, so schlossen sich drei Familien zusammen, um in der größten Gefahr auch eine Unterkunft zu haben. Ich hatte ja große
Angst um meine beiden Mädchen. Es waren uns da zehn Per-

sonen beisammen. Während des Grabens hörten wir schon öfters ein dumpfes Grollen, so begannen wir, Lebensmittel, die länger hielten, zum Mitnehmen zu richten. Geld und Schmuck gingen auch mit, es war sowieso nirgends viel vorhanden. Für Mutter nahmen wir eine kleine Kiste mit, eine alte Tuchent und einen Polster. Die Frau war im 78. Lebensjahr, konnte aber Gott sei Dank noch so halbwegs gehen. Da unser Haus abseits vom Dorf lag, konnten wir hinten hinaus unbemerkt verschwinden. Wir mussten einen Weg von zirka zehn bis fünfzehn Minuten gehen, meist laufen, da wir ja die Tiere zu versorgen hatten, was ein großer Kummer für uns war.

Der Pole durfte davon nichts wissen, dem hätten wir auf keinen Fall vertraut. Wasil wurde eingeweiht, der musste ja die Kühe und die Schweine füttern. Melken hatte er auch probiert, bekam aber keine Milch heraus. Da wir etliche Kühe hatten, die viel Milch gaben, mussten meine Tochter und ich in der Früh und abends heimlaufen, um zu melken, sonst hätten ja die Kühe geschrien, um vom Druck im Euter erlöst zu werden. Die Milch, die wir nicht zum Leben brauchten, wurde von Wasil gleich an die Schweine verfüttert. Mutter, die jüngste Tochter und etliche Frauen waren im Bunker schon so halbwegs eingewöhnt. Wie wir Mutter bei diesem kleinen Eingang hineingebracht haben, das ist mir heute noch ein Rätsel, wenn ich mich betrachte, wie unbeholfen man im Alter wird. Drinnen in der Höhle war ein Stück ganz schön tief ausgegraben, sodass Mutter auf ihrer Kiste sitzen konnte und wir uns zeitweise auch etwas aufrichten konnten. Das war das Ende des Bunkers, dann war ein etwas längerer Schlauch bis zum Ausgang gegraben, der war mit viel Stroh ausgefüllt, für uns zum Schlafen.

Der erste Tag hätte meiner Tochter und mir schon bald das Leben gekostet. Als wir die Tiere gemolken hatten, liefen wir wieder unserer Höhle entgegen, da ja den anderen immer so bange war, ob wir überhaupt noch kommen können. Es hieß, im Dorf komme schon allerhand vor. Als wir den halben Weg schon hinter uns hatten, gab es ein Donnern und Sausen, und wir warfen uns schnell in den Graben hinein, den wir gerade überschreiten wollten. Wir waren furchtbar erschrocken, wir wussten ja nicht, was das bedeuten sollte und woher es kam. Am ganzen Körper zitternd, kamen wir im Bunker an.

Es waren lauter Granatsplitter, die in die Bäume, die in unserer Nähe standen, einschlugen. Da die Bäume uns gehörten und nach ein paar Jahren anfingen, krank zu werden, schnitten wir sie um und entdeckten die vielen Splitter. Damals hatten wir beide wirklich einen Schutzengel, dass die Splitter nicht uns, sondern die Bäume getroffen hatten. Gott hat sich unser erbarmt.

Der zweite Tag war ohne Komplikationen abgelaufen, auch der dritte ging noch. Wasil kam mittags zu uns und sagte, wir dürften nicht mehr heim, es gehe im Dorf schon drunter und drüber. Aber wir mussten heim, um die Kühe zu melken. Unter Lebensgefahr wagten wir uns bei Dämmerung heim. Wasil machte den Wächter, denn Tor und Türe durfte man nicht mehr absperren, wollte man sich dem Zorn dieser Herren nicht noch mehr aussetzen. Drohte Gefahr, musste man schnell irgendwo verschwinden, bis die Luft wieder so halbwegs rein war. Der Pole war nach dem Auftreten der Russen spurlos verschwunden. Wasil war selber froh darüber, die beiden konnten sich nicht leiden. Es hieß dann später, dass der Pole und andere den eintreffenden Russen die Bunker verraten hätten. Die haben alles ausgekundschaftet und genau gewusst, was im Dorf los war.

Nun war der vierte Tag schon zur Hälfte überstanden. Wasil kam wieder zu uns, um Bericht zu erstatten. Er stand beim Höhleneingang, wir in seiner Nähe. Auf einmal standen zwei Russen mit ihrer „Puschka", so nannte man angeblich das Gewehr, vor uns. Wir mussten alle heraus. Was sie an Lebensmitteln und Uhren fanden, ging alles in ihren Besitz über. Mutter durfte auf ihrem Kisterl noch sitzen bleiben und hat uns so das Geld und das bisschen Schmuck gerettet. Wir Jüngeren wurde alle heimgetrieben, in das erste Haus, mussten uns im Kreis aufstellen und wurden aufgefordert, alles abzugeben, wenn noch etwas in unserem Besitz war. Aber es war nichts mehr vorhanden.

Wasil hatte sich um Mutter angenommen und ist etwas später zu uns gekommen, da er Mutter zuerst heimführte. Ich glaube heute noch, dass Wasil uns damals viel geholfen hat, dass alle so glimpflich davongekommen sind. Er hat viel mit ihnen geredet. Was wir damals alle mitsammen gezittert haben, kann man nicht beschreiben. Nach einer gewissen Zeit durften wir endlich heimgehen. Als wir wieder bei Mutter zu Hause waren, fanden wir sie ganz verzweifelt vor. Sie wusste ja nicht, was mit uns los war.

Wasil sagte zu mir: „Du Mutter", er sagte immer Mutter zu mir, „musst die beiden Mädchen gleich und gut verstecken, andere Kamerad nicht alle so nett und gut wie diese beiden. Die Kinder sind in großer Gefahr, schon sehr viele Soldaten hier im Dorf. Ich kann euch vielleicht nicht mehr lange helfen und beschützen." Das traf auch bald ein. Uns war allen furchtbar leid um ihn. Er kam eines Tages nicht mehr beim Tor herein. Ohne Abschied musste er von uns weg – hätte mich sehr gerne bedankt bei ihm. Dieser Mensch war für uns kein Feind, er war hilfsbereit, wo er nur konnte …

„Gezittert und gebetet haben wir viel"

Es kam immer noch schlechter. Wir Jüngeren trauten uns nicht mehr zu Hause schlafen, da keine Ruhe mehr war, wo junge Frauen und Mädchen waren. Wir wurden oft nachts besucht, und so liefen wir abends ziemlich weit weg vom Haus. Wo sehr viel Gestrüpp war, machten wir uns ein Lager, um etliche Stunden schlafen zu können. Ein Glück war für uns, dass Frühjahr war und trockenes Wetter herrschte, so war es zum Aushalten.

Dann kam eine Flüchtlingsfamilie, die mich innigst bat, sie zu nehmen; es waren Vater, Mutter und ein sechsjähriger Sohn. Da mir die Leute gefielen und sie Österreicher waren, nahm ich sie auf. Hätte ich damals gewusst, dass es eine Nazifamilie war, die gesucht wurde, hätten wir noch mehr Angst vor den Russen gehabt. Es waren sehr nette Leute, sie waren ziemlich lange hier bei uns. Wir waren dann noch lange in Verbindung.

Da wir nun Verstärkung hatten, suchten wir uns wieder eine andere Schlafgelegenheit, und zwar bei uns zu Hause, auf einem hohen Boden*. Der war ziemlich angefüllt mit Stroh und hatte eine Tür, die wir immer absperren konnten. Dazu war der Boden nicht sichtbar, wenn man beim Tor hereinkam. Wir brauchten dazu eine hohe Leiter, die die Männer abends hineinzogen und, wenn die Luft rein war, wieder herausschoben. Wir mussten ja zu unseren Tieren, und essen mussten wir auch etwas. Die Männer mussten abwechselnd die Torhüter machen. Es kamen dann die drei Frauen vom Nachbarn auch noch zu uns auf den Boden. Gezittert und gebetet haben wir viel da oben. Da haben alle Gott wieder kennen gelernt, wenn es um das liebe Leben ging. Bei Tage sind wir Frauen oft in der sogenannten Reiher*, die unsere Häuser verband, verschwunden. Als der Nachbar vom Kriege heimkam, war uns auch etwas leichter, da der auch Alarm gab, wenn Gefahr drohte. Heute wäre das alles nicht mehr möglich, da die Jungen alles verbaut haben. Für uns war es oft die letzte Rettung.

Dann kam die Zeit, wo viele Verwandte und Bekannte Schutz bei uns suchten und auch fanden. Viele habe ich mit Lebensmitteln versorgt, hauptsächlich mit Kartoffeln, Eiern und Milch, da wir zu dieser Zeit unsere Tiere noch hatten. Pferd keines mehr, das letzte hatte sich der Russe, den wir wegen sein Frechheit weggaben, vor seinem Abgang aus Rache geholt – samt Wagen und mit Wein voll beladen. Natürlich hatte er auch Helfer mit. Wir waren froh, dass wir selbst ungeschoren davonkamen. Wie weit wird er damit gekommen sein? Uns tat ja nur das Pferd so leid. Als die Zeiten immer schlechter und gefährlicher wurden, kamen ein paar Familien ganz zu uns.

„Wären alle Feinde so gewesen wie diese …"

Von den Einquartierungen, die wir in Hülle und Fülle genießen mussten, möchte ich auch erzählen. Die ersten, die uns beglückten, waren Ungarn. Eines Tages ging das Tor auf, und eine Menge Militär mit Rössern und Küchenwagen fuhr zu unserem Schrecken beim Tor herein. Einer, der etwas Deutsch konnte und sah, wie geschockt wir waren, beruhigte uns. Er sagte, wir brauchen uns nicht zu fürchten, es geschehe uns nichts. Sie brauchten nur einen großen Hof. Wer dieser „Wohltäter" war, der diese Leute zu uns auf den Berg heraufgeschickt hatte, haben wir nie erfahren. Im Dorfe hätte es auch eine ganze Menge großer Höfe gegeben. Mit einer Frau, die sich nicht viel wehrt, ist es leicht zu verfahren!

Wir gingen nur in den Hof hinaus, wenn wir zu den Tieren mussten. Als sie nach einer Zeit von zirka vier Wochen wieder abzogen, entdeckten wir erst, dass der Holzhaufen und der Hühnerstand dran glauben mussten. Die Hühner und die Eier schmeckten ihnen besonders gut. Unser Glück war, dass wir die Hühner frei herumlaufen ließen und die Herrn nicht alle erwischten. So konnten sich doch etliche im Stadel in dem vielen Stroh verkriechen. Nach dem Abzug der lieben Genossen kamen doch etliche zum Vorschein. Auch etliche Hühnermütter mit ihren lieben, gelblichen Putzerln kamen zu unserer Freude wieder ans Tageslicht, sodass sich der Hühnerstand schön langsam wieder erholte. Wie war das schön anzuschauen, wenn sie der Mutter nachliefen und unter ihren Federn Schutz und Wärme suchten.

Nach dem Abzug der ersten Partie ging die Einquartierung zu unserer großen Angst weiter, und zwar in Gestalt von sechs Russen. Die machten es sich gleich bequem in Küche und Schlafzimmer, legten sich mit den Gewändern in die Betten und fühlten sich ganz wohl. Wir zogen gleich zu Mutter ins Ausgedinge. Es waren Telefonisten, aber ganz anständig, muss man sagen. Nach einer Woche zogen die Herren aus, und zwar zur Nachbarin. Die schimpfte mich zusammen, da sie im Glauben war, ich hätte ihr diese lieben Leute hinübergeschickt, was ja ein großer Unsinn war, denn wo hätte man sich getraut, diesen Herren etwas zu befehlen. Wir zogen die Betten gleich ab und mit alter Bettwäsche an, im Falle eines weiteren Besuches. Auch die Matratzen wurden durch alte ersetzt, die wir auf dem Boden als Reserve hatten.

Es dauerte nur zwei Tage, kamen noch ein paar Kameraden mehr, um uns zu beglücken. Nun war auch die Nachbarin wieder zugänglicher geworden, indem sie nun zu begreifen schien, dass man diese unerwünschten Herren in Kauf nehmen musste, ob man wollte oder nicht. Auch diese Zeit ging vorbei, die Partie zog nach einer längeren Belagerung aus.

Als wir im Begriffe waren, die Betten, die vor Dreck nur so strotzten, in die hölzerne Waschmaschine* zu schmeißen, die wir zum Glück dortmals schon hatten, da fanden wir Flöhe und Wanzen, die sich in lustiger Gesellschaft in den Betten tummelten. Wir heizten gleich den Backofen und beförderten alles hinein. Das mussten wir gleich ein paarmal machen. Statt der Matratzen füllten wir dann wieder die auf dem Boden hängenden Strohsäcke mit Heu aus. Wie waren wir da froh, dass wir diese Sachen nicht weggeworfen hatten. Jetzt dienten sie einem guten Zweck.

Es dauerte wieder nicht lange, und der dritte Transport kam herangefahren, ein großer Lastwagen, angefüllt mit lauter Militär. Dieser Wagen konnte zu unserer Beruhigung bei unserem Tor gar nicht herein; so musste die Mannschaft die meiste Zeit draußen verbringen, nur der Offizier und sein Koch und Diener beschlagnahmten wieder Schlafzimmer und Küche. Das waren wieder einmal ein paar nette Feinde. Der Offizier konnte viel Deutsch und war wirklich ein sehr netter Mensch. Er bat mich um den Radio. Ich soll ihn ihnen zur Verfügung stellen, sie nehmen ihn nicht weg, nur ausleihen, sagte er, und ich soll alles absperren im Hof draußen, besonders den Weinkeller. Er könne uns nicht garantieren, was passiert, wenn seine Gefolgschaft zu Wein kommt. Er sagte auch, dass die Deutschen in seinem Land so furchtbar gewütet hätten und die Soldaten ihre Rache an uns auslassen könnten.

Er ging auch öfters auf den Wagen nachschauen, ob alles in Ordnung sei. Eines Tages entdeckte er richtig etliche Kanister Wein, den sie wahrscheinlich nachts konsumiert hatten. Ich sah es selber, wie er die Kanister auf die Erde leerte. Mir war sehr bange, die Mannschaft könnte über den Offizier herfallen, und wir würden auch nicht verschont bleiben. Er sagte dann auch selber ganz erschöpft: „Ist noch einmal gut ausgegangen." Wo diese Kerle den Wein herhatten, wurde nicht verraten.

Auch diese Belagerung ging zu Ende, was wir gar nicht einmal so gerne hatten, denn wir fühlten uns direkt beschützt von den beiden Herren. Sie ließen bei ihrem Abschied den Radio da. Auch Zucker, Salz, Mehl und was sonst in der Küche vorhanden war, gingen in unseren Besitz über. Wären alle Feinde so gewesen wie diese beiden, wie viel Leid und Schmerz wäre uns Besiegten da erspart geblieben!

Eine Partie war uns noch beschieden, wieder genau das Gegenteil von ihren Vorgängern. Die ließen uns wieder so liebe Bewohner in den Betten zurück, sodass der Backofen wieder in Betrieb genommen wurde. Was hat der Backofen vorher für gute Dienste geleistet. So viele Laibe schwarzes und weißes Brot habe ich da herausgeholt, zum Kirtag die vielen Torten und Bäckereien, bei Hochzeiten und Begräbnissen wurde er auch zum Fleischbraten verwendet. Da wurde ja alles im Haus abgehalten, nicht wie heute in den Gasthäusern.

„Das Futter stand draußen in Hülle und Fülle …"

Es ging nun an mit den Tieren. Mit den Kühen wurde angefangen, dann wurden die größeren Schweine aus den Ställen herausgefangen. Pferd hatten wir keines mehr, dafür einen großen Kummer: Wie die restlichen Tiere füttern? Das Futter stand draußen in Hülle und Fülle, aber kein Pferd zum Heimführen und kein männliches Wesen dazu. Wir Frauen trauten uns nicht hinaus, da ja die Russen mit ihren Pferden überall umherritten und die ganze Gegend unsicher machten. Als es so weit war, dass die ganzen Böden leer waren, kein Heu oder Klee mehr vorhanden war, ging ich in meiner Verzweiflung zu einer Frau im Dorf, die noch zwei Pferde hatte und zwei starke Söhne, die vom Wehrdienst befreit waren. Ich bat sie, mir eine Fuhre Futter heimzuführen, da ich dann zugleich etwas männlichen Schutz beim Abmähen hätte. Sie sagte zu meiner Freude auch gleich zu, und das geschah noch etliche Male, dass sie mir in dieser Not half.

Hätte ich geahnt, was meiner Tochter und mir bevorstand, wäre ich nicht zu dieser Frau betteln gegangen, und uns wäre diese Begebenheit, welche zu einer furchtbaren Tragödie hätte werden können, erspart geblieben. Diese Frau verlangte von uns, wir müssten ihr dafür in den Weingärten arbeiten helfen, was ja zu dieser Zeit sehr gefährlich war. Ich sagte ihr, sie soll das nicht riskieren, das sei für uns Frauen viel zu gefährlich. Weil sie eine sehr resolute Frau war, ließ sie sich nichts einreden.

Nun, so fuhren wir mittags weg, mit dem Wagen und zwei Pferden. Es waren uns fünf Frauen und zwei jüngere Burschen. Das Pech war, dass wir durchs Dorf fahren mussten, um zu diesem Weingarten zu gelangen. Da hatten wir schon ein sehr schlechtes Gefühl ins uns, das uns auch nicht trog. Wir hatten die halbe Strecke hinter uns gebracht, da sahen wir zu unserem Schrecken schon vier russische Reiter mit ihrer unvermeidlichen Puschka auf uns zureiten. Wir sprangen gleich ab. Diese Männer rauften zuerst mit der Besitzerin um die Pferde. Eine Polackin, die bei dieser Frau noch im Dienst war, wollte auch helfen. Diese Rauferei haben eine Frau, meine Tochter und ich schnell genützt, um zu fliehen. Unser Glück war, dass ein großes, schon hohes Kornfeld in der Nähe war und wir uns schnell verstecken konnten. Einer musste uns doch noch erblickt haben, kam auf das Kornfeld zugeritten und suchte uns. Da hatten wir einen großen Schutzengel. Der Herr hat es dann doch aufgegeben und ist zu den anderen zurück.

Angeblich sind die Besitzerin und die Polackin nicht so davongekommen wie wir. Das war das Verdienst ihrer Dickköpfigkeit. Wir hatten ja alle mitsammen das Glück, dass niemand erschossen wurde. Diese Weingärten waren die Angst nicht wert, die wir da ausgestanden haben. Als wir nichts mehr hörten, trauten wir uns schön langsam, uns zu erheben und Ausschau zu halten. Da sahen wir in unmittelbarer Nähe einen kleinen, dicht bewachsenen Wald, den wir als noch besseren Schutz in Anspruch nahmen. Und siehe da, wir entdeckten eine ziemlich geräumige Höhle, in der sich auch eine Frau versteckt hatte, um diesen Unholden zu entkommen. Wir warteten die Dämmerung ab, dann gingen wir auf Umwegen nach Hause. Wir waren sehr froh, dass wir diese Frau getroffen hatten, da uns die Gegend ganz fremd war, so weit war dieser Weingarten vom Dorf weg. Dieser Schock ließ uns lange nicht los, heute noch denke ich mit Schaudern daran.

Nun musste ich wieder betteln gehen und um ein Pferd bitten. In meiner Verzweiflung ging ich zum Bürgermeister, von dem ich wusste, dass er noch etliche Pferde besaß, da er ja der größte Bauer im Dorf war und mit den Russen halbwegs gut auskam, wie man hörte. Ich erklärte ihm meine Lage, und er hatte das Herz am rechten Fleck. Er gab mir ein Pferd, einmal zur Probe, ob wir Frauen mit dem Vieh überhaupt fertig werden.

Wir hatten wieder einmal Glück, dass wir ein paar Helfer bekamen. Es waren unsere Soldaten, die auf der Heimreise waren, aber nicht weiterkonnten und mich baten, sie aufzunehmen – sie würden mir arbeiten helfen und uns vielleicht etwas beschützen können. Es war nämlich ein schon etwas älterer Herr dabei, der den ganzen Krieg mitgemacht hatte und zu unserem Glück viel Russisch sprach, was uns in den Begegnungen mit den Belagerern oft sehr zustatten kam. Der zweite Mann war zu meinem Glück ein Bauer aus dem Burgenland, ein Mann in den schönsten Jahren. Nun hatten wir jemand für das Pferd, und die anderen Haustiere bekamen wieder ihr Futter. Der Bauer und ich mähten die Kleeacker – Wiese hatten wir auch eine –, alles mit der Sense, um für den Winter etwas auf die Böden hinaufzubringen.

„… ich vergaß, ihn zu grüßen oder
ihm um den Hals zu fallen …"

Von meinem Mann wusste ich schon lange nichts mehr. Da auch sonst nichts eintraf, hatten wir doch große Hoffung, dass er eines Tages wieder bei uns eintrifft, wie die beiden Soldaten, die wirklich eine große Hilfe waren. Wenn wieder einmal eine Kuh oder ein paar Schweine geholt wurden, tat uns das natürlich sehr weh, als uns aber ein paar so Kerle das Pferd wieder nahmen, war das sehr, sehr bitter für uns. Wir hatten das Pferd noch gar nicht bezahlt, war es schon wieder weg. Ich hoffte immer, mein Mann käme doch auch bald heim, um diese Geschichte in Ordnung zu bringen. Männer tun sich bei so einem Geschäft doch leichter als eine Frau, die so etwas nie gemacht hat.

Eines Tages, es war mittags, wir waren alle beim Tisch versammelt, hörten wir im Hof draußen ein paar Stimmen. Ich ging nachschauen, was los war, da stand mein Mann mit einem Verwandten vor der Tür, im Soldatenmantel. Ich war momentan so verdattert, dass ich vergaß, ihn zu grüßen oder ihm um den Hals zu fallen, was ich etwas später natürlich doppelt nachholte. Ich sah nicht einmal, dass der arme Mensch einen Arm in der Schlinge trug. Ganz am Ende des Krieges wurde ihm die rechte Hand beim Ellenbogen abgeschossen. Er lag eine schöne Zeit im Spital in Belgien, wo ihm der Arm noch stark verkürzt wurde, da er ganz zerfetzt war. Das war wieder ein bitterer Wermutstropfen für uns. Denn was macht ein Bauer mit einer Hand bei diesen Zeiten? Wäre wenigstens der Ellenbogen erhalten geblieben, wäre es doch etwas besser gewesen für ihn und für uns. Nun, wir freuten uns trotzdem, dass Gott meine Gebete erhörte und uns ein Wiedersehen schenkte. Es hätte ja noch schlechter ausfallen können mit ihm.

Berta Dörrers Ehemann erholte sich von seinen Kriegsverletzungen nicht mehr vollständig und starb bereits im Alter von 46 Jahren. Ihre ältere Schwester, die für einige Zeit auf den Hof zog, war ihr in dieser Situation eine wichtige Stütze.

Die jüngere Tochter übernahm den Hof, starb allerdings ebenfalls früh. Als auch der Schwiegersohn einer schweren Krankheit erlag, musste wieder Berta Dörrer die Landwirtschaft und ihre drei Enkelkinder versorgen.

Nach der Hofübernahme durch den Enkelsohn im Jahr 1978 lebte die Autorin als Altbäuerin auf dem Hof. Sie verstarb am 30. September 2009 im Alter von 102 Jahren.

Ein weiterer Teil von Berta Dörrers Lebenserinnerungen wurde im Sammelband „Ledige Mütter erzählen" 2008 in dieser Buchreihe veröffentlicht.

MARIA WIDAUER

wurde am 10. Juni 1922 geboren und wuchs als jüngstes von vier Kindern im südmährischen Nikolsburg (Mikulov) in der heutigen Tschechischen Republik auf. Die Familie besaß eine mittelgroße Landwirtschaft mit Obst- und Weinbau. Während des Zweiten Weltkrieges arbeitete die Autorin auf dem elterlichen Hof mit und war als Rotkreuzschwester tätig. Ihre drei älteren Brüder fielen im Krieg. Als der Hof im August 1945 von Tschechen in Besitz genommen wurde, flüchtete Maria Widauer nach Österreich. Zunächst half sie bei einer bekannten Familie in der Landwirtschaft mit. Im November 1945 zog sie nach Wien, wo sie bis Herbst 1946 als Haushaltshilfe und Stubenmädchen tätig war. Im Jahr 1947 heiratete sie Anton Widauer, der einen landwirtschaftlichen Betrieb in Hohenwarth im Dunkelsteiner Wald gepachtet hatte. In den ersten Nachkriegsjahren betrieb das Paar vor allem Gemüsebau. 1954 übersiedelte die Familie – mittlerweile waren auch zwei von insgesamt drei Kindern geboren worden – nach Schirnes im nördlichen Waldviertel, wo sie einen eigenen Hof erwerben konnte.

Die Autorin schrieb ihre Lebensgeschichte, die im handschriftlichen Original 91 Seiten umfasst, um das Jahr 2000 vor allem für ihre Enkelkinder nieder. Zusätzlich fertigte sie auch eine Tonbandaufzeichnung ihrer Lebenserinnerungen an. Ein Vorbild war vielleicht auch ihr Ehemann, der schon in den 1980er-Jahren seine Lebenserinnerungen aufgeschrieben und der „Dokumentation lebensgeschichtlicher Aufzeichnungen" überlassen hatte.

Einen zentralen Stellenwert in der Lebenserzählung nehmen die politischen Verhältnisse in Südmähren, die Enteignung des elterlichen Hofes nach Kriegsende sowie Flucht und Vertreibung der einzelnen Familienmitglieder ein. Der folgende Textausschnitt umfasst die Zeit von Herbst 1945 bis in die Gegenwart, der Schwerpunkt liegt auf dem Neuanfang als Bäuerin in Niederösterreich.

Als sich im Herbst 1945 die Übergriffe von tschechischer Seite häuften und die Mutter in Erfahrung brachte, dass jüngere Frauen in ein Lager gebracht werden sollten, wurde Maria Widauer von ihren Eltern zur Flucht nach Österreich gedrängt.

Eine Bahnfahrt im Viehwaggon

„Du musst heute noch über die Grenze", sagte Mutter. Ich wollte die Eltern nicht alleine lassen. Doch Vater und Mutter gaben keine Ruh'. „Also gut, ich gehe über die Grenze, aber nach zwei Tagen komm ich zurück" – ich glaubte, dass sich dann all die Aufregung gelegt haben wird. Um 17 Uhr fuhren wir um Futter. Ich war hinten auf dem Wagen, ließ meine Füße baumeln. Ich dachte nicht, dass ich auf dieser Straße nie wieder gehen und fahren werde. Bis zum letzten Querweg vor der Grenze fuhren wir. Die Eltern fuhren dann rechts, ich ging links, da hatten wir ein Feld mit Mais. Ich hatte nur eine Sichel in der Hand und wipfelte* eine Reihe Mais ab. Doch ich hatte den Grenzverlauf genau im Auge. Meine Eltern konnten von der anderen Seite aus mein Tun verfolgen. Am Ende des Ackers stand ich auf österreichischem Boden.

Wie ausgemacht ging ich zu Bekannten, half zwei Tage Kartoffel graben und wollte dann wieder heim. Ich wartete lange, doch Vater kam nicht. Ein ungutes Gefühl stieg in mir hoch. Den Rückweg ging ich durchs Dorf Ottenthal. Zufällig sah ich Herrn Schäfer, er wohnte einige Häuser weiter als wir. Als er mich sah, sagte er: „Madl, sei froh, dass du dort bist! Um neun Uhr auf d' Nacht hätten sie dich schon geholt. Heim kannst nimmer." Somit war mein Schicksal besiegelt. Also, vier Stunden hatte ich Vorsprung. Die Frau, bei der ich war, kannten wir schon lange, sie holte immer die Marillen von uns. Nun erzählte ich, was ich erfahren hatte. Die Frau sagte: „Du kannst so lang da bleiben, bis die Außenarbeit vorbei ist, dann musst schaun, dass d' weiterkimmst." Das war ein Trost. Damit ich es nicht vergesse, sagte sie es mir jeden Tag. Die Dörfer nach der Grenze waren total überfüllt.

Ein Glück, in Österreich arbeitete schon die Post. So schrieb ich an Onkel, schilderte meine Lage, fragte ihn, ob ich in Wien Arbeit bekäme. Onkel hatte in der Nähe von der Volksoper eine Bäckerei, aber ich wusste nicht, ob sie den Krieg überstanden hatten. Das Schreiben war auf gut Glück.

Es dauerte schon einige Wochen, bis ich Post bekam. Sie hätten all das Schwere überstanden, ich könne nach Wien kommen, in einer Apothekerfamilie den Haushalt führen, sobald es ginge. Das war Musik in meinen Ohren. …

Dem Plan, nach Wien zu gehen, stand nichts mehr im Weg. Zwei Tage half ich noch bei der Zuckerrübenernte. Am 3. November 1945 war es so weit. Jeden Tag fuhr einmal ein Zug nach Wien. Um 14 Uhr konnte man in Staatz zusteigen. So war die Auskunft. Von Guttenbrunn wollte auch eine Frau nach Wien fahren, ihr Mann war noch im Lazarett. Ich war genauso froh wie die Frau, nicht allein durch den Wald gehen zu müssen. Es waren einige Kilometer bis zum Bahnhof in Staatz. Im Rucksack ein wenig Wäsche usw. Zirka zehn Kilo Kartoffeln hatte mir die Frau für die Arbeit geschenkt. Ich war froh, in der schlechten Zeit nicht ganz mit leeren Händen zu kommen.

Wir kamen auf dem Bahnhof an, so viele Menschen, die alle mit dem Zug mitwollten. Auch sehr viele Russen waren da auf dem Bahnhofsgelände. Ich war der Meinung, dass der Zug die Menge nicht aufnehmen kann. Endlich kam der Zug, Güterwaggons, doch alle voll. Nächsten Tag um dieselbe Zeit fuhr wieder ein Zug, doch es war dasselbe. Das sagte mir eine fremde Frau, die schon drei Tage zum Bahnhof kam. Meine Begleiterin aus Guttenbrunn hatte ich verloren. Zusteigen konnte niemand. Ich war verzweifelt. Zurück konnte ich nicht mehr, hier konnte ich kein Unterkommen finden. Ich ging den Zug entlang, stand vor der Lok. Ein Pfiff, der Zug fuhr an. Ich sah am Packerlwagen einen Ring, sprang auf, den rechten Arm im Ring, den Körper presste ich an die Waggonwand. Ich brauchte alle Kraft, um nicht vom Fahrtwind runtergeschleudert zu werden. Der Rucksack zog auch gewaltig. Ohne Rucksack wäre es leichter gewesen. Das Trittbrett war aus Eisen, 3. November, sehr kalt. Ein Nieselregen ging nieder, meine Schuhe froren am Trittbrett an. Ich musste fest an die Waggonwand gepresst stehen und konnte mich nicht rühren. Hände und Füße waren total gefühllos.

Der Gedanke, dass ich bis Wien so stehen muss – nein, das halte ich nicht aus. Der Zug fuhr in einer langen Kurve einen steilen Hang runter. Hat das Leben noch einen Sinn? Elend, wohin man schaut. Trostlos, das Zuhause verloren. Ich war am Ende. Wenn ich den Arm aus dem Ring ziehe, würde ich da hinunterkollern, alles wäre vorbei. Was kann die Zukunft noch bringen? Ich wollte schon den Arm aus dem Ring ziehen. Das Bild meiner Eltern stand vor mir, Vater und Mutter. Ich konnte nicht mehr. „Ich werde es nicht schaffen bis Wien, bei der Kälte. Es wird eben ein Unfall sein …", so mein Gedankengang.

Die Fahrt ging weiter. Der Waggon hatte ein kleines Fenster mit einem Brett, wo das Glas gewesen war. Ich beachtete das gar nicht. Plötzlich wurde das Fenster einen Spalt geöffnet. „Um Himmels willen, können Sie sich noch halten? Wie kommen Sie da her? Das ist verboten. Was machen Sie da? Wir bleiben noch einmal stehen, dann nehme ich Sie herein", hörte ich jemand sagen. Das gab mir Kraft zum Durchhalten. Mein Lebenswille stieg wieder.

Der Zug blieb kurz vor Wien stehen, hatte keine Einfahrt. Der Zugführer hielt Wort, holte mich in den Waggon. Ich war total steif, die Schuhe angefroren. Nun konnte ich neben zwei Notsitzen, wo Verwundete ihren Platz hatten, stehen. Ich schilderte meine Lage – normal nach Wien zu kommen, ging nicht … Ein wenig schimpfte er noch, eine Lehre musste ich über mich ergehen lassen. Ich tat dies bei Gott nicht zum Vergnügen, also versprach ich ihm, so was nicht wieder zu tun. Das Versprechen konnte ich leicht geben.

O Gott, wie sah Wien aus! Über Schutthaufen musste man klettern. In der Severingasse, im neunten Bezirk, amerikanische Zone, da wohnte die Familie, um die Ecke war Onkels Geschäft. Gehungert und gefroren haben wir alle. Wenn man zu der Zeit ein Dach und ein Bett hatte, das war schon viel. Es war die schlechteste Zeit, auch die schwerste. Jeden Monat hatte eine Besatzungsmacht die Stadt zu versorgen. Wenn die Amis dran waren, gab es weißes Brot, das schmeckte. Das war das bessere Monat. Wenn die Russen dran waren, war es das schlechteste. Einmal war das Brot ungenießbar. Und immer bekamen wir Erbsen, die musste man einweichen, die Käfer alle rausholen. Lachen sah man nie, nur bei den „Puppen" mit den Amis, den käuflichen Puppen.

Die Wohnungen waren alle überbelegt. Beim Onkel schliefen 14 Personen, Onkel und Tante waren Südmährer. Die Geschwister von beiden Seiten waren dort. Nach der wilden Vertreibung war dort der Sammelplatz. Die meisten Südmährer fanden bei Verwandten Aufnahme, schliefen auf dem Fußboden.

Ich kam zu einer Familie, Mutter und zwei Söhne, der dritte schon verheiratet. Das Haus war ihr Eigentum. Wir bewohnten das ganze Mezzanin*, sechs Zimmer und viele Nebenräume. Sie hatten Glück, nur die Fensterscheiben waren zu Bruch gegangen. Ihre Apotheke war im zweiten Bezirk, auch hier kein Schaden, außer das Fensterglas. In Mönichkirchen hatten sie eine Ferienvilla, auch da blieb alles heil. Ja, so was kommt halt auch vor. Sie hatten Glück.

Von meinen Eltern erfuhr ich erst nach Weihnachten über Umwege. Post gab es für Deutsche nicht, weder Briefe schreiben noch Briefe empfangen – alles untersagt. Nach Allerheiligen hatte Vater noch alles gedroschen, dann mussten sie gehen. Er spannte das Pferd an. Zwei Tuchenten, ein paar Reindln, einen halben Sack Erdäpfel, ein paar Holzbürdel* und ihr armseliges Bündel – so mussten sie das Haus verlassen. Man brachte sie in eine miese Absteige: ein Raum und noch ein Raum für eine andere Familie. Weder Klo noch Wasser im Haus, auf der Straße war ein Hydrant. Die Bleibe war im Judengarten*. Der Abstieg war perfekt …

Im Mai kamen sie ins Lager und mit dem neunten Transport am 24. Juni 1946 nach Sinsheim. Wann der Transport von Nikolsburg abgefahren ist, weiß ich nicht. Jedenfalls, von Sinsheim aus wurden sie auf Orte aufgeteilt. Niemand in den Orten war froh über die Zuteilung, denn sie waren alle derart heruntergekommen. Niemand war froh, die Flüchtlinge nicht, da sie die Abwehr spürten, die Einheimischen nicht, weil sie glaubten, mit Zigeunern und Vagabunden sollten sie die Wohnung teilen …

Meinen Eltern wurde eine kleine Mansarde zugeteilt, etwa zehn Quadratmeter, zwei Betten, der Länge nach vor den Betten ein ganz kleiner Tisch, ein Öferl und eine Kiste, die als Sitzgelegenheit benutzt wurde. Für die kleine Kusine wurde täglich ein Notbett aufgestellt. Zum Umdrehen war kein Platz. Es wurden dort mehrere Nikolsburger angesiedelt. Grün Andreas und Vater waren die Ältesten, sie mussten in der Gemeinde arbeiten, am Friedhof, Graben mähen, auch einen Schafstall ausmisten usw. Alle anderen Männer mussten zum Bau. Sie fuhren um fünf Uhr mit einem Lastauto nach Heidelberg. Mutter ging nach der Ernte Ähren klauben, auch Buchecker, dafür bekam sie Öl.

Die erste Post kam zum Onkel, von mir wussten sie keine Anschrift. Ich hätte von Wien nach Deutschland kommen können – Familienzusammenlegung. Ich wollte es tun, doch Mutter schrieb mir: keine Arbeit, nur beim Bau, keine Möglichkeit, mit den Eltern zu wohnen, auch sonst kein Raum aufzutreiben.

Als ich 1945 nach Wien kam, war es nicht leicht. Das Gas wurde um 11 Uhr aufgedreht, um 13 Uhr wieder abgedreht; es war ohnehin schwach, blubberte nur, bis die Luft draußen war. Alle wollten kochen, es war furchtbar. Die Lebensmittel waren mehr als knapp. Die zwei Burschen, sie waren Studenten, hatten Hunger. Die Wohnung war voll mit Medikamenten. Die Söhne brachten mir öfter etwas mit zum Kochen, sie tauschten es für Medikamente ein ...

Schlecht und recht ging das alles weiter. Dann wurde mir im März 1946 eine Stelle beim amerikanischen Vizekonsul angeboten, als Stubenmädchen. Ich nahm das Angebot an, hab mich sehr verbessert. Auch konnte ich meinen Eltern einige Care-Pakete* zukommen lassen. Die kamen direkt aus Amerika zu den Eltern. Ich arbeitete sie hier ab. So konnte ich ein wenig ihr Los erleichtern.

Ein Neuanfang mit Gemüsebau

Durch Zufall lernte ich meinen Mann kennen. Es war bei Gott nicht die große Liebe. Vernunft, Kameradschaft, auch die Staatsbürgerschaft zählte, war ich ja zu dieser Zeit noch immer staatenlos. Ich musste mich, ich weiß nicht mehr wie oft, bei der Fremdenpolizei melden.

Mein Mann brauchte eine Frau. Er selber sagte, bei dem, was

er zu bieten hatte, hätte ein Österreicher nie seine Tochter hergegeben. Gott, war der Anfang schwer! Er hatte einen Einzelhof in Pacht, im Dunkelsteiner Wald. 50 Joch* Acker, 54 Joch Wald, die aber die Eigentümerin selbst bewirtschaftete. Ein Horror – der Hof total verwüstet, ausgeräumt von den Russen auch das Hauswesen. Kein Strom, kein Bett, nichts. Heute wundere ich mich, wenn ich zurückdenke, und frage mich, woher ich den Mut und die Kraft hatte, in Hohenwarth anzufangen. Das Wollen und der Mut waren ausschlaggebend. Vielleicht war noch ein Funke in mir, von den Ahnen, die im 12. Jahrhundert nach Südmähren kamen und das Land aufbauten, besiedelten?

Es war keine Überrumpelung. Ich habe mir die Lage angeschaut. Mein zukünftiger Mann fragte mich, ob ich mich traue, den Neuanfang mit ihm zu machen. Mit Gottes Hilfe. Das Wort war gefallen. Ich wusste, dass es ein harter und schwerer Weg würde. Drei alte Kühe waren im Stall, sie waren trächtig, gottlob, den Russen waren sie zu alt. Vier alte Ochsen und ein paar Pferde, kein Schwein, keine Hühner, nichts.

Mein Mann war mit Leib und Seele Bauer, mit Hirn und Verstand. Wenn er auch so manchen Fehler machte, Bauer war er. Er entdeckte eine Marktlücke für einen Neubeginn: Gemüse aller Art, Kartoffeln, frühe und späte. Unter Anleitung eines Gärtners wurde ein Mistbeet gebaut, für Gemüsepflanzen. Kraut, früh, spät, Kohlrabi, Kohl und Schnittbohnen. Karotten bauten wir zwischen den Rapsreihen.

Wenn ich ehrlich bin, die Gemüsewirtschaft war sehr arbeitsreich. In Gerolding waren zum Glück Batschka*-Familien, die aus Jugoslawien vertrieben worden waren und im Taglohn arbeiteten. Die Händler holten die Ware vom Haus ab. Das beste Geschäft waren die Maiskolben, nach Stückzahl. Zwei Joch Frühkartoffeln, 12 Joch späte, das war schon eine schwere Arbeit. Sie wurden mit dem Roder* ausgeworfen, doch mit der Hand aufgeklaubt. Wir mussten immer vorangehen, das war klar. Schlafen im Sommer, drei bis vier Stunden.

Nebenbei waren wir bemüht, den Rinderstall aufzufüllen und eine Schweinezucht aufzubauen. Unser Gemüse war nur zum Magenfüllen in der schlechten Zeit. Das war uns klar.

Wenn genug Rinder und Schweine auf dem Markt sein werden, ist es mit dem Gemüseanbau vorbei. Dann sollten Milch und Schweine voll zum Tragen kommen.

1948 bekamen wir einen 26-PS-Traktor. Er war von der ersten Serie. Doch gab es noch mehr Arbeit, denn nun fuhren wir dreimal in der Woche zum Bauernmarkt nach St. Pölten. Klar, dass der Verdienst weit besser war, die Händlerspanne gehörte uns. Vor der Roggenernte waren die Frühkartoffeln. Um sechs Uhr fing der Markt an. Zirka 30 bis 40 Kilometer war eine Fahrt. Vorher mussten wir noch füttern. Am Abend musste der Anhänger beladen werden. Da waren die Nächte verdammt kurz. Um zwölf Uhr waren wir wieder daheim. Rasten gab es nicht, die Arbeit wartete schon. Dienstag, Donnerstag und Samstag waren Markttage. Damals gab es für uns auch keinen Sonntag.

Als Pächter wären wir noch lange auf der Liste gestanden, hätten keinen Bezugschein für einen Traktor bekommen. Doch wir hatten einen Abnehmer, Herrn Zizala, der hatte in Berging, das ist bei Schönbichl, eine Fabrik, eine Zulieferfirma für die Steyr-Werke. Er kam auf uns zu und fragte, ob wir ihm Gemüse liefern könnten. Er hatte auch in Wien eine Firma, für die Arbeiter wollte er eine Werksküche. Ihm stünde ein Steyr-Traktor zu, den er uns überlassen wollte.

Nun, am Bauernmarkt waren Gemüse und Erdäpfel frei zu verkaufen, doch das war etwas anderes. Wir mussten die Ware nach Aggsbach-Dorf bringen, in der Nacht ging's mit Schiff nach Wien. Das Angebot war mehr als verlockend, und so bekamen wir schon 1948 einen Traktor.

Herr Zizala war mit seinen Arbeitern ein Herz und eine Seele. Die Zeit war ja noch mehr als schlecht. Er sagte: „Der Mensch braucht eine warme Mahlzeit am Tag, auch wenn sie fleischlos ist." Er stellte das zur Verfügung, sie brauchten keine Marken dafür. Um die Arbeiter in Gerolding hatte er keine Sorgen. Die hatten alle Gärten, auch ein Stück Feld, Hasen usw. Wir mussten auch Kraut einschneiden und nach der Ernte Halmrüben* anbauen, die mussten auch eingeschnitten werden. Dazu brachte Herr Zizala große Schaffeln, Salz und Kümmel. Wir hatten, oder besser, machten uns die Arbeit. Nur eines, nach der Ernte bekam er ein paar Säcke Weizen. Das war Schleich*, doch er bezahlte nur den Normalpreis. Den Weizen brachte er selbst in die Mühle.

Der Zweig Gemüse ging gut bis 1953. Kartoffeln wären weiter gut gegangen, doch wir kauften 1953 eine Liegenschaft im Waldviertel. Somit war das Marktfahren vorbei. Zizala kaufte noch Kartoffeln zum Einlagern. Herr Zizala ist jung gestorben, das traf die Belegschaft hart. Ob die Wiener Firma noch besteht? Die in Berging ist geschlossen. Auch ein Haus in einem Kinderdorf, ich glaube in Hinterbrühl, hat er gespendet.

Ja, der Aufbau war hart, übern Sommer gab es für uns nie einen Sonntag. Durch den Gemüseanbau bekam mein Mann den Spitznamen Grünspeis-Toni. Es waren auch immer weniger Arbeitskräfte. Viele schliefen den ewigen Schlaf auf den Schlachtfeldern. Knechte und Mägde gab es nicht. Die Fabriken, die nach dem Krieg wieder aufgebaut wurden, brauchten Arbeitskräfte. Der Lohn war besser, auch mehr Freizeit. Beim Bauern, die Arbeit unterm freien Himmel, bei Hitze und Kälte. So blieb nichts anderes übrig als Maschineneinsatz, die mussten die Arbeitskraft ersetzen. Für uns war das Geschäft mit Zizala ein Segen. Im Stall standen zwei Paar alte Ochsen und zwei Pferde, doch wir waren ja nur mein Mann und ich. Wir hätten noch eine Kraft gebraucht zum Fahren.

Die viele Arbeit hat sich bezahlt gemacht. 1953 konnten wir uns eine Liegenschaft kaufen, in Schirnes, 25 Hektar. Die Jahre waren mehr als schwer, doch mit der normalen Wirtschaftsführung wären wir nicht so weit und eigentlich sehr schnell zu einem Eigentum gekommen. Das Gemüse war eine Notlösung zum Magenfüllen, vielleicht wäre es noch ein bis zwei Jahre gegangen. Doch dann war schnell umgesattelt. Hundert Mastschweine, immer zwölf Mutterschweine, ein Rinderstall mit voller Milchleistung.

Damals gab es weder Ladewagen noch Melkmaschine, auch keine Waschmaschine. Viel Handarbeit, Grünfutter wurde immer mit der Sense gemäht und mit Handrechen zusammengerecht. Wenn ich das hier aufzähle, rutscht der Stift leicht übers Papier, auch spricht sich alles leicht aus, doch wie viel Arbeit musste mit der Hand bewältigt werden! Die Maschinen kamen erst langsam, jedes Jahre eine Maschine, die Arbeiten wurden leichter.

Es war ein Glück für mich, dass Tante zu mir kam. Mein Mann musste in Melk beim Notar eine Niederschrift hinterlegen, dass Tante hierbleiben konnte, doch durfte sie dem österreichischen Staat nicht zur Last fallen. Tante wurde 1885 in Nikolsburg geboren.

Wenn ich zurückdenke, sag ich offen, der österreichische Staat hat sich mehr als schändlich den Sudetendeutschen* gegenüber benommen, die doch alle Altösterreicher waren. Seit dem 12. Jahrhundert waren sie brave Österreicher, in guten und schlechten Tagen. Sie haben für Österreich gekämpft und geblutet, auch ihr Leben geopfert. Wenngleich die Altösterreicher 1918 durch Schurkenstreich in den neuen Staat gepresst wurden und 20 Jahre einen langen, schweren Weg gehen mussten, 1945 wurden wir mehr als schändlich behandelt. Im Jänner 1946 fing die Abschiebung der 140 000 Sudetendeutschen nach Deutschland an. …

Tante hat mir, ich will ehrlich sein, viel geholfen. Sie versorgte den Haushalt, auch die Kinder. Wenn ich mittags vom Acker kam, stand das Essen auf dem Tisch. Wenn Tante nicht gewesen wäre, hätte manches nicht sein können.

Nun möchte ich noch die Zeit in Hohenwarth fertig erzählen. Es waren noch ganz schlechte Zeiten. Weihnachten 1947 sollte unser erstes Kind kommen. Am 10. Dezember hatten wir keinen Tropfen Petroleum. Die Zuteilung war mehr als mager. Nachmittags fütterten wir das Vieh, solange noch Tag war. Wir mussten alle früh ins Bett. Anderntags fuhr mein Mann mit dem Rad nach Loosdorf, im Rucksack fünf Kilo Weizen. Irgendwo wollte er Petroleum auftreiben. Am Nachmittag kam er, er hatte einen Dreiviertelliter Petroleum. Bei mir setzten die Wehen ein. Um Mitternacht holte er die Hebamme aus Aggsbach. Am 12. Dezember 1947, um fünf Uhr, war der Bub da, es war ein Freitag. Nicht auszudenken, wäre er 24 Stunden früher gekommen. Es gab keinen Kerzenstumpf im Haus. Heute hat niemand eine Ahnung, wie weit der Lichtschein einer Fünferlampe* reicht. Eine größere konnten wir nicht einsetzen, der Verbrauch wäre zu groß gewesen.

Ich muss noch festhalten: Mit der Schwangerschaft war es nicht leicht. Das Essen war mehr als mager, Erdäpfel waren die Hauptnahrung. Ich hatte schöne Zähne, keine einzige Plombe. Das Kind zog mir den ganzen Kalk aus den Zähnen, an den Wurzeln hatte ich Eiterballen. Zwölf Zähne wurden gezogen, ohne dass sie vorher aufgebohrt wurden. Ja, so war das halt damals.

Und noch etwas: Als ich ungefähr sechs Monate schwanger war, bestand mein Mann darauf, dass ich nach Wien fuhr. Ich wurde von einem Professor untersucht. Das hatte die Wiener Tante alles in die Wege geleitet, ich wusste von nichts. Der Professor sagte, es ist alles normal. Daran hielt ich mich. Mein Mann wollte, dass ich in Wien in der Klinik bei dem Professor entbinde. Doch ich sträubte mich total dagegen. Er wurde immer wunderlicher. Tante weinte viel, doch ich fühlte mich wohl.

Was war der Grund? Mein Mann hatte sich in jungen Jahren wahrsagen lassen. Das Ergebnis war, dass die Frau bei der Geburt sterben wird. Er glaubte an das Gesagte. Natürlich konnte er es nicht bei sich behalten und erzählte es auch der Tante. Ich erfuhr es erst lange Zeit später. Wo es ohnehin so ärmlich bei uns zuging, wollte er, ich möge in Wien in der Klinik entbinden. Das hätte 20 000 neue Schilling gekostet.

Als Annemarie kam, hatten wir schon Licht. Auch in der Wirtschaft ging es schon bergauf.

Oft spielten wir mit dem Gedanken, ein Eigentum zu erwerben. Wir schrieben auf eine Anzeige in Bruderndorf, ganz in der Nähe von Großmugl. Mein Mann fuhr hin, begeistert kam er zurück. Doch der Sohn des Bauern lenkte dann ein, sie söhnten sich aus, und das war gut so.

Mit den Anzeigen ging es weiter, bis dann 1953 im Bauernbündler* die Anzeige vom Waldviertel stand, das uns zur Heimat wurde. Es hatte einen Haken für mich, als ich das las. Mein Vater machte vor dem Ersten Weltkrieg in Waidhofen eine Waffenübung. Er erzählte, dass man dort den sogenannten Bifangbau* anwendet. Das heißt, es wurden immer vier Furchen zu einem Schmalbeet zusammengeackert. Diese Methode wird dort angewendet, wo die Breitbeetackerung nicht möglich ist. Es war blöd von mir, in der Zwischenzeit waren ja 40, 50 Jahre vergangen.

Überraschend kam nun der Vermittler selber nach Hohenwarth. Mein Mann sagte: „Meine Frau will auf keinen Fall ins Waldviertel." – „Aber auf diese Felder würde ein Waldviertler von dort auch nicht herwollen." Er hatte ja Recht, neun Kilometer nach Loosdorf, zehn Kilometer nach Melk, immer eine Bergstraße. Nach langem Reden fuhr mein Mann anderntags einmal anschauen. Er kam heim. „Dir würden die ebenen Felder gefallen", sagte er. Er hatte versprochen, am nächsten Tag mit mir zu kommen, um den Kauf perfekt zu machen. Mir ging das nun doch zu schnell.

Die ganze Nacht brauchte mein Mann, um mich zu überreden, er hörte nicht auf. So fuhren wir am nächsten Tag mit dem Traktor nach Melk, mit der Fähre nach Aggsbach-Markt, weiter mit der Donauuferbahn – eine lange, eintönige Fahrt. Als wir nach Sigmundsherberg kamen und ich die knorrigen Kiefern und die steinigen Felder sah, fiel mein Mut total in den Keller. „Fahren wir zurück, da kann es nicht besser werden." Ich war enttäuscht. „Das geht nicht", so mein Mann, „der Vermittler erwartet uns in Göpfritz an der Wild mit dem Auto." Die Freude war mir vergangen. In einer Ecke im Zug grübelte ich.

Vom Pächter zum Eigentümer

Als wir mit dem Vermittler nach Schirnes kamen, hatte ich mein Tief schon überwunden. Die Gegend war eben, mit Sigmundsherberg kein Vergleich. Der Besitzer, Herr Fritz, zeigte uns die Felder, sie waren eben, auch bonitätsmäßig* schienen sie gut zu sein. Dass wir beide vom Wald nicht viel verstanden, hatte er bald heraußen. Er verstand, ihn höher anzupreisen, als ihn ein Fachmann abgenommen hätte. Wie oft sagte er den Satz: „Nicht runter, rauf musst schauen, da ist das grüne Gold."

Im Haus wurde der Kauf perfekt gemacht. Ich fragte, warum er verkaufe, er war 53 Jahre. Die Frau wollte nicht arbeiten, der Sohn sei ein Taugenichts, die Töchter wären außer Haus, er hätte Herzbeschwerden … Doch das war nicht der Grund! Es störte mich manches am Haus, doch die Felder waren in Ordnung. Das war das Wichtigste. Am 11. September 1953 sollte die Unterzeichnung des Kaufvertrages beim Notar erfolgen.

Wir fuhren zurück nach Hohenwarth, meine Stimmung hatte sich sehr gebessert. Die Aussicht, bald ein eigenes Haus zu haben, war für mich wie der Himmel voller Geigen.

Unser Nachbar in Hohenwarth war auch ein Einzelhof. Es half nichts, am Sonntag nach der Kirche hatten wir einen Teil des Weges gemeinsam zu gehen. Meine Nachbarin, sie konnte nicht anders, brachte immer das Wort „Pächter" ins Gespräch. „Pächter" wurde von ihr so lange gedehnt, dass mir jedes Mal die Galle hochkam. Ich schwor mir, einmal werden wir auch ein Eigentum haben und keine Pächter sein. Für mich war es eine Leistung und Genugtuung, acht Jahre nach der Vertreibung ein Eigentum zu haben. Die große Plage hat sich gelohnt. …

Nun hieß es auf zwei Seiten arbeiten. Die Auflösung der Pacht war schwierig. Wir hätten laut Vertrag noch sechs Jahre bleiben können. Die Verpächterin lag uns schon lange in den Ohren, sie wolle den Vertrag gelöst haben, sie hätte einen neuen Pächter. Doch das war nur ein Trick. Als sie nun hörte, dass wir weggehen wollten, war es ihr nicht recht. Sie war schockiert; wir sollten doch noch ein Jahr bleiben, damit sie sich in Ruhe einen Pächter aussuchen könne. Doch der Kauf in Schirnes war vollzogen. So machte mein Mann den Vorschlag, dass wir die Felder alle mit Weizen bebauen und die Pacht 1954 auslaufen lassen, damit die Verpächterin keinen Schaden erleidet. O Gott, nun hatten wir zwei Betriebe, und das über 100 Kilometer voneinander entfernt! …

Am 11. September war der Kaufvertrag beim Notar zu unterzeichnen. Beim Vorvertrag in Schirnes sagte Herr Fritz: „Nun könnte ich wieder einen Hitler brauchen, das war das Geschäft meines Lebens." Familie Fritz kam vom Truppenübungsplatz Allentsteig*. 1938 mussten sie weg. Sie waren beim ersten Schub dabei. Sein Haus hatte noch ein Strohdach, sein Hof – ich meine das Ausmaß der Felder – war halb so groß wie der in Schirnes. Die Ablöse war mehr als fürstlich. Er konnte sich das Haus mit 25 Hektar kaufen, eine große Villa in Waidhofen mit sehr großem Garten, und davon verkaufte er noch zwei Bauplätze. Es blieb ihm noch Geld für die Bank. Ein paar Pferde legte er sich zu, früher fuhr er mit Ochsen; auch einige Maschinen kamen in das neue Haus. Deswegen der Ausspruch, nun könnte er wieder einen Hitler brauchen. Er sagte, der erste Schub wurde fürstlich entschädigt, die später Ausgesiedelten bekamen weit weniger. Die Letzten verloren ihre Heimat, doch Geld sahen sie keines. …

Ich war ab 1. September in Schirnes, wohnte im Stüberl. Familie Fritz hatte ein Haus in Horn gekauft, doch war eine Verzögerung eingetreten. Sie konnten erst am 1. Oktober ins Haus, so wohnte ich mit Familie Fritz. Herr Fritz arbeitete mit mir, im Taglohn. Tante blieb mit den Kindern noch in Hohenwarth. Helmut hatte am 1. September mit der Schule begonnen. Hier wohnen war unmöglich, solange Familie Fritz noch hier war.

Wie froh war ich, als der Tag der Übersiedlung kam. Aber ich fiel aus allen Wolken. Ich war nie in den Zimmern gewesen. Elf Kästen brachten sie aus zwei Zimmern und einem Kabinett. Da sah ich erst, in welchem Zustand die Wohnung war. Das Hochgefühl bekam einen argen Dämpfer. In einem Zimmer und im Kabinett war der Fußboden entlang der Mauern total verfault. Im anderen Zimmer war ein Pflaster. Nun, ich war froh, dass Fritz ausgezogen war, doch in diese Zimmer konnte man nicht einziehen. Auch die Mauern waren nass. Damit hatten wir nicht gerechnet. Ich schaffte das Bett vom Stübl in die Küche. Da sah ich die vielen Mauslöcher. Ich borgte mir ein Rad von der Nachbarin und holte mir Mausefallen, die ich vorläufig in der Küche aufstellte. In der ersten Nacht fing ich 15 Stück. Einen Kübel Wasser hatte ich bereit. Wenn ich einen Schnapper hörte, stand ich auf und ließ die Maus in den Kübel fallen. Meine Freude über das neue Haus war bei Gott gedämpft.

An Arbeit mangelte es mir nicht. Die Rüben brachte ich heim, dann fing ich an, den Stall zu weißen, auch die Küche. Im

Zimmer riss ich das Pflaster heraus; nach neuester Erkenntnis Mauern trocken legen … Mein Mann schickte mir die Kühe von Hohenwarth, ein Waggon, auch zwei schwer trächtige Zuchtsauen, denen die Bahnfahrt nicht gut tat. Die Ferkel kamen alle tot zur Welt. Nun, an Arbeit mangelte es mir nicht. Die Pferde verborgte ich zum Ackern, ansonsten hätte ich doch immer wieder einspannen müssen.

Als mein Mann und Karl, der in dieser Zeit als Knecht bei uns war, in Hohenwarth die Äcker verbaut* hatten, kamen sie nach Schirnes. Es musste gedroschen werden, mit einer Leihmaschine. Da kam zutage, dass Fritz nicht viel besser als sein Sohn war. Der eine Teil der Scheune sollte mit Hafer voll sein. Doch es war nur außen eine Reihe, alles andere war leeres Stroh. Also gut, nun hörten wir vieles von Fritz, dass er allesamt gern und viel mit dem Gericht zu tun hatte.

Zeitweise gingen wir in den Wald, es waren vier Hektar. Das kann viel sein, aber auch viel Arbeit. Fritz hatte, so viel ging, Holz geschlägert. Die vor kurzem abgeholzte Fläche zeigte uns erst der Nachbar.

Die Zimmerböden gruben wir aus. Schotter, Zement, Teer- und Bitumenpappe*, darauf Lösch* – das holte mein Mann von der Glasfabrik. Dann erst kam der Fußboden. Es musste alles im Eilschritttempo gehen. Im Jänner bekamen wir die Wasserleitung und die Selbsttränker* im Stall. Von dem Zimmer mit dem Pflaster nahmen wir ein Stück weg und bekamen dadurch ein Bad mit Klo. Jetzt glaubten wir, fürs Erste hätten wir das Ärgste geschafft. Leider, nach der Schneeschmelze war das Wasser nicht zu gebrauchen. O Gott, nun mussten wir es vom Nachbarn holen. Da erfuhren wir, dass Fritz jahrelang das Wasser vom Nachbarn geholt hatte.

Als wir den Frühjahrsanbau beendet hatten, gingen wir daran, einen Brunnen zu graben. Da kein Brunngraber aufzutreiben war, machten wir es uns selber.

Zeitig im Frühjahr fuhr mein Mann nach Hohenwarth, Weizen eggen und Kunstdünger streuen. Ich war allein. Fritz kam, fragte mich: „Habt ihr schon was bekommen? Die Liegenschaft gehörte einem Musil. Er war Jude. Es war eine Geldanlage.

Musil ist 1935 nach Amerika ausgewandert. Wenn Musil zurückkommt, müsst ihr entweder nochmals zahlen oder weggehen. Was glauben Sie, weswegen ich verkauft habe?" Ich war schockiert. Das erste Mal hörte ich den Namen Musil. Weder von Fritz noch vom Vermittler wurde der Name erwähnt, auch nicht, dass die Liegenschaft vorher einem Juden gehört hatte. Fritz hatte uns den schwarzen Peter zugespielt.

Als mein Mann aus Hohenwarth zurückkam, erzählte ich, was ich gehört hatte. Er fuhr nach Waidhofen und kam mit der Botschaft: „Ja, das stimmt. Fritz hat es schon gewusst." Nun hatten wir glühende Kohlen unter den Füßen, und doch mussten wir weitermachen. Ich sagte meinem Mann: „Wenn wir nochmals bezahlen müssen, das kommt für mich nicht in Frage. Da verkaufen wir das Vieh und das Inventar, das neuwertig ist, und suchen uns eine Arbeitsstelle. Nein, wenn ich das betrachte: Die Tschechen haben uns als Bettler vertrieben, dann haben wir unmenschlich hart gearbeitet, alles aus dem Körper herausgeholt und eine neue Heimat geschaffen, um dann wieder vor dem Nichts zu stehen …"

Die Zeit ging weiter. In Hohenwarth war die Körndlernte um zwei Wochen früher. Wie mussten nach Hohenwarth fahren. Karl hatte keinen Führerschein, so musste ich mit. Karl musste das Vieh versorgen. Der Bindemäher* stand noch in Hohenwarth. Leider gab es noch keinen Mähdrescher, der kam erst ein paar Jahre später. Die Arbeit ging rasch von der Hand, der Wettergott half dazu. Die Hälfte der Fläche hatten wir schon auf Bockerln* – dann ein Gebrechen am Traktor, er musste in die Werkstatt. Mein Mann konnte mit dem Traktor nach St. Pölten in die Werkstatt fahren. Mir borgte das Lagerhaus* einen 15 PS-Traktor, so war die Unterbrechung nicht so lange. Mein Mann blieb in St. Pölten, damit er gleich zurückfahren konnte. In der Werkstatt war Not am Manne, so half er mit. Der Motorblock hing auf Ketten. Beim Einbauen des Blocks riss die Kette und schälte ihm den Oberschenkel ab. Er kam ins Krankenhaus. 40 Haft bekam er am Oberschenkel.

Ich bekam ein Telegramm: Der Traktor wäre fertig zum Abholen; Herr Widauer hatte einen Unfall, er ist im Krankenhaus.

Mit dem Rad fuhr ich nach Loosdorf, mit dem Zug nach St. Pölten. Der erste Weg – ins Krankenhaus. Das war keine leichte Sache, ich war erschüttert, durfte das aber nicht zeigen. War der Mann ohnehin verzweifelt, konnte ich nicht auch noch jammern. Um die Arbeit war mir nicht bange – doch, das schaffe ich! Das Schwere war die Rückfahrt nach Schirnes, der Göpfritzer Wald, die Russen. Ich holte den Traktor, fuhr nach Hohenwarth.

Ein paar Tage brauchte ich noch für die Mäharbeit und um den Weizen in die Scheune zu bringen. Meine Erntehelfer ließen mich nicht im Stich. Um halb sieben Uhr abends brachten wir die letzte Fuhre in die Scheune. Dann halfen sie mir noch, Übersiedlungsgut auf den Anhänger zu verladen. Um zwölf Uhr Mitternacht fuhr ich aus dem Tor. Obwohl ich den ganzen Tag fest gearbeitet hatte, wollte ich nicht bis in die Früh warten, denn ich hatte Sorge um die Ernte in Schirnes. …

Mit einem geborgten Bindemäher und ein paar Erntehelfern schaffte ich auch in Schirnes die Ernte. … Als mein Mann kam, war alles unter Dach und Fach. Er fuhr mit dem Traktor nach Hohenwarth zum Dreschen, dann verlud er den Bindemäher, die Dreschmaschine und das restliche Inventar in Waggons, ich glaube, es waren zwei. Das Kapitel Hohenwarth war abgeschlossen.

Doch ob Schirnes unser Zuhause wird, das stand noch offen. Tante und Kinder kamen einen Tag vor Schulbeginn. Die Familie war vereint, doch die große Sorge stand im Raum. …

Die Kinder gewöhnten sich bald an die fragwürdige Heimat. Doch wir waren lange die „Zug'rasten"*. Man muss sagen, alle hielten zusammen, doch wir waren Außenseiter. Man muss auch bedenken, dass alle mit Pferden, teils mit Ochsen fuhren, wir allein mit dem Traktor. Herr Neuwirth sagte: „Wie soll man da mitkommen? Während ich draußen jausne, ackert der Widauer das ganze Feld." Doch das ging dann schnell, die Maschinen und der Traktor hielten Einzug, und zwar nach 1955, nachdem die Besatzungen abgezogen waren. Den westlichen Bundesländern ging es schon früher besser, doch Niederösterreich war bis 1955 fest im Griff der Russen.

Ich möchte nur ein Beispiel angeben, wie schwer es ist, in einer Dorfgemeinschaft aufgenommen zu werden. Als ich 1953 alleine hier hauste, brachte mir die Bahn die Kühe aus Hohenwarth. Der Milchfahrer sah, dass ich jeden Tag drei Kannen Milch zu 25 Liter über den Graben und eine Wiese schleppte, zur anderen Häuserzeile, denn der Fahrer fuhr auf der Sommerseite*. Wir waren auf der Winterseite*, so bot mir der Milchfahrer an, ich möge die Milch beim Tor stehen lassen: „Ab morgen fahr ich auf der Winterseite. Ich werde bezahlt nach Menge, die können die paar Liter leicht rübertragen." Es war wirklich wenig Milch, von drei Orten wurde der Wagen nicht voll. Er fuhr mit Pferden. Ich hatte Bedenken wegen dem Verdruss. „Das lassen Sie meine Sorge sein. Ich fahr, wo mehr Milch ist", sagte er. Doch die Missstimmung blieb noch lange.

Nun, das Waldviertel ist rauer, der Boden hat viel Ton, ist schwer. Obwohl wir uns Mühe gaben und es zwei Jahre mit Zuckerrüben versuchten, ging es nicht, sie bildeten keine Pfahlwurzeln – alles war vergebens. Bei den Futterrüben wurden mit dem Häufelpflug Reihen in der aufgewühlten Erde gezogen. Mit der Handsämaschine wurden sie angebaut. Ein großer Erfolg war es nicht. Beim Tabak blieb es auch nur ein Versuch, kein Absatz. Der Konditor nahm mir die Eier ab, doch zu welchem Preis! Ich sollte auch gleich um die Hälfte des Geldes einkaufen. So gaben wir die Hühner auf. Nur für den Hausverbrauch hielten wir welche. Ja, wir waren in der toten Zone gelandet, und es sollte immer so bleiben.

1955 stellten wir drei Gärfuttersilos auf, doch sie hatten nur 25 Kubik. Jeder sollte 30 Kubik haben, größere wurden damals nicht gebaut. Der Monteur hatte sich vermessen. Wir mussten viel Lehrgeld zahlen. Mein Mann war immer auf der Suche nach Arbeitserleichterung. Wenn etwas neu am Markt war, waren wir die Ersten. Die Silopresse mit Wasser – total verfehlt, leider, die Säure fraß das Material auf. Der erste Gesundheitsitz löste sich total auf – der wurde uns ersetzt. Auch die Heubelüftung war ein Fehlgriff – und und und. Wir wollten weiterkommen. Wir bauten den Rinderstall um, mit Futtergang und Entmistung, und stellten Fleckvieh aus Ried ein.

Auch eine Melkmaschine kam ins Haus. Das war eine Erleichterung.

Mutter war in Deutschland gestorben. So holte ich Vater nach Österreich. Das war nicht leicht. Nach zwei Jahren und vielen Schreiben bekam er dann die Rente nach Österreich. Er bekam 113 Reichsmark – für alle drei Söhne und seine Invalidenrente. Doch musste ich jedes Jahr im Mai nach Wien fahren um die Aufenthaltsgenehmigung, immer nur für ein Jahr. Wieder war es so weit. Ich fuhr nach Wien zur Deutschen Botschaft. Das war komisch. Immer wurde ich durchleuchtet wegen Waffen. Ich hatte Pech. Der Beamte, der den Fall bearbeitete, war nicht da. Ich soll ein andermal kommen, nächste Woche. Mein Einwand war, ich komme vom äußersten Zipfel Österreichs, brauche jedes Mal einen ganzen Tag, könne nicht alle paar Tage fahren, ich habe ja Arbeit … So bot mir der Beamte an, dass er selber zum Botschafter gehen und fragen werde, ob er den Akt unterschreibe. Er kam zurück und sagte: „Sie haben das seltene Glück, vom Herrn Botschafter empfangen zu werden."

Für mich ein komisches Gefühl, in die geheiligten Räume zu gehen. Dicke Teppiche, da hörte man keinen Schritt. Der Botschafter war Kriegsinvalide, hatte nur einen Arm. Er war sehr freundlich, fragte, wie es uns erging bei der Vertreibung usw. Dann nahm er den Akt und blätterte, fragte, wie das 1918 und in den Zwanzigerjahren war. Doch dann sah er mich starr an: „Drei Söhne, alle in Russland. Sagen Sie mir, wie das ein Vater verkraftet?" Wahrheitsgetreu schilderte ich alles. Als die dritte Nachricht kam, lief Vater in den Hof und in den Schuppen und sagte den einen Satz, immer wieder: „Die ganze Familie ausgerottet." Ich fürchtete, der Vater dreht durch, das wäre nicht verwunderlich gewesen. Dann die Krönung, die Vertreibung. Für alte Menschen war das einfach furchtbar. Ich war eine gute halbe Stunde beim Botschafter.

Vater war zehn Jahre bei uns. Er ist in Thaya begraben, er starb 1965, 83-jährig. Er trug bis zu seinem Tod schwer an der Vertreibung. Ich konnte von Vater nicht in Erfahrung bringen, wie es ihnen ergangen war, als sie im November 1945 aus dem Haus geschafft wurden. Wenn ich fragte, blockte er sofort ab, es kamen ihm die Tränen. Er konnte nicht davon reden, so ließ ich es bleiben. Eines war sicher, er hat es nicht verkraftet. Ich wollte nicht an den wunden Punkt rühren.

Das Leben ging weiter. Wir arbeiteten immer viehstark*, so hatten wir auch immer Stroh Not und kauften es zu. Es gab dann eine Gelegenheit, zwölf Hektar im Nachbarort zu pachten, von einer Mühle. Auch das Nachbarhaus mit etwas Grund kauften wir, es sollte unser Alterssitz werden. 1960 konnten wir die ersten Fleckviehstiere zur Versteigerung nach Zwettl bringen. Wir waren im Zuchtverband. Unsere Stiere hatten die Nummern I und II. Es waren die ersten Fleckviehstiere im Verband. Den ersten trieb mein Mann in den Ring, den zweiten musste ich in den Ring bringen. Es war das erste Mal, dass dies eine Frau machte. Der Preis war nach damaligen Begriffen hoch. Von der Tribüne rief jemand: „Ist die Frau in dem Preis mit dabei?" Ich konterte: „Wenn ich nicht mehr wert wäre, wäre dies wohl traurig."

Ja, ich hab vergessen, als Tante nach Schirnes kam, konnte sie nicht so weit in die Kirche gehen, so mieteten wir jeden Sonntag ein Taxi. Es dauerte nur ein Jahr, und die Frau gab den Beruf auf. So kauften wir selber ein Auto, einen Opel, nicht neu. Das erste Auto im Dorf. Es hieß Kirchenauto. Im Winter und bei Schlechtwetter fuhren wir die Kinder vom Dorf in die Schule, da kamen sie oft übereinander zu sitzen. Da gab es noch viele Kinder im Dorf. Heute kann man die Kinder an einer Hand zählen …

Es war nicht leicht mit der Wirtschaft. Man musste am Ball bleiben, wenn man weiterkommen wollte. Die Preise landwirtschaftlicher Produkte mussten immer niedrig gehalten werden, so musste man immer Mehrarbeit leisten. Es musste mit mehr Vieh, mehr Hektar ausgeglichen werden.

Die Pacht der zwölf Hektar und das Nebenhaus taten der Wirtschaft gut. Es gab keine Strohnot mehr und mehr Platz für Tiere; Schweine und Mutterschweine konnten wir halten. Natürlich war auch mehr Stallarbeit. Die Scheune in dem neuen Haus bauten wir in einen Tieflaufstall für Mastschweine um. In den Rinderstall bauten wir Abferkelbuchten und Ferkelbuchten* für die Vormast. Ja, eine Menge Mehrarbeit. Doch damit musste sich das zweite Haus selber abzahlen. Der zweite Traktor kam ins Haus, auch verschiedene Maschinen, eine Zentralheizung und eine Arbeitskraft. Der Sohn kam von der Landwirtschaftsschule, er werkte fleißig mit, auch mitzureden hatte er.

Wir kauften 1961 ein abgebranntes, 1,8 Hektar großes Waldstück. Es war, wie man sagte, ein Feldholz, von der Pfarre Thaya, ringsum Felder. Es sollte wieder ein Feld werden. Obwohl wir mit dem Bagger die Stöcke ausheben ließen, war noch viel Arbeit nötig, bis das Feld unter den Pflug kam. Als wir fest bei der Arbeit waren, sagte ein Bauer spöttisch: „Na, ihr arbeitet halt noch gerne." Ein anderer lächelte: „Bei den vielen Stöcken wird euch zweimal warm, jetzt bei der Arbeit, und dann beim Heizen."

Die erste Ernte, Hafer, war eine Pracht. Nun hörten wir sagen: „Ihr habt einen billigen Acker bekommen." Niemand sah die zwei Jahre; sobald wir etwas Zeit hatten, standen wir auf dem Grundstück. Hätten wir die Tage und Stunden in Rechnung gestellt, wäre eine enorme Summe herausgekommen. So ändern sich die Meinungen. Als es zu kaufen war, scheute jeder die Arbeit und Plage. Die Berge von Stöcken und Baumstrünken – jahrelang konnten wir den Zentralkessel füttern.

Nun war wieder etwas anderes: das nächste alte Haus. Es war abgewohnt. Wir mussten drangehen, es umzubauen, damit wir bei der Übergabe an Helmut eine Bleibe hatten. Er drängte, er wollte heiraten. Noch machte er Kurse für den Abschluss „Landwirtschaftsmeister". Man kann ja verstehen: Junger Wein gärt. Er glaubte, mit seinem Wissen und Können alles besser zu machen. Auch er konnte nur mit Wasser kochen. 1973 war es endlich so weit: die Übergabe, Helmut verheiratet. Die junge Frau war tüchtig und fleißig. Ich war 51 Jahre, mein Mann 65. Glücklich war ich nicht, zur zweiten Garnitur zu gehören.

Hatten wir viel Milch und Schweinezucht, so versuchten es die Jungen zuerst mit Stieren und Schweinen, dann doch wieder mit mehr Milch. Ein paar Jahre dauerte es, bis sie die Wirtschaftsführung nach ihrem Geschmack im Griff hatten. Mehr oder besser – sie steuerten langsam ganz auf Schweine zu. Wenn ich es bedenke, hatten die Jungen einen besseren Start als wir, und ich bin froh darüber. Doch ich muss sagen, ich gönne es ihnen von ganzem Herzen. Wenn ich heute zurückdenke, frage ich mich, woher ich den Mut hatte, die Ausdauer. Es waren ja genug Rückschläge, die kamen. Auch die Jungen waren vor Rückschlägen nicht gefeit.

Sie wirtschaften gut, haben das alte Haus dem Erdboden gleichgemacht, haben viel neu gebaut. Die junge Frau bekam, als die Eltern in Pension gingen, den elterlichen Betrieb. Sie sind beide tüchtig und haben ihren Betrieb fest in Händen. Die Pacht von der Mühle haben sie noch immer, Wald und Felder dazugekauft. Sie haben nur Körnerfrucht. Alles wird den Schweinen verfüttert. Eine Kuh steht im Stall. Es gibt nur Zuchtschweine und Mast. Was die Mutterschweine bringen, wird gemästet. An Arbeit ist kein Mangel. Sie arbeiten gut, sind voll im Einsatz, im Winter bei der Waldarbeit. Auch die Frau brachte Wald mit. Die Waldfläche in Schuss zu halten, lässt keine Langeweile aufkommen. Maschinen und Traktoren sind genug vorhanden.

Wie es herschaut, ist ein Nachfolger in Sicht. Der Enkelsohn ist zurzeit in einer Landwirtschaftsschule. Noch hat er die Liebe zu dem Beruf. Ob er auch eine Frau findet, die das gleiche Interesse wie er hat? Ja, dann wäre die Sache in Ordnung. Heuer wird er mit der Schule fertig.

Ein Jammer in der Landwirtschaft ist die Nachfolge. Wenn man schaut, in jedem Dorf sind Jungbauern, die keine Frau finden. Der Betrieb hängt in der Luft. Wenn man es in Ruhe betrachtet, ist das Zünglein an der Waage eine mitarbeitende Frau, die Lust und Liebe zu Tier und Natur hat. …

Mein Mann ist verstorben, ich lebe allein. Zur Arbeit bin ich nicht mehr. Wohl wäre das Helfenwollen vorhanden, es geht nicht mehr. Das Herz und meine Gehbehinderung lassen dies nicht zu. Ich kann es aber nicht lassen, besonders im Frühjahr, wenn die Saat durchkommt, das ist die schönste Zeit. Da gehe ich schauen.

MARIA HUBER

wurde am 8. Februar 1929 in Gföhleramt im Waldviertel geboren und wuchs gemeinsam mit drei älteren Brüdern und zwei jüngeren Schwestern auf dem Hof der Eltern auf.

Von 1947 bis 1958 arbeitete Maria Huber mit Unterbrechungen als Kindermädchen bzw. Haushaltshilfe bei verschiedenen Familien in Wien. Im Jahr 1958 heiratete sie Max Huber, einen Weinhauer in Mollands, mit dem sie fünf Kinder großzog. Der Betrieb wird seit 1994 von ihrem Sohn weitergeführt.

Eine Parkinsonerkrankung bewog Maria Huber in den 1990er-Jahren dazu, Gedichte bzw. Erinnerungen an verschiedene Abschnitte ihres Lebens aufzuschreiben. Zu ihrem 70. Geburtstag brachten ihre Kinder eine Auswahl davon in einem Buch heraus („Meine Gedichte 1993–1996").

Der im Folgenden in gekürzter Form wiedergegebene Text entstand im Jahr 1996. Das Manuskript umfasst insgesamt 30 Seiten. An eine längere durchgehende Erzählung, die die Zeit von den 1930er-Jahren bis in die Gegenwart umfasst, schließen tagebuchartige Aufzeichnungen an.

Meine Kindheit war arm, aber ich erinnere mich an sehr viele glückliche Zeiten. Ich schreibe einen Teil meiner Kindheit, Schulzeit und auch des späteren Lebens nieder. Ich bin fast 67 Jahre, bin seit fünf Jahren an Parkinson erkrankt; es geht mir aber relativ gut. Da ich meinen Geist etwas auffrischen und die schlaflose Zeit nützen möchte, schreibe ich Dinge nieder, wie sie mir halt in Erinnerung kommen. Ich hoffe, dass es für meine Kinder oder Bekannte ein wenig interessant sein wird.

Meine Eltern hatten eine kleine Landwirtschaft in Gföhleramt, ein einschichtiges Haus, rundherum die Felder, Wiesen und Wald. 200 Meter vom Elternhaus entfernt stand eine Kapelle, auf den Namen „Rosalia". Gleich daneben war unser Nachbar Franz Fux.

Nun stelle ich meine Eltern und Geschwister vor: Vater Johann Simlinger, geboren am 24. 6. 1886, Mutter Walpurga Simlinger, geborene Hagmann, 16. 2. 1907. Wir waren sechs Kinder: Josef, 17. 2. 1923; Franz, 13. 1. 1925; Alois, 6. 2. 1927; ich, Maria, 8. 2. 1929; Berta, 22. 12. 1939; Frieda, 18. 12. 1942. Meine Mutter hatte ihre Eltern nie gekannt, wurde von einer Stiefgroßmutter und dem Großvater erzogen. Mit 16 Jahren bekam sie ihren ersten Sohn Josef. Ein Jahr später heiratete sie. Da Vater um 21 Jahre älter war, war er nicht nur Mann, sondern ersetzte irgendwie Mutters Eltern.

Vater war ruhig, ausgeglichen und humorvoll; der beste Vater einfach für uns Kinder. Er schaukelte den Laden und war überall der Helfer. Mutter war ja auch sehr fleißig. Da sie aber noch so jung war, hatte sie keine glückliche Hand zum Kochen, sie arbeitete lieber auf dem Feld. Vater war vom Ersten Weltkrieg Invalide, sein rechter Fuß war um sechs Zentimeter kürzer, er konnte nicht gut laufen. Er führte den Haushalt, kochte des Öfteren recht gut, buk das beste Brot. Er war immer für uns Kinder da. Auch Mutter half er überall, wo sie ihn brauchte.

Nun zu mir. Mit sechseinhalb Jahren kam ich zur Schule. Ich ging täglich zweimal vier Kilometer. Ich ging gerne und fand es lustig. Die Brüder liefen mir öfter davon, aber das machte mir nichts aus.

Die Kleidung war für jeden ärmlich. Ich hatte auch im Winter schlechte Schuhe, keinen Mantel. Ich trug einen alten Überrock, der war noch von Vaters Bruder, der im Ersten Weltkrieg gefallen war. Dieser Rock wurde gewendet und für meinen älteren Bruder Josef umgenäht, dann trugen ihn Franz, Lois, und dann war ich an der Reihe. Aber was machte das schon aus, es waren die meisten Kinder arm.

Ab April, Mai gingen wir schon barfuß zur Schule. Es war oft noch ziemlich kalt, am Wegrand konnte man noch öfter Spuren von schmutzigem Schnee entdecken. Besonders in der Früh war die Wiese noch von Reif ganz weiß, aber wir liefen, bis die Füße warm wurden. Um drei viertel sieben ging ich von daheim weg, zurück kam ich nachmittags, oft erst um vier. Bevor wir in der Früh weggingen, aßen wir meistens Milch aus einer großen, gemeinsamen Schüssel, wo hartes Brot eingebröckelt war. Als Schuljausenbrot richtete uns Vater drei Scheiben Brot aufeinandergelegt, etwas gesalzen, damit es nicht so austrocknete. Vater humorvoll: „Ihr müsst euch immer denken, das Brot in der Mitte ist Fleisch oder Schmalz. Dann schmeckt es euch besser." Wir waren damit zufrieden. In der Obstzeit gab es auch einen Apfel.

Unser verspätetes Mittagessen waren meistens Knödel, Gemüse oder Schmarren. Am Abend fehlte nie die Stosuppe* mit Kartoffeln. Lois und ich tranken auch gerne kuhwarme Milch, mit Brot. Sonntags schmeckte uns der Kaffee besonders gut, auch war selbst gebackenes Weißbrot vorhanden. Da Mutter sehr fromm war, mussten wir sonntags zeitig aufstehen und zur Kirche gehen. Es wurde täglich in der Früh und abends ein Tischgebet laut gesprochen, in den Ferien auch mittags.

Die Mutter war ziemlich streng. Wir durften das Duwort nicht gebrauchen. Mit Vater war es anders. Mit ihm konnten wir über alles reden, er war auch sehr lustig.

Mit meinem Bruder Lois, zwei Jahre älter als ich, verstand ich mich sehr gut. Wie verbrachten die meiste Zeit mit den Nachbarskindern. Franz ging mit Lois in eine Klasse, Maria war vier Jahre älter als ich. Die Eltern von Franz und Maria hatten den Schlüssel von der Kapelle, da sie immer zum Gebet läuten mussten. In den Ferien durften wir Kinder es abwechselnd tun. Wir waren in der Kapelle ganz ruhig, beteten immer gemeinsam den „Engel des Herrn". Nachher liefen und tollten wir außen um die Kapelle, bis es dunkel wurde. Endlich gingen wir nach Hause. Im Hof auf einer Bank stand eine Schüssel mit Wasser. Lois und ich machten schnell Katzenwäsche. Vater dann lachend: „So, jetzt lauft dreimal ums Haus, damit eure Füße vom taufeuchten Gras rein werden." Bei der Haustür hing ein Tuch, und wir rieben uns den restlichen Schmutz ab. Vater war sehr darauf bedacht, denn die Betten wurden von Mutter sehr sparsam überzogen. Hungrig tranken wir die kuhwarme Milch, aßen trockenes Brot und fielen dann todmüde ins Bett.

Tagsüber mussten wir auch schon kleine Arbeiten verrichten. Wir waren besser dran als die Brüder Sepp und Franz. Mit

14 Jahren dienten sie schon als Knechte und leisteten schwere Arbeit.

Lois und ich genossen unsere Kindheit, wir durften die meiste Zeit bei den Nachbarskindern verbringen. Wir waren fast täglich zusammen. Am liebsten spielten wir Verstecken oder Blindekuh. Eine alte Bienenhütte war unser gemeinsamer Palast. Wir verbrachten dort einen Teil unserer Kindheit. Franz war damals schon sehr redegewandt. Ich wurde als königliche Majestät gekrönt, wurde schön hergerichtet und bekam eine Krone aufgesetzt. Nun sollte ich als Königin eine Ansprache halten, aber mir fiel beim besten Willen nichts ein, also blieb ich stumm. Franz rettete die Situation. Er sprach „im Namen der königlichen Majestät". Ich konnte es nicht fassen, dass man so eine lange Rede schwingen konnte. Ich schämte mich sehr, ich kam mir sehr dumm vor. Ich kränkte mich, dass mir nie was einfiel und ich nicht mitreden konnte. Trotzdem ging ich mit Lois fleißig mit. Frau Fux war ja immer sehr nett zu uns. Wir bekamen immer Kaffee, Brot oder Sonstiges.

Herr Fux war ein lieber, ruhiger Mann, fast blind. Wenn wir Kinder herumtollten, auf dem Dachboden oder in der Scheune Verstecken spielten, bekam ich des Öfteren eine Rüge von ihm. Er verwechselte mich mit seiner Tochter Maria. Ich stand still, bis mich Maria erlöste. Vater Fux entschuldigte sich dann ausgiebig bei mir, dann war ich wieder erleichtert. Hie und da spielten wir auch bei meinen Eltern daheim, aber bei Fux gefiel es uns viel besser, wir waren dort zu Hause.

Als ich Erstkommunion hatte, ging ich nachher mit Mutter ins Gasthaus Prinz. Mutter kaufte mir Himbeerwasser und dazu eine trockene Semmel. Zufällig saß Mama Fux auch dort. Sie sagte zu mir: „So ein Tag muss gefeiert werden. Komm, wir gehen zum Zuckerbäcker!" Ich bekam ein großes Papiersackerl mit Süßigkeiten, ich konnte es kaum fassen. Ich war aber Mutter nicht böse, weil ich von ihr so etwas nicht bekam. Es war für mich klar, dass sie sich nichts leisten konnte. Ja, so war Frau Fux, sie hatte immer für andere Kinder auch was übrig.

Als wir Jahre später öfter zusammen Karten spielten, „Königrufen" oder andere Kartenspiele, da war es immer sehr lustig. Frau Fux bewirtete uns immer wieder. Wir – Lois und ich – nahmen das selbstverständlich hin. Wenn ich so zurückdenke, muss ich sagen, dass unsere Kindheit sehr schön war. Als wir erwachsen wurden, waren wir nicht mehr so beisammen, denn jeder ging seines Weges, aber in Kontakt blieben wir schon.

Franz wurde in späteren Jahren Nationalrat. Er war als Kind schon so wissbegierig und redegewandt. Maria heiratete einen Bauern im selben Amt*. Lois, mein Bruder, wanderte nach Australien aus. Ich wurde in Mollands Weinhauerin. Aber dazu komme ich später noch. ...

Im September 1939 brach der Krieg aus, ich kam in die vierte Klasse. Es wurde vieles anders. Männer mussten einrücken, an die Front. Sepp und Franz mussten schwer arbeiten. Im Dezember 1939 kam meine Schwester Berta zur Welt. So wurde auch für mich vieles anders. Wenn Mutter nicht da war, versorgte ich das Baby. Auch blieb ich des Öfteren von der Schule daheim. Das ging mir schon oft auf die Nerven, aber ich hatte Klein-Berta trotzdem gern. Ich ging so gerne zur Schule, deshalb tat es mir leid, wenn ich sie hie und da versäumte.

Ich hatte auch zwei gute Freundinnen, Mimi und Anni, wir waren täglich beisammen. Mimi kam in die Hauptschule, Anni und ich gingen in die Abschlussklasse. Da waren vier Klassen beisammen. Mich freute diese Schule nicht, Anni war auch nicht begeistert. Der Lehrer fragte mich, warum ich nicht in die Hauptschule gehe. Endlich sprach der Lehrer mit den Eltern und auch mit den Eltern von Anni. So durften wir die erste Hauptschule überspringen, lernten Englisch nach und kamen mit Aufnahmeprüfung in die zweite Hauptschule. Nun waren wir wieder alle drei beisammen. Die Freude war sehr groß.

Dann wurde ich sehr krank, hatte eine Mandeloperation und Lungenspitzenkatarr. So versäumte ich zwei Monate den Unterricht. Es fehlte mir viel Lehrstoff und ich kam daher nur mittelmäßig mit. Lois lernte mit mir Englisch. Da er auch kein Musterschüler war, freute sich die Englischlehrerin, weil er auf einmal viel besser war. So hielten wir Geschwister fest zusammen. Auch half er mir bei Aufsätzen, und er machte mir die Zeichnungen. Ich bekam öfter eine schlechte Note, aber ich schaffte es trotzdem. Mit Berta hatte ich ja auch Aufenthalt, musste oft auf sie aufpassen, wenn Mutter nicht da war.

Einmal war ich bei meiner Freundin Anna. Ihre Mutter machte mich aufmerksam und fragte mich, warum ich nicht zum Zahnarzt gehe. Ich hatte diesbezüglich keine Ahnung, nahm es mir aber zu Herzen und ging zum Zahnarzt. Dieser hatte mit mir viel zu tun. Natürlich wusste ich nicht, dass diese Behandlung Geld kostete. Der Vater bekam 30 Mark Invalidenrente, und die Rechnung vom Zahnarzt machte 150 Mark aus. Das war wohl die einzige Ohrfeige, die ich von Mutter bekam. Ich war am Boden zerstört. Doch Vater verkaufte eine Kuh und handelte sich eine schlechtere, billigere ein. Damit war in seinen Augen wieder alles in Ordnung. Seine Redensart war: „Glücklich ist der Mensch, der vergisst, was nicht zu ändern ist." Trotzdem hatte ich ein sehr schlechtes Gewissen. In späteren Jahren war ich aber froh darüber.

Im Dezember 1942 kam Frieda zur Welt. Mein Bruder Josef war inzwischen schon beim Militär. Auch Bruder Franz musste einrücken.

1943 war meine Schulzeit zu Ende. Ich weinte bitterlich. Ich kam in ein Gasthaus, musste das Pflichtjahr* machen. Ich hatte viel Arbeit, was mich anfangs ziemlich schwer ankam*. Ich war 1,65 Meter groß und hatte 36 Kilo. Ich bekam aber gutes Essen und nahm zu.

1944 ist Bruder Franz in Russland gefallen. Wir waren alle sehr, sehr traurig. Mein Bruder Josef wurde in Lappland verwundet, er verlor ein Auge.

Mein Bruder Lois meldete sich freiwillig, kam mit 16 Jahren zur Marine. Er war auf der Insel Sylt. Er hatte Glück, wegen seiner langen Ausbildung als Funker war inzwischen der Krieg aus. Er brauchte nicht mehr auf Feindesfahrt.

Ich kam nach dem Pflichtjahr wieder nach Hause, da mich die Eltern brauchten, auch die Geschwister.

Der Krieg war im Mai 1945 zu Ende, ein paar Monate später kamen Sepp und Lois zu Fuß nach Hause. Beide waren krank von den Strapazen. Die Russen kamen und plünderten, nahmen uns alles weg. Wir hatten wenig zu essen. Sepp ging dann arbeiten, um zwölf Schilling Taglohn. Lois brachte eine Gelbsucht mit, die ich dann auch bekam. Ich war sechs Wochen todkrank. Es kamen 18 Russen, wollten wieder plündern. Als sie mich sahen, liefen sie davon, denn sie hatten Angst vor Krankheiten.

Auch diese schreckliche Zeit wurde überwunden. Lois ging 1946 nach Wien, um seine Lehre als Zimmermann zu beenden. Sepp heiratete 1947 und wollte zu Hause bei den Eltern bleiben. Nun hatte ich Zeit, ging auch nach Wien und suchte mir einen Posten als Hausgehilfin, da ich mir Geld verdienen wollte. Ich verdiente im Monat 60 Schilling, also total unterbezahlt.

Ich war sechs Monate fort, da zogen Sepp und die Schwägerin aus, sie bekamen eine Wohnung. Sepp nahm seine Schwiegereltern zu sich, daher konnten sie beide arbeiten gehen; sie hatten inzwischen schon einen Sohn. Nun waren die Eltern wieder alleine, Berta war acht, Frieda fünf – also noch keine große Hilfe.

Wie es halt so ging, bekam Mutter Gehirnhautentzündung, sie war sechs Wochen im Krankenhaus Krems. Ich kündigte und kam nach Hause. Vater sowie Geschwister brauchten mich. Als Mutter vom Krankenhaus heimkam, musste sie sich auch noch sehr schonen. Sie durfte nicht in die Sonne gehen, hatte dauernd Kopfschmerzen und bekam auf der linken Seite eine Lähmung. Nun war ich ans Haus gebunden.

Bruder Lois hatte inzwischen seine Lehre beendet, verdiente als Zimmermann ganz gut. Ich ging tagsüber öfter arbeiten, Wäsche waschen, Taglohn 15 Schilling. Auch in der Gutsverwaltung Jaidhof bekam ich Arbeit in der Baumschule.

Im Winter ging ich wieder nach Wien. Ich verdiente im Monat 200 Schilling, das war für mich schon viel Geld. Die Hälfte schickte ich nach Hause. Ich kochte für feine Gäste, hatte keine Ahnung, aber das Kochbuch und etwas Talent halfen mir gut. Ich war im 19. Bezirk in einer schönen Villa. Die Tochter war damals 24-jährig, heute „Opernball-Lady" Lotte Tobisch von Labotyn. Ich war ganz gern dort, obwohl die Mutter nicht ganz einfach war. Freizeit hatte ich am Sonntag ab drei Uhr. Trotzdem gefiel mir der Posten gut.

Ich ging meistens mit Bruder Lois und Freunden aus. Auch bekam ich des Öfteren eine Opernkarte vom Chef geschenkt, so lernte ich die Welt von der schönen Seite auch ein wenig kennen. Der Chef war 72 Jahre, schwer zuckerkrank und hatte Angina pectoris. Da ich für ihn genau nach Vorschrift kochte, war er sehr dankbar mir gegenüber. Die Chefin war auch gut zu mir, nur oft sehr unglücklich. Sie war 30 Jahre jünger als ihr Gatte.

Meiner Mutter ging es wieder besser, daher durfte ich zwei Jahre dort bleiben. Mein Bruder Lois ging 1950 nach Australien, das war für mich ein schwerer Schlag.

Meine Chefleute kauften in der Nähe von Kitzbühel ein Sommerhaus. Ich durfte zwei Monate mitfahren. Das war für mich etwas Neues und sehr schön. In Tirol hatte ich bald Freunde, so ging mir Bruder Lois nicht mehr so ab. Einmal ging ich mit zehn Burschen Bergsteigen, das war sehr lustig. Die Burschen behandelten mich wie eine Lady. Einer davon machte mir einen Heiratsantrag, aber ich lachte nur dazu, denn es waren alle sehr nett.

Die Zeit verging, der Chef kränkelte sehr, so fuhren wie nach Wien. Mir tat der Mann leid, und ich war sehr traurig, als er nach kurzer Zeit starb. Der Haushalt wurde verkleinert, so kam ich dann wieder nach Hause, 1951.

Meine Schwester Berti war inzwischen zwölf, Frieda acht Jahre. Ich wurde nicht mehr so notwendig gebraucht, also war mein nächster Posten bei einer Apothekerfamilie. Ich war drei Jahre dort und sehr glücklich. Ich hatte viel Freizeit, ging viel tanzen und auch oft ins Kino. Auch war ich wie das Kind im Haus. Ich war lange noch in Kontakt mit dieser Familie. In dieser Familie habe ich viel gelacht, es waren lustige Menschen, natürlich auch gesund.

Ich lebte gerne in Wien. Auf einmal überkam es mich, und ich wollte Krankenschwester werden. Ich bewarb mich 1953 im Allgemeinen Krankenhaus. Ich wurde aufgenommen und freute mich sehr. 14 Tage bevor die Schule anfing, wurde Mutter sehr krank, Nervenlähmung. Sie kam nach Wien in die Neuro-Abteilung der Klinik Hoff*. Da sie keine Krankenkasse hatte, musste das irgendwie bezahlt werden. Ich meldete mich von der Krankenpflegeschule ab und blieb bei der Apotheker-familie. Ich konnte meinen Vater nicht im Stich lassen. Da ich wenig Zeit zum Nachdenken hatte, fiel es mir nicht so schwer. Auch war ich gesund, Mutter so krank – da war es für mich selbstverständlich.

Ich hatte auch viele Verehrer, aber ich konnte mich für keinen entscheiden. Ich ging am liebsten mit einer Partie fort, ich wollte nur lustig sein. Manchmal dachte ich: „Den mag ich", aber nach ein paar Wochen ging er mir schon wieder auf den Geist. Ich war oft wütend auf mich selbst. Ich sprach mit Vater darüber. Er tröstete mich: „Wird schon der Richtige kommen." Ich war stets Seelentröster, aber ich hatte niemand, der mich getröstet hätte.

Ich war mit mir unzufrieden. Ich wollte irgendetwas lernen, wollte mein eigenes Leben leben. Mein Bruder Lois schrieb mir, ich solle auch nach Australien kommen. Ich war wohl zu weich dazu, denn Mutter konnte es nie verkraften, dass Lois so weit fort war.

Im Jahr 1957 kam ich wieder nach Hause, Vater meinte, dass ich die Wirtschaft übernehmen soll. Meine beiden Schwestern wollten auch einmal fort. So hatte ich ja gesagt, aber es sollte an-ders kommen. Ich lernte bei der Weinlese meinen Mann kennen. Es ging alles so schnell. Ich wusste selbst nicht, wie mir geschah. Ich mochte Max recht gern, aber es waren so viele Dinge, die mich störten: Weinhauer, alle – Großvater, Schwiegermutter, Schwäge-rin und Schwager – wohnten im Haus, und es war wenig Platz.

Mit 29 Jahren fing ich an, mein eigenes Leben zu leben, das aber kein eigenes Leben war. Im Februar 1958 wurde ganz schnell geheiratet. Für mich war es sehr schwer. Ich war das Stadtleben gewöhnt, nun wurde ich ein eingeengter Arbeits-mensch. Max war ja sehr gut zu mir, aber die vielen anderen Anschaffer waren schwer zu ertragen. Ich schaffte es nur, weil ich meinen Humor nicht verlor.

Meine Eltern hatten sich damals sehr gekränkt, weil ich die-sen Weg eingeschlagen hatte. Deswegen erzählte ich es ihnen nie, wenn ich unglücklich war. Vater konnte ich nicht täuschen. Wir sprachen aber nie darüber.

Meine Schwester Berta heiratete nach Jaidhof. Für die Eltern ein Trost, denn sie ging fast jeden Sonntag ein paar Stunden nach Hause. Frieda übernahm das Elternhaus. Da ihr Mann Karl schon mit 37 Jahren starb, ging auch einiges daneben. Vater starb 1967, im 81. Jahr, an einem Schlaganfall. Mutter starb 1979, sie war besonders arm, da sie längere Zeit gelähmt im Bett verbrachte. Sie war eine sehr geduldige Patientin, hatte bis zum Schluss auf Heilung gehofft. Ich habe meine Eltern sehr vermisst, und sie fehlen mir heute noch.

Ich brauchte viele Jahre, bis ich mich in Mollands gut einlebte. Wir, Max und ich, mussten schon schwer schuften, damit wir die vernachlässigte Wirtschaft wieder in Gang brachten. Mein Leben war ausgefüllt mit Arbeit. Trotzdem hatten Max und ich große Freude mit unseren fünf Kindern. Sie wurden alle anständige Menschen und enttäuschten uns nicht.

1959 kam Maria zur Welt, es war am 21. März. Ich blieb bei der Geburt zu Hause. Frau Rosenstingel, die damalige Hebamme, leistete Hilfe. Es ging alles gut. Dr. Brandstätter kam, um mich zu nähen. Nach ein paar Tagen war der Bär los. Die Brust war ganz hart, es kam kein Tropfen mehr. Die Hebamme legte mir einen Dunstwickel auf, der leider zu heiß war, so wurde ich ganz offen. Die Schmerzen wurden immer schlimmer. Dr. Brandstätter schnitt meine Brust auf, es wurde aber nicht besser. Da er sich nicht mehr zu helfen wusste, holte er Primar Dr. Rainer aus Horn. Dieser schnitt mir die Brust ganz durch, es war furchtbar. Sechs Wochen schwebte ich in Lebensgefahr. Klein-Maria wurde mit Haferbrei-Milch gefüttert. Endlich wurde es besser, und ich durfte aufstehen. Die Schwiegermutter betreute das Kind, auch mich zum Teil. Es war für mich eine harte Prüfung, da ich mitansehen musste, wie die ganze Familie das Baby umherschleppte und anhimmelte. Das kleine Wesen hätte Ruhe gebraucht, auch ich.

Auch diese Zeit verging, ich war wieder gesund. Ich musste Klein-Maria überall in den Weingarten mitnehmen. Es gab damals noch keine Asphaltstraßen, sondern nur glitschige Wege, sodass sich oft die Räder des Kinderwagens nicht mehr bewegten. Ich hatte immer nur einen Gedanken: Ein zweites Kind würde ich nicht mehr schaffen.

Im November 1960 kam Ilse zur Welt. Ich war in Krems in der Geburtenstation. Es ging nach der Geburt relativ gut. Nach fünf Tagen kam ich nach Hause. Es war wie eine Verschwörung. Die linke Brust wurde hart, und ich musste wieder geschnitten werden. Es dauerte aber nicht so lange wie beim ersten Mal. Ich wurde bald gesund. Ilse war winzig, sechs Wochen zu früh, noch nicht ganz reif. Die ersten Wochen waren hart, aber bald gedieh das kleine Wesen prächtig. Ich bewachte es, ließ niemand ran, es war gut so. Nun hatte ich schon zwei und viel andere Arbeit. Aber der Tag war lang, ich schaffte es ganz gut.

Im Juli 1963 kam Charlotte zur Welt. Es war ein Sonntag. Frau Ball, die Hebamme im Krankenhaus, war sehr lieb zu mir. Da ich sowieso keine Milch hatte, bekam ich eine Spritze, die Restmilch wurde vertrieben. Ich fühlte mich recht gut. Mit fünf Tagen Pause war ich ganz zufrieden. Ich konnte gleich ordentlich zupacken. Ich musste auch mit drei Kindern in Weingarten arbeiten.

Der Großvater, damals 82 Jahre alt, erlitt einen Schlaganfall, also musste er gepflegt werden. Schwiegermutter übergab mir auch diese Arbeit. Drei Jahre Pflege, es war hart, wurde aber auch geschafft. 1965 starb Großvater.

1966, im Oktober, kam Markus an. Ich war alleine mit den Kindern zu Hause, alle helfenden Hände waren bei der Weinlese. Ich fuhr mit der Rettung ins Krankenhaus, die Kinder blieben alleine zu Hause, bis am Abend die Leser heimkamen.

Die Schwiegermutter hatte nun auch viel zu tun, da Maria schon zur Schule ging. Die Geburt war nicht leicht, aber normal. Es war ein gutes Gefühl, einmal den ersehnten Stammhalter nach Hause zu bringen. Klein-Markus lohnte es mir. Er war ein braves Kind, schlief vom ersten Tag an gleich durch bis vier Uhr Früh.

Um diese Zeit musste ich sowieso schon aufstehen, da ich um fünf Uhr schon im Stall sein musste, Kühe melken, um halb sechs holte sich eine Frau schon die Milch. Ein altes Sprichwort sagt: „Morgenstund hat Gold im Mund". Bei guter Einteilung ging alles gut. Max hatte in Keller und Weingarten viel Arbeit. Auch ging er im Winter für die Gutsverwaltung Holz schneiden, um etwas zu verdienen. So wurde niemandem etwas geschenkt.

Wir hatten nicht sehr viel Platz, aber Sepp, mein Schwager, wohnte auch mit Frau und zwei Kindern bei uns. Er baute sich in Schönberg ein Haus, zog dann endlich aus. Nun heiratete Anni, die Schwägerin, wohnte dann auch vier Jahre bei uns. Mit einem Wort, es war ein turbulentes Haus, aber zur Arbeit waren wir allein.

September 1969 kam dann Irene als Schlussbündel zur Welt. Sie war kräftig, lieb, hatte eine gute Stimme. Aber auch diese Zeit verging.

Nun ging alles wie am Schnürchen. Die Kinder kamen nacheinander zur Schule. Sie lernten brav, halfen auch schon bei leichteren Arbeiten. Markus und Irene waren auch in Schönberg im Kindergarten. Die älteren drei Kinder hatten leider diesen Vorzug nicht, da der Kindergarten erst fertig wurde, als Markus fünf Jahre alt war.

Die Zeit verging sehr schnell, ich lebte mit den Kindern mit, war immer für jeden da. Ich vernachlässigte dadurch meine Freunde, sogar den Ehemann. Ich merkte es aber nicht, denn es gab dauernd etwas zu erledigen, zu schlichten usw.

Alle vier Mädchen machten nach der Hauptschule die einjährige Haushaltsschule im Kloster Langenlois-Haindorf, sie lernten nähen, kochen … Maria wurde dann Friseurin, lernte in Rohrendorf bei Krems. Ilse kam nach St. Pölten ins Internat, wurde Diplomkrankenschwester. Charlotte lernte in Wien, in der Rudolfsstiftung, Krankenschwester und kam anschließend gleich nach Krems. Markus ging in Krems in die Weinbauschule, beendete sie mit Erfolg und ist inzwischen schon Kellermeister. Irene lernte Verkäuferin in Wien, schloss die Prüfung mit Vorzug ab.

Wir waren sehr glücklich darüber, dass alle fünf Kinder die Abschlussprüfungen bestanden hatten. Nun hatten alle ein Ziel erreicht, das bedeutete für mich sehr viel. Aber als sie flügge wurden, viel fortgingen, in der Nacht erst nach Hause kamen, da hatte ich die ärgsten Schlafstörungen. Papa schlief tief und fest, er konnte es nicht begreifen, dass ich Angst hatte. Wir gin-

gen nur ein paarmal im Jahr aus. Papa war und ist ein Stuben-
hocker. Ich habe mich inzwischen daran gewöhnt. ...

Nun sind Max und ich seit 1994 in Pension. Wir helfen Markus, der mit Ulrike den Betrieb weiterführt, in der Wirtschaft,
soweit es unsere Kräfte zulassen. Meine Schwiegermutter, 89,
erfreut sich noch bester Gesundheit.

Da ich seit fünf Jahren an Parkinson erkrankt bin, kann ich
nicht mehr schwer arbeiten, daher befasse ich mich etwas geis-
tig, schreibe, so gut ich kann, Ausschnitte aus meinem Leben
nieder. Ich habe eine gute ärztliche Hilfe. Dr. Baumhackl und
Dr. Rohringer aus St. Pölten sind die nettesten Ärzte, die mir
begegnet sind. Dank der wunderbaren Behandlung geht es mir
besser. Vor fünf Jahren ging es mir schon ziemlich schlecht, ich
zitterte und hatte überall Schmerzen. Seit einem Jahr mache ich
bei einer Studie mit. Ich muss sagen, hätte ich nicht das Glück
gehabt, diesen Ärzten zu begegnen, ich wäre sicher schon ans
Bett gefesselt. Ich kann noch leichtere Arbeiten verrichten und
bin meistens guter Laune.

KATHARINA GASSLER

wurde am 7. März 1915 als jüngeres von zwei Kindern geboren und wuchs in einer Weinhauerfamilie in Hautzendorf im südlichen Weinviertel auf. Im Jahr 1940 heiratete sie und übernahm mit ihrem Mann den Hof ihrer Eltern, auf dem vor allem Wein- und Ackerbau betrieben wurde. Katharina Gassler zog zwei Kinder groß. Sowohl ihr Mann als auch ihr Sohn waren über viele Jahre Bürgermeister von Hautzendorf. Inzwischen wird der Hof von einem Enkel, Alois Gassler jun., weitergeführt. Katharina Gassler verstarb am 11. September 2008 im 93. Lebensjahr.

Die hier wiedergegebenen Aufzeichnungen, die zwischen 1990 und 1993 entstanden, umfassen im handschriftlichen Original 32 A5-Seiten. Katharina Gassler erinnert sich darin an die Arbeitsabläufe auf dem elterlichen Hof in den Zwanziger- und Dreißigerjahren des 20. Jahrhunderts. Detailliert beschreibt sie die Arbeit in den alten Stockkulturen, einer damals noch üblichen, sehr arbeitsintensiven Bewirtschaftungsform im Weinbau.

Außerdem verfasste Katharina Gassler eine Vielzahl von Gedichten, in denen sie zumeist Aspekte des Alltagslebens festgehalten hat. Eine Auswahl davon wurde von ihren Enkelkindern anlässlich des 80. Geburtstags der Autorin in Buchform zusammengestellt.

Die Arbeit eines Tages im Jahr 1929

Unser Tagwerk begann um vier Uhr früh. Mutter war immer die Erste auf, dann war ich an der Reihe. Es wurde sofort in den Stall gegangen. Wir hatten überall Petroleumlampen stehen, die wurden angezündet. Vater ging zum Pferd, füttern und putzen. Mutter und ich gaben zuerst den Kühen das Futter. Es bestand aus Om* – das waren die Ähren vom Getreide* –, Hafer, mit der Rübenmaschine geschnittenen Rüben, darauf kamen noch Schrot und Kraftfutter.

Nun wurden während des Fressens die Kühe gemolken, Mutter zwei, ich zwei. Mutter ging mit der Milch in die Küche, dort wurde die Milch durch Watte in verschließbare Kannen geseiht.

Ich begann mit der Stallarbeit: ausmisten, frisches Stroh einstreuen, in den Futterbarn* bekamen sie noch Heu und zu Füßen Haferstroh. Dann wurden die Schweine gefüttert, die bekamen zerkleinerte Erdäpfel, Schrot und meistens noch ein Simperl* Kukuruz*. Nun musste der Dämpfer mit Kartoffeln gefüllt und eingeheizt werden, damit zur nächsten Mahlzeit wieder Futter da war.

Da rief mich meistens Mutter schon zum Milchkammergehen*, das war zirka um halb sechs, sechs Uhr Früh. Von der Milchkammer wieder zu Hause, hat man noch in allen Ställen nachgeschaut, ob alles in Ordnung ist. Die Lampen wurden ausgeblasen, Zylinder* geputzt, Petroleum nachgefüllt. Die Kühe wurden in der Zwischenzeit auch noch geputzt. Dann war für eine Mahlzeit die Arbeit im Stall fertig.

Zu unserer Zeit haben die Tiere auch drei Mahlzeiten gehabt. Zu Mittag musste man als Draufgabe Heu und Stroh von der Scheune in die Futterkammer bringen, denn am Abend war es beim Füttern meistens schon finster, es gab ja noch kein elektrisches Licht.

Morgens nach der Stallarbeit wurde „Kaffee gegessen". Den Kaffee brannte Mutter aus Gerste in einer eisernen Stielpfanne auf dem offenen Feuer. Das roch sehr gut. Zum Gerstenkaffee kamen zehn bis zwölf Körner Bohnenkaffee. Vater sagte oft zur Mutter: „Du hast dich verzählt, es waren nur fünf Kaffeekörner." Manchmal kamen dann noch ein paar Bohnen dazu. Zu dem Häferl Kaffee gab es ein Stück schwarzes, selbst gebackenes Brot.

Nach dem Essen ging es aufs Feld oder in den Wald. Um halb neun, neun Uhr gab es meistens Schmalzbrot oder im Frühjahr frischen Speck. Mutter ging so um zehn Uhr nach Hause, sie musste ja kochen, Vater und ich um elf. Um zwölf Uhr hatten wir schon zu Mittag gegessen, die Tiere gefüttert und alles für abends hergetragen. Nun ging es wieder an die Arbeit.

Abends wurde auf dem Feld sehr spät Schluss gemacht. Ums Gebetläuten* waren wir oft noch auf dem Heimweg. Zu Hause war noch die ganze Stallarbeit. So wurde es im Sommer zehn Uhr und später, bis alles fertig war.

Das Schönste vom ganzen Tag war das Milchkammergehen. Da traf sich die Jugend, und die hatte immer viel zu lachen, wenn Mädchen und Burschen beisammen waren. Die Woche war sehr lang, die Sonntage sehr kurz. Am Sonntagnachmittag traf sich die Ortsjugend im Bahnwarteraum. Da wurden Spiele gespielt, es wurde gesungen und viel gelacht.

Das Abendessen bestand jeden Tag aus frisch gekochten Kartoffeln und Schweineschmalz, einem Stück Brot und einem Glas Haustrunk*. Das hat uns gut geschmeckt, und wir waren alle zufrieden. Ich denke heute noch gerne an die schöne Jugendzeit zurück.

Die Arbeit eines Jahres

Ich möchte so kurz wie möglich die Arbeit eines Jahres in unserer Jugendzeit aufschreiben, damit unsere Enkel wissen, wie's zu Omas Zeiten – 1929 bis 1937 – gewesen ist.

Ich beginne mit dem Monat Jänner. Es war meistens Holz vom Wald zu Hause, das musste bei halbwegs schönem Wetter auf Scheitellänge geschnitten werden. Vater und ich machten das mit der Bogensäge. Die Bäusche*, das war das Geäst, wurden auf zirka 25 Zentimeter Länge gehackt. Das Kleinholz wurde zum Einheizen genommen.

Bei größerer Kälte wurden im Stall Bandl* gemacht. Zum Bandlmachen brauchte man Schabstroh*, mit der Drischel* gedroschen. 52 Stück Bandl waren ein Buschen, 100 Buschen hab ich machen müssen. Auch 40 Schabl* zum Weingartenbinden wurden gemacht. Das Stroh wurde ausgekämmt und die Ähren abgehackt, vier und vier Halme wurden zusammengebunden.

Scheitelhacken, Bürdelhacken* und die Stroharbeit – das alles sollte im Jänner fertig werden. Meistens blieb noch ein Rest für den Februar.

Im Februar begann schon – je nach Wetter – das Schneiden im Weingarten. Es gab nur die Stockkultur. Je nach Stock wurden vier bis fünf Lass* bis auf zwei Augen* geschnitten, vier bis fünf auf eine Augenlänge; das andere wurde scharf beim Stock abgeschnitten, damit er nicht zu buschig wurde.

Mutter war sehr darauf bedacht, dass keine Stunde versäumt wurde. Um vier Uhr Früh ging sie auf die Straße, die damals ein Feldweg war, und schaute, ob es gut gefroren war. Wenn ja, dann hieß es auf und schnell zur Arbeit, damit wir weiterkamen, denn wenn die Sonne herauskam, wurde es rutschig und wir mussten nach Hause.

Bei recht schlechtem Wetter wurden Arbeitskleider genäht, geflickt, gestopft; es wurde ausgenäht* und gestrickt. Mutter hat meistens geflickt und gestopft, ich durfte Deckerln ausnähen, daran hatte ich große Freude. Vater las uns oft abends was vor. Zu dieser Zeit haben wir uns den Roman „Der bayerische Hiasl"* gekauft. Ein Verkäufer brachte uns jede Woche sechs bis acht Hefte, die mussten gleich bezahlt werden. Vater las uns daraus vor, Mutter und ich nähten. Großvater hörte auch zu und sagte: „Kauft doch mehr Hefte, dass wir endlich das Ende hören."

Mit all dem ging auch der Februar vorüber, und im März wehte schon ein anderer Wind. Da begannen bei schönem Wetter alle Arbeiten. Für die Äcker war Vater mit Pauxl, dem Pferd, zuständig. Wenn es trocken war, wurde geeggt, meistens zwei Mal, denn die Egge war leicht und die Erde hart – eine große Plage für Ross und Mann.

Mutter und ich gingen täglich in den Weingarten. Wenn die Reben fertig geschnitten waren, mussten sie alle auf Bürdel* gebunden werden. Als Wieden* nahmen wir wilde Waldreben, wir sagen Lierlisch* dazu. In allen Weingärten zusammen waren das über 300 Bürdel. Die mussten – meistens bergauf – zu einem Weg, zu dem man hinfahren konnte, getragen werden.

Im Weingarten wurde noch gegrubt*. Wenn ein Stock abgestorben war, wurde er herausgehackt, und Reben eines gesunden Nachbarstocks wurden zirka 60 Zentimeter tief eingegraben. Die Grube wurde zur Hälfte zugeräumt, nur zwei Reben durften dort herausschauen, wo die Stöcke fehlten. Die zweite Hälfte musste mit saftigem Stallmist aufgefüllt werden. Der wurde natürlich mit der Butte* geholt. Das hieß Misttragen. Manches Mal ist man samt der Butte in die Grube gefallen, denn der Mist war sehr schwer.

Nun begann das Fastenhauen. Es war meistens zur Fastenzeit – daher kommt auch der Name – und dauerte zwei bis drei Wochen, jeden Tag von morgens bis abends. Die Weinstecken wurden im Herbst aus der Erde gezogen und auf Haufen gelegt. Der Hauerlehrling musste die Stecken auf das Stück, das schon gehauen war, legen. Das Gehauene wurde dann gerecht und gleichgemacht. Wenn der Weingarten fertig war, wurde der Roan* geschert* und mit der Haue geprackt*. Wir hatten zirka zwei Joch* Weingärten. Bis wir fertig waren, kam meistens schon der April.

Nun musste wieder jeder Weinstock einen Stecken eingeschlagen bekommen. Es waren längere und kürzere Stecken, das musste schön eingeteilt werden, und ab und zu kam ein neuer Stecken dazu.

Ungefähr Mitte März wurden Gerste und Hafer angebaut, je nach Wetter.

Im April wurden Erdäpfel gebaut. Dafür musste man schon eine halbe Woche den Samen richten. Die Erdäpfel wurden zerschnitten, jedes Stück musste mindestens vier Augen haben; die schlechten wurden verfüttert.

Ende April wurden auch die Burgunder* gestupft*. Vater ackerte mit dem Häufelpflug kleine Dämme auf. Mutter und ich machten bei jedem Schritt mit der Hand kleine Löcher in die Dämme. Da kamen fünf bis sechs Körner Rübensamen hinein, und mit der Hand wurde fest draufgedrückt. Da tat das Kreuz weh, sehr weh.

So um den 24. April, auch je nach Wetter, wurde der Kukuruz gebaut. Vater ackerte, und jede dritte Furche wurden die Körner mit der Hand auf halber Furchenhöhe in die Erde gelegt.

Die Kartoffeln wurden in jede zweite Furche gelegt, bei jedem Schritt eine Kartoffel. Mitgetragen wurden die Kartoffeln in einem Korb oder in einem Binkel*, den man um die Mitte gehängt hatte.

Anfang Mai fing alles zu wachsen an. Frucht und Unkraut, es war alles grün, als ob der böse Feind den Acker bestellt hätte. Das war nun viel Arbeit, denn alles musste von Unkraut gereinigt werden. Kartoffeln, Kukuruz, Burgunder und die Weingärten – das alles musste zwei- bis dreimal geschert werden, bis die Frucht groß geworden war. Mitte Mai wurden auf den Kukuruzfeldern zwischen den Zeilen Fisolen gebaut.

Um Pfingsten war die Heuzeit. Der Klee musste mit der Sense gemäht werden. Nur Handwerkzeug war im Gebrauch: Sense, Gabel, Rechen, Haue und Scherer. Es wurde viel Klee angebaut, das war das Winterfutter für die Tiere. Das Kleemähen war eine Plage, da mussten alle zusammenhelfen. Bei schönem Wetter war in vier bis fünf Tagen das Heu zum „Heugnen"*, meistens abends nach dem Füttern der Tiere, bei Tag war es zu heiß. Das Heu wurde mit Strohbandln oder Garbenbindern* gebunden.

Anfang Juni begann wieder die Arbeit in den Weingärten: das Jäten, Ausbrocken der Reben, die keine Trauben hatten oder wild am Stock wuchsen. Die Reben mussten wieder um den Weinstecken festgebunden werden, dazu wurden die Strohschabl verwendet. Die Schabl wurden im Bach eingeweicht und mit den Füßen fest getreten, damit das Stroh weich war. Jeder musste sein Schabl selbst tragen, meistens in der Krenzn* am Rücken, da kamen auch noch die Jause, Wein und Wasser hinein. Man ging überall zu Fuß hin, in die Weingärten und auf die Äcker. Der Tag auf dem Feld dauerte von Sonnenaufgang bis Sonnenuntergang. Dann war auch noch die Stallarbeit.

Im Frühjahr kam zu aller Arbeit noch das Futterholen für die Kühe dazu. Das erste Grünfutter war das Getreide, dann kamen der Klee und das Mischfutter, das bestand aus Hafer, Erbsen und Wicken*.

Im Sommer wurde jede Woche einmal auf den Aschenmarkt* gefahren, mit Fisolenscharln*, Erbsen, frühen Kartoffeln und allem Obst. Wir fuhren mit einem Lastwagen, mit Herrn Kisling aus Niederkreuzstetten, und bezahlten pro Kilo zwei Groschen. Wir waren meistens um zehn oder halb elf Uhr abends auf dem Markt. Um elf kamen schon die Händler. Der

Markt dauerte bis vier Uhr Früh. Wenn man seine Sachen nicht verkaufen konnte, musste man bis sieben Uhr Früh noch mit der Schüsserlwaage* kiloweise verkaufen oder fürs Heimfahren wieder zwei Groschen bezahlen (fünf Groschen kostete eine Semmel). Heim kamen wir meistens um acht bis zehn Uhr Vormittag, und es ging ohne Schlafen gleich wieder an die Arbeit. Ich kann mich noch gut erinnern, dass ich bis zur Erntezeit jede Woche 60 bis 100 Schilling heimbrachte, das war in den Dreißigerjahren viel Geld. Es hing auch sehr viel Arbeit dran.

Der Petrustag* war der Stichtag zum Erntebeginn. Da sollte auf dem Feld und in den Weingärten alles fertig sein. Knapp vorher war meistens das zweite Mal der Klee zu mähen und das Heu nach Hause zu bringen.

Es musste ja alles mit der Sense gemäht werden, auch das Getreide. Die Männer mähten, die Frauen mussten aufwällen* und Garben binden. Wer flink war, wollte immer hinter dem Mahder* sein. Jeden halben Tag wurden die Garben auf Zehner* zusammengestellt, denn wenn schlechtes Wetter kam, sollten die Ähren nicht auf dem Boden liegen, sonst wuchs das Getreide leicht aus. Meistens musste die Frucht* aufs Heimführen warten, bis alles gemäht war.

Wenn die letzten Garben zu Hause waren und die Scheune vollgestopft war – gedroschen wurde dann erst im Winter –, da war es meistens Ende August Anfang September und da waren schon die frühen Kartoffeln zum Ausnehmen*. Die Kartoffelernte dauerte auch ein paar Wochen, wir hatten Speisekartoffeln und Futterkartoffeln gebaut. Bis zum 36er-Jahr haben wir alle Erdäpfel mit der Haue ausgenommen. Die kleinen wurden nach vorne in einen Korb geworfen, die großen nach hinten in eine Reihe. Jeden halben Tag wurden die großen in Säcke gefüllt und abends nach Hause geführt. Abends nach dem Füttern der Tiere musste noch abgeladen werden. Die Keller wurden bis oben angeschüttet.

Um das Jahr 1937 haben wir die Kartoffeln dann mit dem Pflug ausgeackert. Es ging doch schneller als mit der Haue. Anfang der Fünfzigerjahre haben wir sie mit dem Erdäpfelleger gebaut und mit dem Roder* ausgerodet. Da lagen die Erdäpfel auf dem ganzen Acker, groß und klein. Es war sehr viel Arbeit. Wir haben auch eine Zeit Industrie-Kartoffeln gebaut. Die mussten in einen Waggon verladen werden. Viel Plage und wenig Geld!

Anschließend wurde der Kukuruz geerntet, Ende September, Anfang Oktober. Die Kukuruztollen* wurden von den Stämmen gerissen und mit Körben auf den Bretterwagen geladen, bis dieser ganz voll war. Meistens wurden zwei Wagen heimgeführt. Die wurden dann in der Scheune der Tenne entlang abgeladen. Am Abend war das schöne Woazauslösen*. Das wurde meistens beim Milchkammergehen ausgemacht. So kam die halbe Ortsjugend zusammen. Entlang der Tenne auf dem Kukuruz sitzend, wurden von den Tollen die Blätter bis auf drei innere weiche abgerissen. Es saßen ein paar Burschen oder Männer dabei, denen warf man die ausgelösten Tollen hin, und sie banden zwei oder vier Tollen an den Blättern zusammen. Die wurden auf Kegel zusammengeschiebert*.

Es waren auch rote Tollen dabei. Wer eine rote fand, musste einen Kuss hergeben. Es wurde sehr viel gelacht und gesungen: „In einem kühlen Grunde, da geht ein Mühlenrad", „'s Mägdlein hält Tag und Nacht", „Christinchen saß weinend im Garten", „Ei, wie schmeckt mir so ein Küsschen", „Karl am Grabe" und noch viele andere Lieder und Gedichte. Witze wurden erzählt, und es wurde viel gelacht. Schluss gemacht wurde meistens um halb zwölf, dann ging man in die warme Küche. Da gab es noch zu essen und zu trinken. Dann wurde noch gespielt, und alle vergaßen, dass sie am anderen Tag wieder aufstehen mussten. Der gebundene Kukuruz musste auf Stangen aufgehängt werden. Dieser Baum hieß „Woazbaum". Diese Arbeit sollte bald fertig sein, denn die Weintrauben waren auch schon reif.

Um den 8. bis 10. Oktober begann die Weinlese, aber ich habe eine wichtige und schwere Arbeit vergessen. Die Weingärten mussten je nach Wetter mit Kupfer* gegen den Falschen Mehltau* gespritzt werden. Die Spritzbutte wurde auf dem Rücken getragen, gepumpt wurde mit der Hand. Das Spritzen dauerte meistens zwei Tage. Es wurde von Mitte Mai bis zur

Ernte fünf- bis siebenmal gespritzt. Gegen den Echten Mehltau wurde mit Schwefel gestaubt, zeitig in der Früh, wenn Tau war.

Beim Lesen wurden die Trauben mit dem Weinmesser, das war ein Hakenmesser*, abgeschnitten, und jedes „Körndl", das auf dem Boden lag, wurde aufgehoben und in den Kübel geworfen. Die Kübel wurden in eine Butte geleert. Dem Buttenträger musste die Butte aufgehoben werden. Er trug sie zum Mostelschaff*, das war ein hohes Schaffel mit zwei Böden. Der zweite Boden hatte Löcher und ein Türl, damit der Most durchrinnen konnte. Die Trauben mussten mit zwei Stößeln* gestoßen werden. Es sollte kein ganzes „Körndl" mehr dabei sein. Dann wurde das Mostelschaff in die „Boding"* geleert. Wenn sie voll war, holte Vater das Pferd mit Wagen und „Load"*, das war ein Fass mit acht bis zehn Eimer* und einer großen Öffnung, in die die Maische eingefüllt wurde; das hieß Einschlagen.

Das Pferd hatte während des Lesens eine Glocke am Geschirr. Das war wegen der Hohlwege, damit man hören konnte, wenn ein Fuhrwerk kam. Man hörte den ganzen Tag das Glockengeläute.

Da wurde beim Geitloch* – das war eine Öffnung im Presshaus, die zum Seihtenn* führte –, der Geit*, eine Holzrinne, herausgezogen und die Load von zwei Männern daraufgerollt. Die Maische rann über den Geit auf den Seihtenn, der Most rann in den Grand*, das war ein großer, langer Trog. Im Grand hatten acht Eimer Most Platz. Abends, wenn die zweite Load im Presshaus war, ließ man bis nach dem Füttern der Tiere die Maische abrinnen.

Nun wurde die Maische in den Presskorb geschaufelt und mit der Baumpresse* gepresst. Vater steckte die Riegel und ich ging mit der Spindel. Die Riegel mussten so lange eingeschoben werden, bis sich endlich der schwere Stein hob. Zirka einen halben Meter musste der Stein von der Erde weg sein. Dann gingen wir nach Hause. Vater hatte Holzrinnen gelegt, so konnte der Most während des Pressens in die Fässer rinnen. Um zwölf Uhr nachts mussten wir den Stock aufrebeln*, der Stein stand meistens schon auf der Erde. Er musste dann nochmals aufstoßen. In der Früh waren die Trebern* zum Hinaustragen. Nun konnte wieder gelesen werden. So ging es vierzehn Tage oder länger, je nach Wetter und Ernte. Alle freuten sich, wenn das Lesen fertig war.

Nun ging es über die Burgunder*. Da wurden die dürren „Blätschen"* weggerauft*, die Burgunder ausgezogen und im Kreis vor einen Haufen gelegt. Dann wurden die „Blätschen" abgeschnitten und die Haufen mit diesen zugedeckt, damit die Rüben nicht austrocknen oder gefrieren konnten. Wenn wir fertig waren, begann das Heimführen. Da brauchte man meistens zwei Pferde, weil im Herbst die Wege so schlecht waren. Die Rüben wurden im Presshaus eingewintert. Wir fuhren mit zwei Wagen, Vater und Mutter luden auf und brachten die Rüben zum Presshaus. Ich trug sie ins Presshaus, das wurde bis oben angefüllt. Was nicht Platz hatte, wurde in Gruben eingewintert, mit Stroh und Kot zugedeckt.

Nun wurde in den Weingärten mit Schwefelkohlenstoff eingestochen, die Löcher mussten gleich zugestopft werden. Das war gegen die gefürchtete Reblaus. Damals waren die Weinstöcke nicht veredelt, sondern man setzte gewöhnliche Reben aus, die man im Wasser antreiben ließ. Die Reben wurden von den schönsten Stöcken gewonnen, die im Sommer gekennzeichnet wurden.

Nun wurden noch die Kukuruzstängel ausgehackt, mit der Haue. Der Kukuruz wurde in halber Höhe abgeschnitten und den Kühen gefüttert. Die Stängel mussten mit den Wurzeln ausgehackt und auf Bürdel gebunden werden, sodass der Acker zum Ackern hergerichtet war. Da war meistens schon Allerheiligen vorbei.

Um diese Zeit wurde dann zwei bis drei Tage Drischel* gedroschen – für das Schabstroh. Um fünf Uhr Früh wurde angefangen. Wenn die Drescher kamen, hatten Mutter und ich schon die Garben für eine Tour* angelegt. Die Sturmlaterne hing am Scheuneneingang. Es war ein schwaches Lichtlein, aber jeder wusste seine Arbeit auch im Dunkeln. Mutter war meistens der vierte Drescher, ich musste das Stroh umdrehen. Anfangs hatte ich immer Angst, dass mich einer mit der Drischel erwischt. Wenn die Garben auf beiden Seiten gedro-

schen waren, war die Tour aus. Das Stroh wurde auf Schab gebunden und geknebelt*. Mit dem Knebel, einem spitzen, einen
halben Meter langen, runden Holz, wurde das Bündel so fest-
gedreht, dass der Schab sich nicht mehr auflöste. Dann wurde
mit dem Knebel noch einmal auf die Ähren geschlagen, und
die Schabl wurden außerhalb der Scheune aufgestellt.

Nun sollte mit der Dreschmaschine noch alles vor Weihnachten fertig werden. Es wurde mit den Pferden gedroschen. Die
armen Tiere mussten den ganzen Tag auf dem Göpelplatz* im
Kreis gehen, davon wurde die Dreschmaschine angetrieben.
Beim Dreschen mussten acht Leute helfen, und man brauchte
immer zwei Pferde – so halfen die Familien gleich zusammen.
Die acht Leute beim Dreschen waren so eingeteilt: Ein Mann
musste das Ross treiben, einer schoppen*, also die Maschine
speisen, einer Garben zugeben, einer von der Maschine mit einer Holzgabel das Stroh leicht wegstreifen – die Körner mussten liegen bleiben –, zwei mussten das Stroh hinausgabeln und
zwei Frauen das Stroh auf Bürdel binden. Wenn schon sehr viel
Korn bei der Maschine lag, so zirka kniehoch, war die Tour aus.
Das Korn wurde zur Seite geräumt, die Tenne sauber gemacht,
und es begann die nächste Tour. So ging es von morgens bis
abends, bis die Scheune leer war.

Das Stroh wurde auf eine Triste* am Feld zusammengeschiebert. Das Korn musste mit einer Windmühle gewunden* werden. Beim Winden mussten drei sein. Vater drehte den Werfel*,
Mutter musste rühren und schauen, dass die Gitter nicht verlegt
waren, ich musste mit einer großen Schwinge* aufschütten und
das reine Korn wegputzen. 2000 Kilo wurden auf den Körndlboden* getragen, für Brot fürs ganze Jahr. Das andere wurde
verkauft. Nun war die Scheune leer und konnte wieder angefüllt werden.

Im Dezember war auch noch im Wald das Holz zu hacken. Die Stämme wurden ausgeästet und auf Haufen gelegt, das Geäst wurde auf zirka eineinhalb Meter lange Bäusche gehackt. Vor Weihnachten wollte man gerne das Holz zu Hause haben.

So habe ich kurz die Arbeit eines Jahres aufgeschrieben – Arbeit ohne Ende.

Maria Schneider

wurde am 12. April 1920 in Obersulz im Weinviertel geboren und wuchs gemeinsam mit drei älteren Geschwistern auf dem Hof ihrer Eltern auf. Im Jahr 1948 heiratete sie in das etwas weiter nördlich gelegene Hobersdorf, wurde Bäuerin und zog mit ihrem Gatten drei Kinder auf.

Nachdem die Kinder im Jahr 1975 geheiratet hatten und der Hof nicht weiter bewirtschaftet wurde, widmete sich Maria Schneider im Alter einer neuen Aufgabe: Sie stellte über viele Jahre Torten und Bäckereien für verschiedene festliche Anlässe im Ort her.

Nach den Erzählungen ihres Mannes verfertigte Maria Schneider zunächst ein Manuskript über dessen Kriegserlebnisse. Nach seinem Tod schrieb sie in den Jahren 2004/05 eigene Lebenserinnerungen, vermischt mit tagebuchartigen Notizen, nieder. Die Beweggründe für ihr Schreiben legt die Autorin gleich zu Beginn des Beitrags selbst dar. Ihre handschriftlichen Aufzeichnungen im Umfang von 71 Seiten werden hier gekürzt wiedergegeben.

Maria Schneider verstarb am 8. Jänner 2007 im 87. Lebensjahr.

Heute ist der 24. März 2004. Ich war wieder einmal beim Arzt. Frau Dr. Geppert und ich sprachen über die Vergangenheit, wie schon öfters, und darüber, dass man vieles festhalten sollte für die Zukunft. Ich habe ja schon mehrmals daran gedacht, etwas zu schreiben, aber wie und wo soll ich da anfangen?

Als ich vom Ordinationszimmer wieder in den Warteraum kam, war da eine junge Mutti mit einem Zwillingspärchen, ganz lieb und herzig, mit großen Augen beguckten sie alles rundum neugierig. Und da hat es bei mir gefunkt. Vielleicht ist es mir auch noch vergönnt, so ein liebes Urenkerl zu erleben. Dieser Gedanke hat mir den Anstoß gegeben, etwas zu schreiben, was vielleicht so kleinen Erdenbürgern, wenn sie einmal erwachsen sind, lesenswert erscheint.

Nun, ich habe schon erwachsene Enkelkinder, sieben an der Zahl, die teilweise noch erlebt haben, dass es bei jedem Haus einen Stall gab und dass dort Tiere drin waren, die man füttern musste, jeden Tag dreimal den Stall reinigen – jeden Tag dieselbe Arbeit …

Die kleinen Kinder von heute wissen nicht mehr, dass es in jedem Bauernhof viele Tiere gab: Pferde, Kühe, Schweine, Hühner, Enten, Gänse, Ziegen. Wenn die Ziegen gemolken wurden – die hatte man ja wirklich nur wegen der kleinen Zicklein –, saßen die Katzen parat und warteten schon auf die Milch. Den Rest bekamen die Schweine, die schmatzten nicht schlecht. Viele Leute behaupteten, das Fleisch der Schweine sei viel besser, wenn sie Ziegenmilch bekommen. Heute wissen viele Kinder gar nicht, von wo die Milch, die sie jeden Tag trinken, herkommt. Alles vom Supermarkt.

Jetzt ist Winter draußen, Eis und Schnee. Die Kinder von heute werden mit dem Auto zur Schule gefahren. Ja, es war ein langer Weg bis zur Volksschule, wenn ich mich da zurückerinnere an meine Schulzeit. Wir hatten in Obersulz den Sulzbach, der durch das Dorf rann, und der war im Winter oft zugefroren. Nichts Schöneres gab es, als in die Schule zu rutschen. Ein langes Stück konnten wir den Bach benutzen, da wir im Unterort wohnten. Und dann ging es den Berg hinauf zur Schule. Da kamen wir ins Schwitzen. Teilweise hatten wir auch nasse Füße, da ja das Eis an manchen Stellen einbrach. Aber eine Gaudi war's. Wir hatten schon in aller Früh Frischluft getankt und saßen dann ganz gern im warmen Schulzimmer.

Es gab in jedem Dorf auch einen Eisteich. Im Sommer war da das schönste Froschkonzert zu hören. Aber wenn es im Winter zu frieren begann, jeden Tag ein bisschen mehr, da wurde immer probiert, ob das Eis schon trägt. Nach der Schule gab es dann das schönste Vergnügen. Wer Schlittschuhe besaß, der wurde beneidet. Aber man konnte ja auch so herumrutschen. Das tat dem Hallo und der guten Stimmung keinen Abbruch. Nur am Abend beim Nachhausekommen gab es manchmal ein Donnerwetter, wenn die ohnehin schon dünnen Schuhsohlen davonhingen und noch am Abend der Schuster gebeten wurde, die Schuhe wieder halbwegs ganz zu machen, da sie ja in der Früh wieder gebraucht wurden. Es war leider kein zweites Paar da. Ich erinnere mich, es waren damals fünf Schuster im Ort. Wie die alle leben konnten? Ja, so war es einmal.

Um noch einmal auf das Eis zurückzukommen: Es kam der Tag, an dem es schon zeitig in der Früh laut herging. Ein Geschrei und Gepolter auf dem Eisteich. Der Gastwirt und der Fleischhauer kamen und machten dem Kindervergnügen ein jähes Ende. „Es wird ,geeisnet'", hieß es. Mit Hacken und Schlegeln wurde nun das Eis, das schon zu einer beträchtlichen Stärke gefroren war, eingeschlagen, auf Wagen verladen und in den tiefen Eiskeller gebracht. Das sollte nun den ganzen Sommer das Fleisch frisch halten, damit es noch zu verkaufen und zu essen war. … Man kann sich das heute nicht mehr vorstellen. Ohne Kühlschrank und Gefriertruhe gäbe es kein Durchkommen mehr.

Mein Vater hat einmal erzählt – er war in einem Bauernhaus bedienstet –, dass zum Mittagessen eine Suppe auf den Tisch kam. Aber o Schreck, da war keine Suppeneinlage und kein Gerstel* drin, wie man es früher oft machte, sondern Maden, die es sich zuerst im Fleischschaffel beim eingesalzenen Fleisch gut gehen hatten lassen und dann im Suppentopf ihr Schlemmerleben beenden mussten.

Natürlich aß niemand davon, und mein Vater sagte zu Jahresende seinen Dienst auf. Er sagte immer, wenn es daheim auch nur Erdäpfel gab: „Die kann man wenigstens ohne Grausen essen."

Und es kam ja auch einmal der Frühling. Ach, war das schön! In Obersulz am Kirchenberg waren die ersten trockenen Stellen, wo man schon Löcher umgraben konnte und dem ersten Spiel im Freien frönen konnte. Bunte kleine Tonkugerln waren für dieses Spiel notwendig, und hatte man eine bunte Glaskugel gewonnen, na, da war man mächtig stolz. Manchmal hatte man Pech und verlor sie beim Spiel wieder an einen anderen Gewinner.

Oder die vielen Ballspiele, die es da gab, und immer wurden neue erfunden. Und die vielen schönen Singspiele, die man ja heute gar nicht mehr kennt. Jeden Tag nach der Schule freuten wir uns schon. Es war ja kein Wunder, dass uns da der Tag zu kurz wurde. Abends um sechs Uhr hat es zum Gebet geläutet, da mussten wir zu Hause sein. Und wenn es noch so lustig und schön war, das mussten wir einhalten, sonst durften wir am nächsten Tag nicht fortgehen. Das wäre wohl die ärgste Strafe gewesen.

Ja, und heute sitzen die Kinder halt vor dem Fernseher, und in der Schule wird auch viel verlangt. Musik dürfen sie lernen, Sport wird gefördert und vieles andere auch noch, wovon wir in unserer Jugend keine blasse Ahnung hatten. Wir waren nur in der Volksschule, acht Jahrgänge. Es gab in Zistersdorf eine Hauptschule, damals hieß sie Bürgerschule. Dahin gingen nur ein paar Kinder, von den Lehrern und vom Doktor.

Oft denke ich zurück, was uns da alles entgangen ist. Eine Fremdsprache, wenn man etwa lernen hätte können ... Wir sind eigentlich nur zum Arbeiten erzogen worden. Feldarbeit in jeglicher Form, Stallarbeit – bei der großen Hitze im Sommer und den vielen Fliegen schon gar kein Vergnügen.

Kochen hat uns Mutter gelehrt, und dafür war ich ihr immer dankbar, dass sie ihr großes Wissen an uns weitergegeben hat. Sie hat das recht ernst genommen und war eine strenge Lehrmeisterin. Ab und zu durften einige von meinen Schulfreundinnen eine Kochschule besuchen. Die hab ich immer beneidet. Aber das war halt so. Es wäre alles mit Unkosten verbunden gewesen, und Geld war halt schon immer Mangelware.

Aber Chorsingen hab ich lernen dürfen, und das war auch schon ein Privileg. Ich hab das wirklich sehr ernst genommen und wäre niemals an einem Sonntag oder Feiertag, wenn in der Kirche ein Hochamt angesagt war, weggefahren.

Ja, und noch etwas hab ich lernen dürfen. Über die Wintermonate durfte ich zu einer Schneiderin gehen, die mir auch sehr viel von ihrem Können mitgegeben hat. Mutter sagte immer: „Es ist schon gut, wenn ihr euch eure Arbeitskleidung selber nähen könnt." Ich hatte Freude dran, konnte dann später meinen Kindern vieles selber nähen, und das war gar nicht so schlecht.

Jetzt denke ich oft, wir haben so vieles nicht lernen dürfen oder können, aber wir sind auch durchs Leben gekommen, und für unsere Zeit waren wir gescheit genug!

Jetzt bin ich schon 84 Jahre alt geworden und hab so viel Zeit zum Nachdenken, da kommt die Schulzeit ja auch ins Gedächtnis. Mein Gott, hatten wir dumme Kinder in der Schule! Wir waren in der letzten Klasse vier Jahrgänge beisammen. Da hat sich was getan. Da hab ich mir oft gedacht: „Wie kann man nur so dumm sein?" Das waren Mitschüler aus Nexing, denen ist nichts hineingegangen ins Hirnkastl. Sie bemühten sich auch gar nicht.

Wenn wir ein Diktat geschrieben hatten, mussten wir uns dann zu den dummen Buben setzen und ihnen bei der Verbesserung helfen. Aber frage nicht, das Heft hat ausgeschaut wie ein Schlachtfeld, so rot angezeichnet, die vielen Fehler! Und ich weiß noch, ich war damals 13 oder 14 Jahre alt und hab gedacht: „Schrecklich, wenn man so etwas einmal heiraten müsste!"

Aber es kam dann der schreckliche Krieg, und da mussten vier von den Burschen das Leben lassen. Da wurde nicht gefragt, ob sie dumm waren oder gescheit.

Ich war 19 Jahre, als der Krieg begann. Unsere schönsten Jahre sind dahingegangen. Zwei Brüder mussten einrücken, und jeden Tag bangten wir um ihr Leben. Und dann erst, als die Front zu uns kam! Es war fürchterlich. Damals dachte ich schon, man sollte jeden Tag aufschreiben. Das wäre ein Roman geworden. Aber dann sagte ich mir, die schreckliche Zeit soll man ja vergessen und nicht festhalten. Und wie alles verging auch diese Zeit.

Schon in jungen Jahren träumte ich von einer Familie mit drei, vier Kindern. Wir waren daheim auch vier Kinder, und ich fand das schön. …

Wie oft bin ich mit meinen Freundinnen zusammengesessen, und wir haben über unsere Zukunft gesprochen. Viele von unseren Schulkameraden sind vom Krieg nicht wiedergekommen. Die Jahrgänge, die für uns zum Heiraten in Betracht kamen, hat der Krieg dahingerafft. Aber wir waren jung und eine lustige

Runde. Da haben wir oft geblödelt und beschlossen, dass wir alle zusammenziehen, weil unsere Burschen im Krieg gefallen waren.

Und so zogen die Jahre dahin, und die Zeit verging so schnell. Es kam, wie es kommen musste. Schön langsam stellte sich das normale Leben wieder ein. Unterhaltungen gab es wieder, wo sich die jungen Leute trafen, auch von anderen Orten kamen sie. Bei so einer Gelegenheit lernte ich meinen zukünftigen Mann kennen, beileibe kein dummer Bub.

Wir haben dann bald geheiratet. Die durch den Krieg und die wenigen Arbeitskräfte im Argen liegende Landwirtschaft brauchte junge Leute, die wieder alles in Ordnung brachten, und der Bauer brauchte eine Bäuerin.

Wenn ich mich so zurückerinnere, war es schon ein schwerer Entschluss, in die Fremde zu heiraten. Man kennt niemanden. Ich war ja nie fort von daheim und fürchtete ein großes Heimweh. Viel Arbeit wartete auf mich, aber wenn man jung ist und gerne arbeitet, ist das kein Problem.

Dass ich mit den Schwiegereltern und einer Schwägerin zusammenziehen musste, war mir bekannt. Als ich sie dann kennen lernte, war mir nicht mehr so bang. Mein Mann hat mir oft von seiner Mutter, die er sehr schätzte und vergötterte, erzählt. Das hat mir eigentlich sehr imponiert, und ich stürzte mich dann frohen Mutes hinein in den „Kampf".

Da muss ich noch etwas erzählen, was mich so zuversichtlich werden ließ. Es kamen früher ab und zu Missionare ins Dorf, die so Exerzitien abhielten und Standeslehren* für Frauen, Männer, Burschen und Mädchen. Ich durfte mit meiner Schwester mitgehen, war aber zu jung, um alles zu verstehen, was da gesprochen wurde. Aber das hat sich mir eingeprägt, als der Priester sagte: „Mädchen, schaut euch euren Zukünftigen gut an! Wie er mit seiner Mutter ist, ist er kurze Zeit nach der Hochzeit mit euch." Obwohl ich damals noch jung war, hat mich dieser Ausspruch mein Leben lang begleitet.

Meine Schwiegermutter war schon kränklich, als ich ins Haus kam. Sie hatte Diabetes und konnte keinen Knopf mehr machen, keine Nähnadel halten – alles fiel ihr aus der Hand. Es bahnte sich ein gutes Verhältnis miteinander an, und sie war mir so dankbar, dass ich ihr überall half. So fiel mir der Anfang in einem fremden Haus gar nicht schwer.

Heimweh hatte ich auch nicht, ich hatte keine Zeit dazu. Auch mit dem Schwiegervater und der Schwägerin gab es keine Schwierigkeiten. Wir arbeiteten zusammen, waren in einem Haushalt, und es war ein guter Anfang.

Wenn ich jetzt höre, ein Bauer findet keine Frau, und der Grund sei das Zusammenleben mit den Eltern, da kann ich nur sagen: Es hat ein jeder Mensch seine Eigenheiten, Fehler und Schwächen, und wenn jeder ein bisschen guten Willen zeigt, der ein Verstehen und Miteinander möglich macht, wäre das Problem schon gelöst. Aber leider sind die Jungen oft so anspruchsvoll, da passt dieses und jenes nicht, alles muss vom Schönsten und Besten sein; aber wenn man mit nichts zufrieden ist, kann es nicht gut gehen.

Als wir geheiratet haben, was hat da alles gefehlt! Da gab es noch keine Waschmaschine, keine Wasserleitung, keinen Elektroofen, weder Heißwasserspeicher noch Kühlschrank, Kühltruhe war eine Utopie, auch kein Badezimmer. Ein neues Schlafzimmer habe ich von daheim bekommen. Ach, war ich stolz drauf! Kücheneinrichtung gab es schon keine mehr. Ich bekam auch einen Weingarten, und vom Ertrag der ersten Weinlese kauften wir die Küchenkredenz. Oh, war das schön! Über alles konnte man sich freuen, und so wurde die Küche schön langsam erneuert.

Nur der große Tisch in der Küche, der ist stehen geblieben. Der könnte schon was erzählen. Mein Schwiegervater war Jahrgang 1889, und er wusste nicht, wann der Tisch ins Haus gekommen ist. An dem werden schon viele Leute satt geworden sein. Gebügelt wurde drauf, die Kinder wurden gewickelt, später haben sie Aufgaben geschrieben. Sämtliche Spiele hat der Tisch schon miterlebt, und als ich dann mit 60 Jahren zu backen angefangen habe – wie viele Bäckereien und Torten der Tisch schon gesehen hat, ist nicht zu beschreiben. Ich schätze ihn noch heute und möchte ihn mit keinem neuen tauschen. So viele gute Erinnerungen sind mit ihm verknüpft. Wie viele neue Tischtücher der schon bekommen hat, und so viele Gäste sind da schon bewirtet worden. Und alle haben sich wohl gefühlt. Bei uns hat sich alles in der Küche abgespielt. Auf dem alten Tisch sind schon etliche Glaserln Wein gestanden und wurden genüsslich bei diversen Feiern getrunken.

Jetzt komme ich zurück zu unserem Anfang. Arbeit gab es mehr als genug. Todmüde war ich jeden Tag. Damals hatten wir ja noch den Stall voll Vieh, das wollte auch gefüttert werden, und der Stall musste gereinigt werden. Da hätten wir kein Fernsehen mehr gebraucht. Es gab eh noch keines.

Wir waren jedenfalls nicht die Ersten, die einen Fernseher kauften. Wir hatten ein altes Nachbarehepaar, da ging ich öfter hinüber, wenn die Ratesendung „Was bin ich?" gesendet wurde. Ich brachte dem alten Nachbarn jedes Mal eine Flasche Wein mit, und der Nachbarin einen Kuchen. Da war ich gern gesehener Gast.

Nun bin ich ganz abgekommen von unserer Arbeit. Wie wir zum Wirtschaften angefangen haben, gab es ja für die Feldarbeit auch noch nicht die Maschinen, die heute in der Landwirtschaft zur Verfügung stehen. Zwei Pferde waren im Haus, und ein Bindemäher* hat die Erntearbeit schon sehr erleichtert.

Im Stall gab es noch keine Selbsttränke*, mit jedem Kübel Wasser musste man zu dem Rindvieh gehen. Dass eine Kuh so viel Wasser saufen kann! Aber einen Vorteil hatten wir: Wir mussten nicht zum Brunnen gehen, die Wasserpumpe war im Stall.

Das kann man sich heute ja gar nicht mehr vorstellen, wenn man abends todmüde von der Feldarbeit kommt, verschwitzt, die Hitze und die Fliegen im Kuhstall, unter denen die Tiere auch zu leiden hatten – aber da kannte ich kein Erbarmen, ich ließ mir den dreckigen Schwanz, mit dem die Tiere die Fliegen abwehrten, nicht ins Gesicht schlagen. Ich bin draufgekommen, dass ich ja mit einer Schnur den Schweif der Kuh ans Bein binden kann. Das hat wunderbar geklappt. Und komisch, wenn ich mich mit der Schnur der Kuh näherte, zog sie schon den Schweif ein. Da sag' noch einer „dumme Kuh"!

Wir haben dann ganz gut gewirtschaftet. Das Vieh im Stall wurde immer mehr. Eine Stute hatte zweimal ein Fohlen auf die Welt gebracht. Die sind im Hof herumgetollt, dass man Angst haben musste, dass sie nicht mehr stehen bleiben können.

Und dann kam endlich das erste Kind. Ich hatte schon oft geweint und von Adoption gesprochen. Wir waren ja auch noch nicht so aufgeklärt. Heute lernt die Jugend ja schon in der Schule den Werdegang eines Menschen. Jedenfalls hat es doch geklappt, und der Stammhalter wurde geboren. Der Großvater hat auf das Wohl des Kleinen gleich eine Flasche Wein gekippt. Es war ja auch gerade Silvester, da war gleich ein doppelter Grund vorhanden.

Nach eineinhalb Jahren kam ein Mädchen und nach knapp einem Jahr wieder ein Bub. Jetzt war ich eingedeckt mit Arbeit. Da konnte man schon wirklich sagen: „Herrgott, hör zum Segnen auf!"

Ich hab oft zurückgedacht, dass ich ja immer eine Familie mit drei bis vier Kindern haben wollte. Wir haben die Kinder gewollt und dankbar angenommen. Ein altes Sprichwort sagt: „Schickt der Herr 's Haserl, so schickt er auch 's Graserl."

Wenn man jung ist und viel Gottvertrauen hat, da schafft man gar vieles. Die Großeltern hatten auch viel Freude mit den Kleinen. Oft kam ich in die Küche und musste mir erst einen Weg bahnen. Großvater lag auf dem Bauch, und alle drei ritten auf ihm, um sie herum das Spielzeug.

Vielleicht ist es ihm manchmal auch zu viel geworden, aber mit seinem guten Humor hat er alles überstanden. Er war 28 Jahre bei uns, ist 87 Jahre alt geworden und erlebte noch in aller Rüstigkeit alle drei Hochzeiten. Großmutter hatten wir nur sechs Jahre.

Und wie oft wird vom Großvater gesprochen: „Weißt du noch, wie der Großvater die Bröselnudel mit Fisolensalat gern gegessen hat und wie er da einschaufelte?" – „Und weißt du noch, der Witz, wie der Lehrherr dem Lehrbuben im Geschäft beibrachte, er soll etwas anderes anbieten, wenn irgendeine Ware nicht vorrätig ist, und der Lehrbub befolgte es. Der Kunde verlangte Klopapier, und der Bub sagte: ‚Leider, haben wir nicht, aber Schmirgelpapier.'" Da konnte er so herzlich lachen, dass er alle mitriss. Es gäbe da so viele Sachen. Immer, wenn wir alle zusammensitzen, kommt auch der Großvater an die Reihe. Ich finde das schön, und es heißt ja immer: „Es ist nur *der* tot, der vergessen wird." Jetzt ist er schon 24 Jahre tot und doch mitten unter uns. Er hat ja auch, solange er halbwegs konnte, noch mitgeholfen auf dem Feld.

Jetzt, weil ich alt bin und nicht mehr viel arbeiten kann, da denk ich so oft zurück, wie das alles nur gegangen ist, die viele Feldarbeit, der Stall voll Vieh, zwei alte Leute, drei Kinder. Wir hatten schon Leute, die uns bei der Feldarbeit und in den Weingärten geholfen haben, aber oft waren sie nicht verlässlich. Am Sonntag haben sie dem Mann versprochen, ja, sie kommen, und am Montag standen dann der Mann und der alte Großvater allein auf einem zwei Joch* großem Kleefeld bei der Heuernte. Da kommt einem schon die Verzweiflung.

Bei drei Kindern konnte ich ja meistens nicht mitgehen aufs Feld. Obwohl ich manchmal lieber draußen gewesen wäre. Daheim ist's halt immer rundgegangen. „Wo Tauben fliegen, fliegen Tauben zu" – alles ist zu uns gekommen. Wir hatten einen großen Hof, da konnten die Kinder umtollen. Nachlaufen, Fußball, „Räuber und Gendarm" waren so beliebte Spiele. Ja, und der große Stadel, da standen so viele Maschinen und Geräte drin. Beim Versteckenspielen war es ideal, wo man sich da überall verkriechen konnte. Nur musste man ständig dahinter sein und immer einmahnen, dass *ja* bei den Maschinen nichts angerührt wird.

Zeitweise kamen die Kinder zu mir in die Küche, wenn sie beim Verstecken keinen geeigneten Platz mehr fanden, und suchten Unterschlupf, und wenn es in der Holzkiste war. Aber das habe ich ihnen bald eingestellt. Die wären mir bis ins Schlafzimmer unters Bett gekrochen. Und wenn die ganze Horde dann hungrig wurde – gut, dass die Brotlaibe so groß waren. Da konnte man schon ordentlich herunterschneiden und dann fest Schmalz draufschmieren. Wie im Gänsemarsch waren sie angestellt, jeder wollte der Erste sein. Es muss doch so sein, dass es besser schmeckt, wenn eine große Schar beisammen ist.

Da ich eben die Brotlaibe erwähnt habe: Als ich noch daheim war und mein Bruder von der Kriegsgefangenschaft heimkam, fragte er: „Sag mir, ich hab gehört, du willst heiraten, kannst du überhaupt Brot backen?" Na, das konnte ich sicher. Da war Mutter schon dahinter, dass wir alles lernen mussten, was zu einem Haushalt gehört.

Ja, da hat sich auch sehr viel geändert. Heute denkt niemand dran, ob man heiraten darf, wenn man kein Brot backen kann. Der Bäcker oder Supermarkt macht das alles. Sogar beim Fleischhauer gibt es Brot und sonstiges Gebäck zu kaufen.

Ich habe vor kurzem zwei Kilo Erdäpfel gekauft. Da kamen mir wieder die Gedanken, wie es früher war. Wir hatten immer einige Joch Erdäpfel angebaut, frühe und späte. Die Schweine wurden ja mit Schrot und Erdäpfeln gefüttert, und Vater sagte immer, weil manche Bauern schon keine Erdäpfel mehr anbauten, er könnte sich ein Füttern ohne Erdäpfel nicht vorstellen. Aber bald kam die Zeit, wo wir auch ohne Erdäpfel Schweine fütterten.

Wenn Leute keinen Acker hatten, schauten sie, dass sie irgendwie einen Fleck pachten konnten, und war er noch so klein, so konnten sie doch ihre eigenen Erdäpfel anbauen.

Genauso bei den Eiern. Wenn mir einmal wer gesagt hätte, dass ich mir die Eier kaufe, als Bäuerin – das wäre doch gelacht! Da hatten alle Leute Hühner, auch wenn sie sonst nichts hatten – ein kleiner Verschlag, oft nur ganz primitiv zusammengezimmert, tat es auch, und sie hatten ihre eigenen Eier.

Wir konnten erst im Herbst Paprikahendl oder gebackene Hühnerkeulen essen. Dann waren ja die eigenen Hähnchen erst reif zum Schlachten. Gekauft wurde so etwas nicht. Das Geld war halt immer schon eine rare Angelegenheit.

Wenn ich so denke, was jetzt alles eingekauft wird. Alles was das Herz begehrt, ist zu haben. Was wurde früher schon gekauft? Salz, Germ, vielleicht ein paar Semmeln für Knödel, Essig, Gewürze, Zwirn zum Knöpfeannähen, Schuhbänder, vielleicht noch blaue Schürzenbandl. Da hätte doch niemand einen Apfel gekauft. Wenn man eigene hatte und sie waren gar*, fragte auch kein Mensch mehr danach. Da musste man halt warten, bis wieder frische wuchsen. Man hatte ja eh alles im Haus: Fleisch, Schmalz, Zucker, Eier; Getreide ließ man in der Zuckermühle zu Mehl mahlen. Gemüse hatte man eben nur im Sommer und Herbst aus dem Garten. Kraut, Kohl, Karotten, Sellerie und Porree wurden im Keller in Sand eingebettet. Da hielten sie länger. Sauerkraut und Gurken wurden für den Winter eingelegt.

Wenn es das große Sauerkrautschaff nicht gegeben hätte! Als ich noch daheim war, hab ich mir oft gedacht, warum denn das Schaffel gar nicht leer wird … Das Sauerkraut kam mir halt zu oft auf den Tisch, wenn Mutter auch immer sagte, wie gesund das sei. Jetzt kauft man grad die Menge, die man eben braucht, und da schmeckt es auch besser.

Wer hätte jemals einen Striezel gekauft oder irgendeine andere Mehlspeise? Das wurde alles selbst gebacken, und allen hat's geschmeckt.

Meine Gedanken an die alte Greißlerei in Hobersdorf: Ein altes, muffiges Haus. Und das Geschäft! Kraut und Rüben durcheinander! Das Petroleumfass neben dem Semmelkorb, daneben das Essigfass. Die Quargel waren zwar zugedeckt, aber der Geruch empfing einen schon, wenn man nur die Tür aufmachte, und noch so manche undefinierbaren Düfte kamen auf einen zu. Im Semmelkorb hat einmal die Katze ihre Jungen geboren. Wenn der Geschäftfrau eine Semmel hinuntergefallen ist, sagte sie „Hoppala" und gab sie wieder in den Korb zurück.

Ich habe auch einmal Quargel gekauft, zum Mitnehmen aufs Feld für die Jause. Großvater hat sie so gern gegessen. Aber als ich dann auspackte, krochen die Maden herum. Ich hab sie gleich im Acker eingegraben. Beim Nachhausefahren ging Großvater ins Geschäft. Er hat sich beschwert und wollte einwandfreie Quargel dafür, da er ja eine gute Kundschaft beim Zigarettenkauf war. Aber die Geschäftsfrau hatte kein Verständnis dafür und sagte, er hätte ihr die Quargel bringen sollen. Sie hat's nicht geglaubt, dass sie schlecht waren.

Alt und schon etwas behindert, hätte sie ja das Geschäft gar nicht mehr führen dürfen. Anscheinend hat es da keine Kontrolle gegeben. So etwas könnte heute nicht mehr passieren. Aber bei den Männern, die rauchten, war sie hoch im Kurs. Sie gab ihnen jederzeit Zigaretten durch ein Hintertürl, sogar an einem Sonntag.

Jetzt komme ich wieder zurück zum Tagesablauf in einer großen Familie. Als Erste waren ja meistens die Kinder wach und wollten durchaus schon heraus aus den Betten. Aber da musste ich hart sein. Es war ja noch nicht eingeheizt, und im Winter war es kalt in der Küche. Da hieß es: „Marsch, wieder zurück unter die Tuchent!" Ich musste ja erst noch in den Stall und die Kühe melken, damit die Milch noch rechtzeitig in die Milchkammer* kam. Die warteten dort nicht auf uns.

Wenn wir wirklich einmal verschlafen hatten und etwas später kamen, gab es keinen Pardon. Zu Mittag gab es halt dann ein Milchgericht, und die Schweine hatten auch einen Festtag. Das durfte ohnehin nicht oft vorkommen, denn das Milchgeld war ja ein ganz notwendiges Einkommen, genauso wie das Eiergeld. Man kann sich das heute wirklich nicht mehr vorstellen, wie man das geschafft hat, mit dem wenigen Geld zurechtzukommen. Es konnte halt nicht alles gekauft werden, was man gerne wollte, und man musste auf so manches verzichten.

Ich sprach einmal mit unserem älteren Sohn darüber, dass jetzt die Kinder alles kriegen, was sie wollen, und sagte noch: „Als ihr so klein wart, ist es euch noch nicht so gut gegangen wie heute den Kindern." Da schaute er mich groß an und sagte: „Uns ist doch nichts abgegangen. Ich kann mich noch erinnern, dass ihr einmal drei Schweine verkauft habt, damit wir alle drei bei einem Schulausflug mit Herrn Direktor Kellermann mitfahren durften. Dabei hättest du bestimmt ein neues Kleid gebraucht und hast dir keines gekauft." Das hat mich dann schon gefreut, dass sie ihre Jugendjahre schön gefunden haben.

Ja, man hat früher auf gar vieles verzichtet. Ich bin oft an einem Sonntagnachmittag bei der Nähmaschine gesessen und habe Arbeitskleidung geflickt und Socken gestopft, sodass am Montag wieder alles in Ordnung war. Aber ich war nicht unglücklich darüber. Das war bei allen Leuten so. Zu unseren Jungen sagte ich einmal, ich hätte jetzt so viel Zeit, ob sie keine Socken zu stopfen haben, damit mir die Zeit vergeht. Da haben sie mich ausgelacht und gesagt, da wäre es schad' um die teure Stopfwolle. Ja, so ist das heute. Da wird alles nur weggeschmissen. Wir sind halt nicht von der Wegwerfgesellschaft.

Nach dem Krieg haben wir es erlebt, dass nichts zum Anziehen da war und es auch nichts zu kaufen gab. Da haben wir aus den alten Sachen Kleidungsstücke genäht, die auch durchaus tragbar waren. Und jetzt sagen die Jungen: „Räumt euren Kasten aus, das zieht ihr ja doch nicht mehr an." Vielleicht haben sie Recht, aber man kann halt nicht heraus aus seiner Haut. Sparen ist uns schon von Kindheit an gelernt worden, und das wird sich auch nicht mehr ändern. Ich glaube halt immer, es ist besser, man kann auf etwas zurückgreifen, was man selber gespart hat, als wenn man die Kinder um etwas bitten müsste.

Es ist ja gut, dass jeden Monat eine Rente kommt. Zum Leben zu wenig, zum Sterben zu viel, wie es immer heißt. Wir sind halt immer schon bescheiden gewesen, und so werde ich auch weiterhin mit dem Euro auskommen müssen.

Man wird halt älter und kann schon so vieles nicht mehr selber machen, da ist man doch auf Hilfe angewiesen. Ersparen kann ich mir in meinem Alter nichts mehr. Ärzte, Fußpflege und Medikamente kosten mehr als das, was ich zum Essen brauche. Aber wenn ich zurückdenke, was unsere Vorfahren gehabt haben, da kam nicht jeden Monat Geld ins Haus. Die mussten oft noch im hohen Alter ein paar Ferkel, eine Ziege und etliche Hühner füttern, damit sie ihre Auslagen decken konnten. Aber wenn man alt ist, wird man ja so bescheiden und ist mit allem zufrieden.

Unsere Kinder haben wir auch schon frühzeitig zum Sparen angehalten. So denke ich oft an unsere Tochter zurück, da ging sie noch zur Schule. Ihre Freundin war ein Einzelkind und bekam viele Sachen, die unsere Kinder nicht hatten. Da sagte sie einmal: „Ich kann nicht alles haben, was die Hannerl hat, die ist allein, und wir sind zu dritt." Das hat sie aber nicht neidisch oder bösartig gesagt.

Da fällt mir grad noch etwas Ulkiges ein. Ich hab ihr schon beizeiten beigebracht, dass man mir in der Küche bei Kleinigkeiten helfen kann. Immer wollte sie eh nicht, aber sie stellte sich nicht ungeschickt an. Nach der Schulzeit hatten die Mädchen in der Fortbildungsschule Kochunterricht bekommen und probierten manche Sachen aus. Einmal sagte sie: „Heute werde ich Nudeln machen." Die hat man ja früher auch selber gemacht. Na, mir war das gleich recht. Es war ja Erntezeit, da musste man sich die Kocherei auch einteilen. Großvater, Vater und ich waren im Stadel und haben Getreidegarben abgeladen.

Es ging schon auf Mittag zu. Es war eine unerträgliche Hitze, und wir freuten uns schon auf einen kühlen Trunk und aufs Mittagessen. Da kommt die Kleine angeradelt und ruft in den Stadel hinein: „Mama, was soll ich denn machen, die Nudeln picken alle zusammen?" Ganz unglücklich war sie, und ich fragte: „Wieso denn, hat das Wasser nicht ordentlich gekocht?" Da sagte sie ganz kleinlaut: „Ich hab sie ja ins kalte Wasser gegeben." Da konnte ja nichts anderes herauskommen. So viel Mühe hatte sie sich beim Auswalken gemacht. Sie hatten gelernt, der Teig muss so dünn sein, dass man die Zeitung durch lesen kann. Das war schon ein Pech! Ganz traurig sagte sie dann: „Was kriegen wir denn jetzt zu Mittag?" – „Irgendetwas wird's schon werden", sagte ich, „was schnell geht." Eier waren immer im Haus, und eine Eierspeise war bald zubereitet. Da kam Großvaters rettender Zuruf: „Fahr zum Schrimpf ins Gasthaus hinunter und hol einen Kranz Extrawurst!" Da war das Vaterland gerettet, das war uns eh viel lieber. Wurst kam halt selten auf den Tisch.

Das sind so Sachen, auf die man immer wieder zurückkommt. Heute lacht man darüber, es muss halt jeder einmal Lehrgeld zahlen. Schaden war ja auch nicht viel. Die Hühner machten sich über die zusammengepickten Nudeln her, im Nu waren sie fertig damit. Und aus der Kleinen ist eine tüchtige Köchin und Bäuerin geworden.

Heute ist Pfingstmontag, der 31. Mai 2004. Ein wunderschöner Tag mit viel Sonnenschein war am Morgen schon in Aussicht. Wenn die Sonne scheint, ist halt die Stimmung auch ganz anders.

Der Hobersdorfer Kirtag, ja, der war auch einmal anders. Da hat man sich schon drauf gefreut, es gab ja wenig andere Unterhaltung. Freilich gab es da wieder mehr Arbeit. Die Stallungen wurden alle frisch getüncht, was ja jedes Jahr im Frühjahr geschehen musste. Ein Schwein wurde geschlachtet, damit frisches Fleisch auf den Tisch kam. Ein bis zwei Gugelhupf' wurden zum Kaffee gerichtet, und Krapferln* wurden gebacken. Die waren so gut, viel besser als jetzt.

Es war ja im Mai oft noch recht kalt, besonders in der Nacht, und wenn oft gejammert wurde, dass sich das Wetter gar nicht erwärmen kann, da hieß es immer: „Wartet nur, bis die Hobersdorfer ihr Bratl gegessen haben, dann wird's schon werden." Das stimmt jetzt auch nicht mehr, Braten und andere Köstlichkeiten gibt es ja dank der Kühltruhe das ganze Jahr über.

Und da erinnere ich mich wieder an unsere Kinder, als sie noch klein waren. Wir gingen am Nachmittag mit unseren Gästen ins Gasthaus. Kaum waren wir dort, kamen die Kinder betteln: „Bitte, eine Wurstsemmel!" – und nicht nur eine. Da hab ich mich oft geärgert und teilweise geschämt, weil ich dachte, die Leute glauben vielleicht, wir haben daheim nichts zu essen. Aber Wurstsemmeln hatten wir ja wirklich nicht jeden Tag.

Der Kirtag wurde mehr geschätzt als heute. Früher lud man die Verwandten ein. Jetzt fahren viele Ortsbewohner selber fort, besonders die Jugend. Wer ist denn heute noch auf einen Kirtag neugierig?

Es gab am Pfingstmontag immer eine Feldmesse mit der Ortsmusikkapelle bei der Hubertuskapelle. Wenn es vor Pfingsten schlechtes Wetter gab – da war oft auch die Heuernte –, bangten wir, dass es uns auch den Kirtag verregnet, da sagte der Großvater immer: „Bei der Feldmesse regnet es nicht." Und er hatte meistens Recht.

Nach der Messe stellte sich dann die Musik zusammen und spielte hinüber ins Gasthaus zum Frühschoppen. Jetzt wird die Schar Leute, die hintennach marschiert, auch immer kleiner. Die gehen statt in die Messe gleich ins Gasthaus und suchen sich einen bestimmten Platz, obwohl ohnehin kein Mangel an Plätzen ist. So verliert das Kirchweihfest eigentlich schön langsam auch seinen althergebrachten Sinn.

Es war immer schon ein schöner Festtag, auf den wir uns freuten. Man sah so viele Leute, die zu Besuch waren, konnte mit ihnen reden, über die Arbeit, über die Kinder. Viele gute Ratschläge gab einer dem anderen, und man tauschte Koch- und Backrezepte aus. Zu reden gab es immer etwas, Langeweile kam keine auf. Nur eines war nicht schön: wenn man abends früher nach Hause gehen musste, die Tiere füttern. Die hielten etwas auf Pünktlichkeit. Wenn es da doch einmal später wurde und man das Haustor aufmachte, machten sich schon die Schweine mit lautem Geschrei bemerkbar. Man schwindelte dann schon ein bisschen und machte alles schneller als sonst.

Und weil ich grad im Juni bin. Alles in der Natur draußen grünt und blüht, ich sag' immer, es ist die schönste Jahreszeit. Wir haben auch im Juni geheiratet.

Ich war noch nicht lang in Hobersdorf, da sagte eine Nachbarin: „Oben in Kettlasbrunn streiten s' schon wieder." Da ich erst wenige Leute kannte, ließ ich mir erklären, um was da überhaupt gestritten wurde. Es war ja gar nichts Besonderes dort. Das muss man sich in der heutigen Zeit einmal vorstellen, um was es da gegangen ist: Die Bachgstätten* war mit üppigem Gras bewachsen, und um das war ein besonderes G'riss*. Da wurde eingeteilt – ich weiß nicht von wem – in ziemlich gleich große Stücke, und diese wurden an Dorfbewohner verkauft, die nur ein paar Ziegen hatten. Und wehe, wenn eine von den „Goaß-Weibern" ein bisschen über die Grenze graste, weil dort ein schöneres Büschel Klee stand! Da war Feuer am Dach. Alles warfen sie sich dann an den Kopf, fast bis zum Handgreiflichwerden. So was gab es einmal.

Heute werden die Bachränder ja kaum mehr gemäht, es schaut oft auch ganz verwildert aus. Wenn man unseren Jungen heute so etwas erzählt, die greifen sich an den Kopf. Da gab es so ein altes Sprichwort: „Wer im Heu nicht gabelt, im Arnt* nicht schabelt* und im Lesen nicht früh aufsteht, der kann schau'n, wie's ihm im Winter geht." Hat auch schon seinen Sinn verloren.

Ich glaube, unsere Generation hat die meisten Veränderungen durchgemacht. Wir haben daheim noch mit der Sense Roggen, Gerste und Hafer gemäht, auch den Klee als Grünfutter für das Rindvieh und zum Heuen. Das musste ich alles lernen.

Als ich dann nach Hobersdorf kam, gab es erst einmal den Ableger*. Das war so eine kleine Maschine, von Pferden gezogen. Zwei Personen waren nötig: einer, der die Pferde lenkte, und einer, der die Schwaden* abstreifte. Wir gingen dann nach und banden immer zwei Büschel zu einer Garbe. Da mussten wir uns schon sputen, denn wehe, wenn der Sturm aufkam. Die Bescherung kann man sich vorstellen, wenn alles durcheinander lag und man die doppelte Arbeit hatte.

Bald darauf kam dann der Bindemäher, der wurde von drei bis vier Pferden gezogen und legte schon fertig gebundene Garben ab. Die Garben wurden dann zu „Zehnern"* oder „Elfern", sogenannten „Troadmandln"*, zusammengestellt und mussten eine Zeit lang auf dem Feld bleiben, zum Austrocknen. Es war nur schrecklich, wenn eine Regenperiode eintraf, da fing schon manchmal das Korn zu keimen an und war zum Verkauf nicht mehr geeignet. Ein großer Verlust. Das Getreide war ja eigentlich die Haupteinnahmequelle der Bauern.

Wenn die Garben so halbwegs getrocknet waren, ging's ans Einführen. Auf die großen Leiterwagen wurden sie aufgeschlichtet, und es ging heim in den Stadel. Gedroschen wurde dann bei Gelegenheit, wenn grad ein paar Leute zu haben waren oder für die nächste Frucht* Platz gebraucht wurde. Ach, das war oft eine Hitze, und gestaubt hat es ganz arg. Dann kam noch das Strohräumen. Ende nie. Wir haben öfter erst im Winter gedroschen. Da mussten wir nicht so viel schwitzen. Ja, das war alles viel, viel Arbeit, aber zu guter Letzt hatten wir ein bisschen Geld mehr im Haus.

Und dann kam der Mähdrescher, damals ein Wunderwerk der Technik. Wenn uns das einmal wer gesagt hätte, als wir noch mit der Sense mähten, dass man bei der Ernte oben auf einer Maschine stehen kann und nur mehr Säcke mit der Frucht zusammenbinden muss – was Schöneres hätte man sich nicht vorstellen können. Aber bald kam es noch besser. Es brauchte niemand mehr auf der Maschine stehen. Die großen Anhänger stehen bereit, werden voll geladen, und ab geht's ins Lagerhaus oder in die Zuckermühle.

Es war ja auch bei der Rübenernte so ähnlich. Ich muss hinzufügen, dass früher nicht so große Mengen Zuckerrüben angebaut wurden. Das wäre ja arbeitsmäßig auch nicht möglich gewesen, da es die Einzelkornsaat noch nicht gegeben hat. Man musste die Rüben vereinzeln. Das ging ins Kreuz. Wenn man da keine Helfer gehabt hätte, wären uns die Rüben samt Unkraut über den Kopf gewachsen. Da standen auf so einem Rübenacker oft sechs, sieben Leute oder mehr, und einer um den anderen klagte: „O weh, mein Kreuz!" Aber einmal kam man ja doch zu einem Ende. Jetzt sieht man im ganzen Feld keinen Menschen – ein Traktor mit Maschine, und die Arbeit geschieht trotzdem. Die Spritzmittel waren damals noch nicht so hundertprozentig, dass sie alles Unkraut vernichteten.

Und erst die Ernte. Am Anfang wurden die Rüben mit einem eigenen Rübenstecher, einer Gabel mit zwei Zinken, ausgestochen. Später kam das Pferd mit einem dazu geeigneten Pflug zum Einsatz. Die Rüben wurden auf Haufen zusammengeworfen, mit einem großen Messer oder einer Sichel geköpft, das heißt, die Rübenblätter weggeschnitten, dann mühsam auf den Wagen geladen und weggeführt. Schwere Arbeit bis in den Spätherbst hinein. Oft sind dann die Rübenhaufen zusammengefroren, und man musste sie mit dem Krampen auseinander schlagen. Jetzt kommt der große Rübenvollernter, und im Nu ist ein riesiger Rübenacker abgeerntet. Ich glaube, eine Steigerung ist da nicht mehr möglich.

Es ist ja auch beim Weinbau so ähnlich. Erst war die Stockkultur*. Da fiel eine Unmenge an Arbeit an. Erst haben wir mit Stroh die Reben an den Stöcken hochgebunden, später dann mit einer Schnur. Aber das viele Unkraut! Kaum hatten wir den Weingarten fertig geschert*, mussten wir am anderen Ende wieder anfangen.

Dann kam die Hochkultur*. Da wurde mit dem Traktor durch die Reihen gefahren, mit der Weingartenspritze und den

Geräten zur Unkrautbekämpfung. Es musste ja jede Woche gespritzt werden, gegen Krankheiten und Ungeziefer. Als es noch die Stockkultur gab, hatten wir die Weingartenspritze auf dem Buckel. Das war für mich die schwerste Arbeit, an die möchte ich mich gar nicht mehr erinnern.

Im Herbst kam dann die Weinlese. Da waren auch viele Vorbereitungen nötig. Erst musste man einmal herumfragen, ob jemand Zeit hatte, beim Lesen zu helfen. Das ganze Jahr war es nicht so schlimm, wenn sich die Arbeit um ein paar Tage verzögerte, aber beim Weinlesen sollte es schon flott dahingehen. Wenn nämlich schon Most im Keller war und es kam ein Regenwetter daher, sodass man nicht weiterarbeiten konnte, war das schon schlimm. Der Most fing dann zu gären an, und man konnte wegen der Gärgase nicht mehr in den Keller. Es gab ja früher öfters Todesfälle mit den Gärgasen.

Bei der Weinlese ging es dann oft recht lustig zu. Aber wie sich die Zeit ändert, die Alten können nicht mehr arbeiten, sind auch teilweise schon tot, und die Jungen stehen im Beruf! Wer soll da noch helfen? Die Weinlesemaschine hat diesen Sorgen ein Ende gemacht. Man konnte sich das ja gar nicht vorstellen, wie das überhaupt funktionieren kann. So eine Riesenmaschine in einem Weingarten. Als ich noch ein Schulkind war, hat meine Mutter gesagt: „Ein Pferd kommt mir nicht in den Weingarten!" Und wo sind wir jetzt?

Die Weinlese war noch nicht die letzte Arbeit in einem Bauernjahr. Die Erdäpfel, die wir im Frühjahr in der Erde versteckt hatten, mussten wir im Herbst wieder herausholen.

Das Erdäpfelanbauen war auch so eine Prozedur. Mit dem Pferd wurden Furchen geackert und, einen Korb Erdäpfel in der linken Hand, wurde bei gleichmäßig großen Schritten mit der rechten Hand je ein Erdapfel in die Erde versenkt. Wenn dann der Acker voll bebaut war, wusste man beim Nachhausefahren nicht, wie man auf den Wagen hinaufkam vor lauter Kreuzweh. Am nächsten Morgen hatte man noch einen richtigen Muskelkater.

Es wurde besser, als der Erdäpfelleger erfunden war. Das war so ein kleines Gerät, schon mit dem Traktor gezogen, zwei

Holzkisten mit je einem Sitz dahinter. Da konnte man ganz bequem sitzen, und wenn es klingelte, brauchte man nur den Erdapfel in die Furche fallen lassen. Da konnte man einstellen, ob man enger oder weiter bauen wollte. Das war schon ein großer Fortschritt.

Meine Jugenderinnerung ist, dass wir bei der Ernte mit der Haue und mit Säcken ausgerückt sind, um die vielen Erdäpfel auszunehmen. Das ging halt wieder ins Kreuz. Keine Arbeit tut sich von allein. Der Kartoffelroder* hat dann schon eine große Erleichterung gebracht. Vormittags haben wir immer gerodet und mit dem Heurechen die in der Furche verbliebenen Knollen herausgeschubst, damit sie nicht verschlagen wurden. Das ging ganz gut so. Da lag dann die ganze Pracht herußen. Nachmittags fuhren wir dann mit dem Anhänger aufs Feld, klaubten alles in Körbe und Säcke, und es war eine Freude, wenn so viele volle Säcke in einer Reihe standen. Die wurden auf den Anhänger geladen, und es ging heimzu in den Erdäpfelkeller zum Abladen. Es war dann oft schon finster, denn, solange man sehen konnte, blieb man ja auf dem Feld, um die immer kürzer werdenden Tage auszunützen.

Das Säckeabladen war auch kein Vergnügen, die drückten nicht schlecht auf den Schultern. Doppelte Plagerei! Die Erdäpfel mussten ja auch wieder aus dem Keller geholt werden, um sie im Dämpfer oder Kessel weich zu kochen für die Schweine.

Mich wundert es nicht, wenn unsere Jungen sagen: „Oma, das glaubt dir kein Mensch mehr, dass es so etwas einmal gab." Aber ich sag' ihnen, es ist wahr, was ich da niederschreibe, nur kann man es in der heutigen Zeit nicht mehr verstehen.

Der Kukuruz* war auch noch zu ernten. Da wurden die Kolben ausgebrochen, auf den Wagen geladen, und am Abend, wenn man mit dem Füttern fertig war, kamen die Leute, meist junge, die man zum „Woazauslösen"* eingeladen hatte, und es wurde fest geschafft. Die ausgelösten Kolben wurden an den noch anhaftenden Blättern zusammengebunden und zum Trocknen auf Stangen aufgehängt. Im Winter wurde der Kukuruz dann gerebelt und an die Schweine und Hühner verfüttert. Mein Vater sagte immer: „Ein Körndl Kukuruz ist ein Tropfen Schmalz."

Jedenfalls ging es beim „Woazauslösen" recht lustig zu. Es wurde gesungen und viel gelacht. Wenn ein roter Kolben drunter war, durften die Burschen die Mädchen küssen. Als die Arbeit getan war, wurden allerhand Spiele aufgeführt.

Es war immer ein lustiger Abend. Erst waren es nur ein Käsebrot, Weintrauben, Äpfel, Most oder Sturm, später kamen Striezel, Tee mit Rum oder Glühwein als Belohnung. Wenn auch am Morgen der verlorene Schlaf fehlte, war man doch froh, wenn wir wieder zum „Woazauslösen" eingeladen wurden. Auch wenn es keine Bewirtung gegeben hätte, wir waren ja froh, wenn wir einmal fortgehen konnten.

Das Federnschleißen* möchte ich nicht vergessen zu erwähnen. Den jüngeren Leuten sagt das überhaupt nichts mehr. Früher wurden ja in jedem Bauernhaus Gänse gehalten, und im Herbst, so um Martini* herum, mussten die armen Tiere ihr Leben lassen. Schlachten konnte ich so eine Gans ja nicht, aber der Gänsebraten hat mir schon auch geschmeckt. Die Gänse wurden gerupft, von den Federn und Daunen befreit, bevor sie dann mit Saupech* und heißem Wasser ganz gründlich gesäubert wurden. Es wurden die Innereien herausgenommen, und dann ab in die Pfanne. Ach, das war eine köstliche Sonntagsmahlzeit! Und Tage danach gab es noch das Ganslfettenbrot. Auch das war was Delikates.

Im Winter ging es dann über das Federnschleißen. Da freuten wir uns schon immer drauf. Nicht gerade wegen der Arbeit, sondern wegen der Gaudi. Es kamen halt viele junge Leute zusammen. Da wurde gelacht und gescherzt, und alle Neuigkeiten wurden ausgetauscht: Wer vielleicht im Fasching heiratet oder wer ein Kind kriegt; nur vom Scheidenlassen hat noch niemand gesprochen. Die Zeit verging viel zu schnell.

Wenn die großen Federnhaufen, die auf den Tischen aufgetürmt waren, ihr Ende nahmen, wurde schon in der Küche hergerichtet. Es gab ja zum Abschluss Kaffee, Tee, Glühwein mit Striezel oder verschiedene köstliche Kuchen. Und nach getaner

Arbeit fanden sich auch noch Burschen ein. Viele Spiele, die heute schon ganz vergessen sind, wurden hervorgeholt. Viele schöne, alte, oft sentimentale Lieder wurden gesungen. Jedenfalls, es war eine schöne und lustige Zeit.

Bevor wir auseinandergingen, wurde schon ausgemacht, bei wem wir als Nächstes zusammenkamen. Ich ging lieber zu anderen Leuten, denn daheim hatte man in allen Räumen die Daunen herumfliegen. Am letzten Tag, wenn die Federn schon weniger wurden, freuten wir uns auf den sogenannten „Federhahn". Da gab es dann schon öfter Schweinsbraten mit Beilage und verschiedene feine Kuchen. Das war dann der Abschluss. Die nächste Woche waren wir wieder in einem anderen Haus.

Auch im Spätherbst konnte man noch nicht ans Ausruhen denken. Da war noch die Waldarbeit. Es wurde ja meistens mit Holz geheizt, und wenn das Geld reichte, wurde noch Kohle dazugekauft. Das Holz musste aber erst geschlägert werden. Mit Hacke und Säge ausgerüstet, marschierten wir schon zeitig am Morgen los in den Wald. Es war ein weiter Weg, und man war schon müde, wenn man draußen ankam. Da sollte man noch einen ganzen langen Tag arbeiten.

Die Männer mussten die starken Stämme bearbeiten, mit viel Müh' und Schweiß, bis sie endlich ächzend und polternd auf dem Boden landeten. Dann kamen wir zum Einsatz. Wenn die stärkeren Äste abgehackt waren, wurde das Überholz zu Bürdeln* zusammengehackt. Das Kleinholz brauchte man ja zum Unterzünden für den Ofen und zum Kesselheizen am Waschtag. Da war man stolz, wenn man recht viele Holzbürdeln zusammengebracht hat.

Manche Leute haben Strohbandeln, die man ja früher auch selber machte, in den Wald hinausgeschleppt, um damit die Holzbürdeln zusammenzubinden. Die wurden ja im Wald zusammengeschlichtet, bis der Weg zu befahren war und man das Holz dann heimholen konnte. Da gab es aber oft eine Überraschung. Beim Aufladen sah man erst, dass die Mäuse am Werk gewesen waren. Sie hatten die Strohbänder aufgebissen, das Holz lag dann teilweise offen herum, und man hatte die doppelte Arbeit. Ein altes Sprichwort sagt: „Man kann alt werden wie eine Kuh und lernt noch immer dazu." Da kam man drauf, dass Draht die bessere Lösung war. Die Holzstämme wurden früher ja mit der Säge geschnitten. Na, das war eine Werklerei, bis man endlich durchkam. Die Kreissäge war dann schon wie ein Geschenk des Himmels und eine große Arbeitserleichterung; genauso wie bei den Bäumen im Wald die Motorsäge nicht mehr wegzudenken wäre.

Wenn die Waldarbeit vorbei war, gab es ja oft schon Schnee und man musste mit dem Holzheimführen warten, bis der oft sehr schlechte Waldweg wieder zu befahren war. Aber man hatte ein gutes Gefühl. Es war wieder eine Arbeit vorbei, und man hatte für das kommende Jahr wieder Holzvorrat.

Schön langsam kam dann eine ruhigere Zeit ins Bauernhaus. Wenn die Tiere gefüttert waren, konnte man sich mehr auf die Hausarbeit konzentrieren. In der Erntezeit oder bei Arbeitsspitzen musste man oft schnell zubereitete Speisen auf den Tisch bringen. Nun hatte man mehr Zeit, aufwändigere Sachen zu kochen und viel Neues auszuprobieren, besonders beim Backen.

Ich hab ja schon daheim gern gebacken und herumprobiert, aber unser Vater war sehr sparsam. Es sollte alles nicht viel kosten. Nur wo Erdäpfel drinnen waren, das wurde noch genehmigt. Während der Kriegszeit gab es dann öfter Erdäpfelstrudel mit Marmelade gefüllt, und auch das hat gut geschmeckt.

Als ich dann geheiratet habe – mein Mann war übrigens allen süßen Sachen sehr zugetan –, da habe ich mich richtig mit dem Backen beschäftigt. Trotz der vielen Arbeit hat es mich immer gefreut, wenn ich wieder etwas Neues ausprobieren konnte. Versuchskaninchen haben sich immer gefunden. Ich habe dann vieles in der Nacht gemacht, obwohl ich so gern geschlafen habe. Da wurde es oft Mitternacht, bis ich ins Bett kam.

Erst viel später, als wir die Wirtschaft schon dem Sohn übergeben hatten und nicht mehr so viel Arbeit auf uns fiel, da wurde dann alles viel leichter (oder doch nicht?). Unsere drei Kinder haben im Jahr 1975 geheiratet. Juni, Juli, September – drei Hochzeiten hintereinander. Wie wir das alles geschafft haben?

Dann kamen die ersten drei Enkelkinder. Auch jeden Monat

eines. War das eine Freude! Diese Zeit habe ich richtig genossen, und wenn es ginge, möchte ich diesen Abschnitt meines Lebens noch einmal erleben. Die Kinder waren viel bei uns, und öfter gab es Klagen, warum die Kettlasbrunner Buben bei uns schlafen durften und die, die eh bei uns im Haus waren, nicht. In den Ferien kamen auch die Auersthaler Enkelkinder zu uns. Na, da war die Rasselbande komplett. Da gab es ein Hallo, und oft wurde auch gestritten, da musste ich wieder schlichten, aber sie kamen immer wieder gern. Heute sind alle erwachsen und reden gern von dieser schönen Zeit.

Mir bleiben nur die vielen Fotos, von ganz klein auf bis hin zu den Hochzeitsfotos. Immer wieder schaue ich sie mir an und hab meine Freude an ihnen – wie sie das Leben geschafft haben, die ganze Schulzeit hindurch, wo ich auch immer mitgebangt habe, dass alles gut geht. Es gab keine Enttäuschungen, sechs haben maturiert und haben einen guten Arbeitsplatz, was ja das Wichtigste ist. Nur das jüngste Enkerl noch nicht, ein Nachzügler aus Auersthal, der wird 14 Jahre und kommt heuer nach Wieselburg in die Schule, und allem Anschein nach wird es auch da klappen.

An einen Abschnitt meines Lebens erinnere ich mich auch noch gern: Dass ich gerne gekocht und gebacken habe, ist ja schon geschrieben worden, aber dass es einmal in solchen Maßen geschieht, hätte ich nicht zu träumen gewagt. Als ich 60 Jahre alt war, haben wir den Betrieb dem Sohn übergeben. Obwohl wir noch immer fest ausgeholfen haben in der Wirtschaft, war es doch schon leichter, da habe ich mir ein zweites Standbein geschaffen.

In Wilfersdorf wurde von der Pfarre ein Advent- und Weihnachtsmarkt eingeführt und abgehalten. Wer wollte, konnte da mitarbeiten. Der Reinertrag kam für verschiedene gute Zwecke zum Einsatz. Erst habe ich Tischdecken und kleine Weihnachtsdeckerln gestickt. Dann sagte meine Nichte in Obersulz, ich soll es mit Bäckerei versuchen, das komme bei ihnen gut an. Da war ich gleich Feuer und Flamme. Ich habe dann gebacken und konnte gar nicht genug kriegen. Da war ich recht kreativ, immer wieder fiel mir etwas Neues ein: Hunderte schön verzierte

Lebkuchensterne, Nikolo- und Krampusfiguren, Schnitten, Krapferln, Busserln, Kipferln und Ringerln. Alles kam dran. Ich ordnete dann alles recht appetitlich in Tassen zu je einem halben Kilo an, und das wurde verkauft. Da war ein G'riss drum, es kam einfach gut an. So eine Tasse Bäckerei kaufte jeder gern und hatte verschiedene gute Sachen drauf. Viel zu wenig ist es oft geworden. Das war wieder ein Ansporn fürs nächste Jahr.

Da hat es dann angefangen. Den Käufern hat es gefallen und geschmeckt, und viele kamen, ob ich nicht für sie auch etwas backen möchte. Die Mundpropaganda nahm immer mehr zu. Ich habe erst vor kurzem eine Liste gefunden, die ich damals angelegt habe. 15 Jahre lang habe ich gebacken, da kam ganz schön was zusammen.

Geburtstage, Taufen, Erstkommunion, Firmung, Weihnachten, Hochzeiten, alles wurde gefeiert, und ich konnte mich vor Anrufen nicht erretten. Da war ich in meinem Element. Es wurde schon zu einer Leidenschaft bei mir. Natürlich bekam ich auch Geld dafür. Es waren ja auch Ausgaben da. Eigenes Geld zu haben, das war schon was. Mein Mann sagte oft: „Du hast vielleicht Geduld und Nerven." Aber ich habe meine andere Arbeit auch geschafft.

Es war zu dieser Zeit, als mein Mann seine verlorenen zehn Jahre – Kriegszeit und Gefangenschaft – festhalten wollte, für die Kinder und Enkelkinder. Das haben wir auch zusammengebracht, mit vereinten Kräften, trotz der vielen Backerei. Er hat die vielen Daten von Ländern, Städten und Meeren von vier Erdteilen gewusst, wo er überall war. Ich war der Schreiberling und habe das zu Papier gebracht. Er hat auch oft gejammert: „Du mit deinem ewigen Backen, da kommen wir nicht zum Schreiben. Bald werde ich sterben, und das ist nicht fertig." Aber einmal waren wir fertig, und es ist ein Zeitdokument geworden. Man muss sich nur wundern, wenn man das liest, dass ein Mensch das alles durchhalten und doch so halbwegs gesund in die Heimat zurückkehren und dann wieder so viel und schwer arbeiten konnte.

Ich sagte oft: „Wie man da noch so alt werden kann, was er durchgemacht hat." Er ist am 18. Jänner 2003 verstorben, mit 87

Jahren. Unser schönes Leben war vorbei. Er hat mir alles gegeben, was ich mir in meiner Jugend gewünscht habe. Eine Familie mit drei Kindern und ein schönes, erfülltes Leben. Solange ich lebe und denken kann, werde ich unserem Schöpfer danken für diesen Menschen.

Jetzt sitze ich da und finde keinen Sinn mehr für dieses Leben. Die Wehwehchen werden auch immer mehr. Dann sag' ich mir doch wieder, solange ich in der Früh noch aufstehen, mich reinigen und etwas kochen kann, ist das Leben noch lebenswert, wenn es auch oft schwerfällt. Hoffentlich hält der Geist noch länger an.

Oft denke ich mir, ich passe nicht mehr in dieses Leben. Die vielen Ehescheidungen, die armen Scheidungskinder, die doch alle darunter leiden. Haben diese Menschen nicht auch geheiratet, weil sie sich gern hatten? Ich kann mir das gar nicht vorstellen. Wir hatten eine Achtung voreinander, das hat uns zusammengeschweißt, und ich konnte aufschauen zu meinem Mann. Das Wort Sex hat es in meiner Jugend noch gar nicht gegeben. Das muss erst später erfunden worden sein.

Ja, wo bin ich denn jetzt hingekommen mit meiner Schreiberei? Aber das ist jetzt auch so etwas, um meine Zeit totzuschlagen.

Und weil ich wieder beim Zurückerinnern an die Vergangenheit bin, möchte ich noch etwas festhalten, was die kommenden Generationen nicht mehr erleben werden. Oder vielleicht schon wieder? Was weiß man?

Es gab einmal die Maikäfer, das war auch so eine Plage. Die konnten die Obstbäume und Weingärten kahl fressen. Als ich noch ein Kind war, bekamen wir einmal schulfrei, damit wir den Erwachsenen helfen konnten, die Schädlinge einzusammeln.

Mit einem Kübel mit Deckel rückten wir aus, zeitig am Morgen, denn da saßen sie noch auf den Bäumen. Die wurden geschüttelt, und die schlaftrunkenen Käfer fielen herab. Eilig wurde da aufgeklaubt. Das einzig Gute war, dass wir für die Arbeit bezahlt wurden. Es gab da eine Sammelstelle, wo die

Käfer vernichtet wurden. Je fleißiger wir beim Aufsammeln waren, umso mehr Groschen bekamen wir. Zehn Groschen waren schon was, da bekam man schon eine Bensdorp-Schokolade dafür. Ich glaube, die Kübel sind sogar gewogen worden.

Aber alle Käfer sind ja doch nicht vernichtet worden, und die sorgten wieder für Nachkommen. Wenn ich mich so erinnere, war alle vier Jahre ein Maikäferjahr. Die Käfer legten ihre Eier in die Erde, und die Larven wuchsen sich dann zu dicken, fetten Engerlingen aus. Was die alles anrichteten! Wenn ein zartes Rübenpflänzchen seine Blätter hängen ließ und man grub nach, war todsicher so ein fetter Engerling am Werk. Oder wenn ein frisch gesetzter Rebstock plötzlich welk wurde und man schaute nach, waren die Wurzeln abgefressen. Auch beim Erdäpfellegen kamen sie in den Ackerfurchen zum Vorschein. Dann klaubte man die verhassten Viecher auf und warf sie auf die Ackeroberfläche. Die Sonne konnten sie nicht vertragen, und sie starben ab.

Da muss ich noch etwas erzählen, was mit dem Ungeziefer zu tun hat. Es war im Jahr 1972. Da war eines Tages im Mai eine Visitation* und Firmung mit Kardinal König angesagt. Da im Pfarrhof keine ständige Haushälterin vorhanden war, ist Herr Pfarrer Lehnert an Frau Elke Schneider und mich herangetreten und fragte uns, ob wir zu diesem besonderen Anlass im Pfarrhof kochen möchten. Wir haben natürlich zugesagt, es war ja auch eine Ehre für uns, und wir wurden dann auch gelobt.

Es war ein Festtag im ganzen Ort. Alles war in Feststimmung, und es war ein schöner, sonniger Tag. Ein Sohn spielte bei der Musikkapelle, der Mann war bei der Feuerwehr, und kein Mensch dachte an die Überraschung, die uns am nächsten Morgen bevorstand.

In der Früh, als wir in den Weingarten kamen, es war schon eine Hochkultur, war alles total abgefressen. Kein bisschen Grün war mehr an den Stöcken. Das war ein Schock. Da kommt einem schon das Heulen. Es ist dann schon wieder etwas nachgewachsen, aber die schönen Triebe, die die Trauben bringen sollten, waren weg. Bei der Weinlese hat sich das schon sehr nachteilig ausgewirkt.

Ich weiß nicht, ob es jetzt noch irgendwo Maikäfer gibt. Vielleicht sind sie auch schon ausgestorben, wie früher die Dinosaurier und andere Tiere. Eine Plage der Menschheit wäre weg, und was anderes kommt. Jetzt hört man so viel reden vom Feinstaub. Und wie sich der wieder auf die Gesundheit der Menschen auswirkt, ist auch schon eine bange Frage …

Es war einmal ein Bauernhaus … So fing früher oft ein Märchen an. Aber was ich hier so geschrieben habe, hat nichts mit einem Märchen zu tun. Es war Wirklichkeit.

Das Bauernhaus, das es früher einmal gab, ist nicht mehr. Die große Scheune – als ich in dieses Haus kam, wurde sie schon nicht mehr für Stroh, Heu und zum Getreideeinführen benützt. Da hatten wir den großen Stadel in nächster Nähe. In dieser Scheune daheim wurden Wagen, kleinere Maschinen und was halt sonst noch im Trockenen stehen musste, eingestellt. Auch viel Gerümpel – darum war es da ja so herrlich zum Spielen, erst für unsere Kinder, dann für die Enkelkinder. Die schönsten Winkel und Ecken gab es da beim Versteckenspielen.

Und der große doppelte Kuhstall – auf einer Seite standen die Milchkühe, auf der anderen das Jungvieh. Seit 1975 stand dann der Stall leer. 1973 kam die verheerende Maul-* und Klauenseuche in unser Dorf. Da wurden alle Ställe radikal ausgeräumt. Wir waren dann vier Tage in Quarantäne. Es durfte kein Mensch das Haus betreten, und wir durften nicht hinaus.

Die Kinder haben auswärts geschlafen, damit sie zur Arbeit fahren konnten. Sie kamen jeden Tag vorbei und fragten beim Fenster herein, ob wir etwas brauchten. Aber wir hatten schon vorgesorgt, dass alles im Haus war, was wir zum Leben brauchten. Wir haben noch eine Kühltruhe gekauft, so hatten wir eigentlich alles daheim. Wein wurde auch eingelagert, und natürlich Zigaretten. Großvater war gewohnt, dass er jeden Tag in den Keller ging und jeden Tag seine Zigaretten holte. Den hat das Eingesperrtsein am meisten betroffen.

Vater und ich konnten nichts als schrubben und schrubben. Im Schweinestall hatten wir Fressgitter, die wurden abgekratzt und gebürstet. Kaum waren wir auf einer Seite fertig, sah man, als es trocknete, dass da erst noch Futterreste und Schmutz pickten. Wieder den Schlauch her, und von vorne anfangen. Wenn wir damals nicht schon die Wasserleitung gehabt hätten, hätten wir nicht gewusst, wie man alles sauber kriegen soll. Im Kuhstall, jede Fuge wurde ausgekratzt. Wir brauchten schon fast nichts mehr zum Essen, am Abend sanken wir todmüde ins Bett.

Dann kam endlich der Amtstierarzt und nahm den roten Zettel vom Tor. Wir waren wieder frei. Aber die haben alles genau kontrolliert. Wenn sie irgendeine Kleinigkeit gefunden hätten, hätte das Ganze wieder von vorne angefangen. Es war bei mehreren Leuten so.

Großvater hat vor lauter Freude, weil er wieder in den Keller gehen konnte, einen ganz schönen Affen* zusammengebracht.

Vater ging früher jeden Abend vor dem Schlafengehen in den Stall nachsehen, ob alles in Ordnung war. Aber das hat er sich dann bald abgewöhnt. Nichts mehr da, alles leer. Das war schon eine schwere Zeit. Als wir am 22. Juni, es war gerade unser silberner Hochzeitstag, befreit wurden und wir nach 25 Jahren frisch anfangen mussten, sagten wir schon: „Gebe Gott, dass in der Zeit, die wir noch zusammen erleben dürfen, nicht noch einmal so etwas einreißt!"

Wir stellten dann noch fünf Jungstiere ein, die wurden gemästet, bis sie richtig im Gewicht waren und der Fleischhauer sie holte. Der Kuhstall hatte ausgedient. In den Schweinestall kam nach der Seuche doch wieder Leben hinein. Wir hatten dann nur mehr Mastschweine, keine Zuchtschweine mit Ferkeln mehr. Auch das hatte bald ein Ende. Hühner hatten wir noch etliche Jahre. …

Seit 1975 hat sich viel verändert. Der älteste Sohn, der in diesem Haus der Bauer werden sollte, hat nach Kettlasbrunn geheiratet, in einen größeren Betrieb. Die Tochter zog nach Auersthal in einen Bauernhof, und der jüngste Sohn heiratete eine Kettlasbrunnerin und übernahm das Elternhaus. Das war alles im Jahr 1975.

Kaum hatten wir uns von den drei Hochzeiten erholt, war schon die Rede davon, das Haus niederzuräumen* und neu aufzubauen. Vater war zwar nicht so erbaut über seinen Plan und meinte, er soll doch ein paar Jahre warten. Aber sein Argument, dass ja alles jedes Jahr teurer werde, haben wir dann auch eingesehen.

1976 wurde eine Hälfte des Hauses niedergeräumt und neu aufgebaut. Mein Mann und ich blieben mit Großvater noch den Winter über in der anderen Hälfte des Hauses, zwar etwas beengt, aber wir konnten heizen, und das war das Wichtigste, denn Großvater fing zu kränkeln an. Er hat dann das Wegräumen des anderen Hausteiles nicht mehr erlebt. Damals dachte ich: „Noch nie waren wir allein." So vieles änderte sich in zwei Jahren.

Dann wurde angefangen zu bauen, und das Haus ist gewachsen, mit viel Müh und Plag. Am 10. Oktober 1977 sind wir dann eingezogen in die Zimmer, und am 1. Dezember konnten wir schon die Küche benützen. Mit einem Gläschen Rotwein feierten wir unseren Einzug ins neue Haus und Vaters 62. Geburtstag. Damals dachte ich: „Jetzt haben wir ein schönes, trockenes, gut beheizbares Haus, gebe Gott, dass wir es noch lange Jahre bewohnen können!"

Alles hat sich verändert. Die alte Scheune wurde weggeräumt. „Wo sollen wir denn jetzt spielen?", riefen unsere Enkelkinder im Chor. Ich hab mich eigentlich gefreut. Es wurde dort ein schöner Gemüsegarten angelegt. Immer musste ich auf einem Feld in nächster Nähe mein Gemüse anbauen, jetzt hatte ich es fast vor der Haustür. Einige Jahre hatte ich meine Freude daran.

Von Jahr zu Jahr wurden meine Wehwehchen mehr, besonders das Kreuz. Ich konnte unmöglich die Arbeit im Garten tun und musste ihn aufgeben, was mir sehr schwer fiel. Die Jungen fahren jeden Tag zur Arbeit, da kann man nicht verlangen, dass sie den Garten bearbeiten. Und überhaupt, im Supermarkt gibt es alles zu kaufen.

Wo einst die große Scheune war, da gibt es jetzt Garagen und

Schuppen zur Holzlagerung. Der große Hof ist ein grüner Teppich, ein herrlich gepflegter Rasen. Wo Scheune und Gemüsegarten waren, ist jetzt ein großes Schwimmbad errichtet worden, ganz schön mit Überdachung. Wenn ich oft draußen sitze, da komme ich ins Sinnieren und denke: „Wenn der Großvater aufstehen würde, der möchte wohl sagen: ‚Nicht *einen* Stadel haben sie mehr‘, und würde wieder verschwinden."

Marianne Handler

geboren am 30. Juli 1932, wuchs als zweitjüngste von vier Schwestern auf einem Bauernhof in Kühbach bei Lichtenegg in der Buckligen Welt auf. Im Jahr 1960 heiratete sie auf einen Nachbarhof und wurde Mutter von fünf Kindern.

Von Jugend an übernahm Marianne Handler öffentliche Ämter in der Landjugend, in der Katholischen Frauenbewegung und in verschiedenen landwirtschaftlichen Gremien. Unter anderem vertrat sie als Bezirksbäuerin, im Molkereiverband und in der Landwirtschaftskammer die Interessen der Bäuerinnen.

Marianne Handler schrieb ihre persönlichen Erinnerungen im Jahr 2000 nieder und ergänzte sie einige Jahre später. In diesen Aufzeichnungen, die sie ihrer Mutter widmet, erzählt sie von ihrer Kindheit, vor allem von bäuerlichen Arbeiten, Bräuchen und Festen im Jahreslauf; ebenso vermittelt sie einen Einblick in ihr öffentliches Wirken bzw. ihre politische Tätigkeit.

Die Geschichte meiner Mutter

Immer wieder gehen meine Gedanken zurück, durch meine vergangenen Jahre, mein Berufsleben, meine Jugend, meine Kindheit. Man forscht nach, was hat mich so geprägt, woher kam die Kraft, das Leben so zu meistern, dass ich heute zufrieden und dankbar zurückblicken kann.

Meine Lernerfolge in der Pflichtschule waren mager, waren es doch die Kriegsjahre 1938 bis 1945, wo Hitler und sein Großreich der Hauptgegenstand waren. Die letzten zwei Kriegsjahre waren wir dann meistens im Luftschutzkeller oder daheim, weil die Fluglinie der Bomber über uns war, wenn sie Wiener Neustadt bombardierten. So haben uns der Krieg und die Not zusammengeschweißt, besonders in der Familie, und man konnte daraus viel Kraft schöpfen für das spätere Leben.

War der Vater für die Wirtschaft zuständig, war es die Mutter für das Haus und die Familie. So widme ich diese Geschichte meiner Mutter, im lieben Gedenken an eine Frau, die in eine harte Zeit hineingeboren wurde, die aber nie aufgab, die ihre Kraft aus einer positiven Lebenseinstellung und aus einem tiefen Glauben schöpfte. Die nichts wusste von Emanzipation oder Gleichstellung – sie hat ihr Leben gelebt für den Mann, für die Kinder und auch für den Betrieb. Sie kannte kaum Freizeit, wie es halt bei Bäuerinnen einmal war. Manchmal vergleiche ich sie heute noch mit einer Stelle aus der Bibel, wo von der gebückten Frau die Rede ist – und es gab viele solcher Frauen, denn es war eine von Männern dominierte Gesellschaft. Wenn ich da an meine Mutter denke und an all die anderen Bäuerinnen, sie hatten eine schwere Last zu tragen, und ihr Arbeitstag war meistens um ein paar Stunden länger als der der Männer.

Meine Mutter war auch eine Bauerntochter, sie hatte zwölf Geschwister, sieben davon starben im Säuglings- und Kindesalter. Es fehlte ganz einfach an ärztlicher Versorgung, Hygiene und sicher auch an richtiger Nahrung. In vielen Bauernhäusern sind die Mütter im Kindbett gestorben, was den Bauern gar nicht viel ausmachte, denn da kam durch eine neue Bäuerin wieder Geld und Hausrat ins Haus. Da gab es so ein makabres Sprichwort: „Weibersterben ist kein Bauernverderben, aber Rossverrecken ist für den Bauern ein Schrecken."

Großmutter hat dies alles überdauert und ist 88 Jahre alt geworden. Ihr Alter hat so viel Güte und Weisheit ausgestrahlt, dass ich mir oft dachte: „So will ich auch einmal werden."

Nun wieder zu meiner Mutter. Sie heiratete mit 19 Jahren 1923 meinen Vater; dem Erzählen nach war es eine Heirat, die Geld einbrachte, also eine Vernunftehe. Mein Vater war 1922 nach dem Ersten Weltkrieg aus russischer Gefangenschaft heimgekehrt. Seine Eltern waren verstorben, zwei seiner Geschwister waren noch auf dem Hof, die ältere Schwester war 30 Jahre alt und sein jüngerer Bruder 17. So musste mein Vater ganz von vorne anfangen, ohne Vieh und ohne Geld.

Es war eine arge, schwierige Zeit, wie uns die Eltern oft

erzählten. Es gab damals noch Kronen und Heller, und es herrschte eine Hyperinflation. 1924 wurde dann eine neue, stabilere Währung geschaffen, Schilling und Groschen. Vater erzählte öfter, mit einem Schilling in der Tasche konnte man damals ins Wirtshaus gehen, man bekam dafür ein kleines Gulasch, eine Semmel und ein Seidel Bier, übrig blieb da auch noch ein kleines Trinkgeld.

1924 kam auch meine ältere Schwester zur Welt, Johanna. Mutter erzählte oft, wie knapp das Geld war, es reichte nicht einmal für Windeln, und so kam Großmutter mit Windeln, die von einem abgenützten Bettzeug übrig geblieben waren, und das wiederholte sich immer wieder, sooft ein Kind auf die Welt kam. Das war 1925 meine zweite Schwester, sie erhielt den Namen Rosa, 1932 war ich es, Maria-Anna, 1934 meine dritte Schwester Margareta.

Das alte Wohnhaus war baufällig und unwohnlich. 1927 entschlossen sich meine Eltern, ein neues zu bauen, jener Zeit entsprechend, mit einer großen Bauernstube, einer Hinterstube, Küche und Speis. Die Zierde dieses Wohnhauses aber war eine große Veranda, wo sich in den Sommermonaten das Leben abspielte. Nur die große Stube war stattlich eingerichtet, eine schöne Holzdecke mit einem schweren Tram in der Mitte, der reich verziert war, und vier große Fenster. Eine ganze Länge und Breite der Stube waren mit einer massiven Sitzbank umgeben, in der Ecke stand der Haustisch, darüber der Herrgottswinkel, der neben dem Kruzifix auch keinen Bauernheiligen vermissen ließ. Obwohl mein Elternhaus neu gebaut wurde, hatte der alte Haustisch, von dem niemand wusste, wie alt er war, noch immer seinen Ehrenplatz.

1929 war ein sehr markantes Jahr, von dem alle alten Leute erzählen. Der Hagel vernichtete weit im Umkreis die ganze Ernte, der Sturm war so arg, dass er viele Schäden anrichtete. Vater erzählte auch von der damaligen Weltwirtschaftskrise, die in Amerika ausbrach und auf Europa und Österreich übergriff.

Ein schwerer Schlag für meine Eltern war der 13. Juni 1932, als das ganze Wirtschaftsgebäude abbrannte. Da alles aus Holz und Stroh war, konnte nichts gerettet werden. Es gab nur eine minimale Versicherung, aber die Scheune und der Stall mussten trotzdem wieder aufgebaut werden. Wir hatten dann zwar einen schönen Hof, aber es gab große Schulden, und es musste an allen Ecken und Enden gespart werden.

Meine Eltern erzählten immer, so arg es auch war, von der Annexion Österreichs durch Hitler-Deutschland hätten wir profitiert, denn aus dem Schilling wurde die Reichsmark, und wir bekamen für drei Schilling zwei Reichsmark. Mit dem Ende der Dreißigerjahre gingen dann auch viele Sorgen zu Ende.

Da wir ein Viermäderlhaus waren, musste unser Vater nicht in den Krieg. Meine älteren Schwestern waren schon brauchbare Arbeitskräfte, und das bekam ganz besonders Mutter zu spüren, sie brauchte nicht mehr so viel im Betrieb mitarbeiten. Äußerlich waren die Jugend meiner zwei Schwestern und die Kindheit von uns zwei Jüngeren vom Krieg geprägt, aber in der Familie war es eine schöne Zeit. Wir waren fast Selbstversorger, es gab nur wenige Konsumartikel, die wir kaufen mussten und die es zu kaufen gab.

Das Jahr war eingeteilt von Neujahr bis Weihnachten, in Arbeit, Brauchtum, Feste und Riten. Es gab Arbeitstage, Sonn- und Feiertage, da herrschte eine strenge Ordnung, und die Mitte war der Herrgott, der der Sinn des Lebens war, der Vertrauen und Hoffnung gab in diesen schrecklichen Kriegstagen.

„Die Bräuche und Feste haben uns zusammengehalten"

Wenn ich vom Brauchtum erzähle, in das uns Mutter eingeweiht hat, so beginne ich wie das Kirchenjahr mit dem ersten Adventsonntag. Da flochten wir den Adventkranz, die Kerzen dazu bastelten wir selber. Wir hatten immer Bienenstöcke, und da gab es Bienenwachs für Kerzen, sie verbreiteten einen besonderen Duft.

Am 4. Dezember wurden die Barbarazweiglein in die Vase gestellt, und es bedeutete besonderes Glück, wenn sie zu Weihnachten blühten. Waren heiratsfähige Töchter im Haus, so gab es im kommenden Jahr eine Braut.

Im Advent gab es auch die Roratemessen. Eine Person vom Haus musste täglich zur Rorate gehen (wir waren fünf Kilometer vom Dorf weg). Am 6. Dezember waren der Krampus und der Nikolo unterwegs. Dann war der Tag des heiligen Thomas, da gab es das sogenannte „Bettstaffeltreten", etwas ganz Wichtiges für junge Mädchen. Da gab's ein Sprücherl für uns, das musste man vor dem Zubettgehen aufsagen: „Bettstaffel i tritt di, heiliger Thomas, ich bitt di, lass mir im Traum erscheinen den Meinen" – uns so gab es halt dann am Morgen ein schönes oder enttäuschtes Erwachen.

Ganz wichtig war in der Vorweihnachtszeit das Kletzenbrot, es wurde aus einfachem Brotteig gemacht, mit Kletzen*, Nüssen, Rosinen, Honig und Zimt. In der Kriegszeit war es besonders köstlich, weil es sonst nichts Süßes gab. Für das Christkind wurde Lebkuchen gebacken. Ja, das sind die schönsten Kindheitserinnerungen.

Der Weihnachtsabend wurde ganz festlich begangen, ein festliches Abendessen hat den Tag ganz besonders herausgehoben, war doch der ganze Tag ein strenger Fasttag. Der Christbaum war wohl bescheiden, aber das schmälerte unsere Freude nicht. Wir hatten keine Schokolade und keine Süßigkeiten; schöne, rote Äpfel, Nüsse und weiße Watte zierten unseren Christbaum. Die Krippe wurde aufgestellt, das Weihnachtsevangelium vorgelesen, und es wurde gebetet. Die Geschenke waren ebenfalls einfach, es gab fast kein Spielzeug, selbst gestrickte Westen und Socken waren immer dabei.

Am Stephanitag gab es auch einen Brauch, der verloren gegangen ist, nämlich das „Faschingeinareißn". In aller Früh trachtete man, ein Stück Wäsche oder Schuhe von irgendjemand zu erwischen, um sie draußen an einen Baum zu hängen. Wenn der Betroffene sie anziehen wollte, musste er sie suchen gehen und mit lautem Juchee hereinholen. Somit war der Fasching eröffnet, dem lustigen Treiben stand nichts mehr im Wege.

Die Zeit zwischen Weihnachten und Neujahr hatte einen eigenen Namen, sie hieß „Unternachten"*. Diese Zeit war arbeitsmäßig eine ruhige Zeit, man ging nicht in den Wald, man ging in Haus und Hof einer Arbeit nach. Silvester und Neujahr wurden besinnlich gefeiert, im Gegensatz zu heute, wo es die ganze Silvesternacht Lärm und Gekrache gibt. Man ging zu den Nachbarn und zu nahen Verwandten „Neujahrwünschen".

Der 6. Jänner, Heiligerdreikönigstag, war auch ein ganz wichtiger Tag im bäuerlichen Brauchtum. Man schloss die Weihnachtszeit und die Rauhnächte mit dem „Ausrauchen". In der Kirche wurden Weihrauch, Kreide und Wasser geweiht. Am Vorabend oder direkt am Dreikönigstag ging man dann durch Haus, Hof und Stall; der Weihrauch kam auf heiße Kohlen, es gab dafür ein eigenes Gefäß, Weihwasser wurde gesprengt und mit Kreide wurden die Zeichen der Heiligen Drei Könige an die Türen geschrieben, dabei wurde der Rosenkranz gebetet, um Schutz, Segen und Gesundheit für Mensch und Tier. Meine alte Nachbarin erzählte, dass der Dreikönigstag der „Neunmahltag"* war, als Abschluss für den Weihnachtsfestkreis. Nach dem Rauchengehen gab es noch einmal ein festliches Essen.

Dann kam Maria Lichtmess am 2. Feber. Es war ein wichtiger Tag für die Dienstboten. Da wurde nämlich gewandert. Wollte ein Bauer einen Dienstboten behalten, musste er ihm ein „Angeld" geben. Auch die Kerzenweihe war stets ein wichtiger Bestandteil des Kirchenjahres; die Kerze, die Licht und Wärme spendet, war auch ein Symbol für den Tag, der länger und heller wurde. Ich kann mich erinnern, in meiner Kindheit gab es Kerzen in allen Formen, „Kerzenstöckl", Kerzen wie Gebetbücher, die konnte man aufflechten und anzünden.

Im Fasching gab es einen Bauernball und einen Feuerwehrball, hie und da auch ein Burschenkränzchen, das waren die öffentlichen Veranstaltungen. „Nur für gesetzte Leute", pflegte man zu sagen. Die Jugend traf sich schon öfter in der einen oder anderen Bauernstube beim Grammophon zum „Tanzenlernen".

Ich erinnere mich noch gern an die langen Winterabende daheim, das war auch was Besonderes. Man war nicht nur von den Nahrungsmitteln her Selbstversorger, sondern zum Teil auch bei den Textilien. Diese langen Winterabende dienten zum Herstellen von Wolle, Strickzeug und Leinen. Besonders bei Hausleinen war das sehr arbeitsaufwendig. Flachs wurde

288

jedes Jahr angebaut. Wenn er reif war, wurde er gerupft, mit der Wurzel aus dem Boden gezogen (damit die Faser schön lang war). Er wurde auf dem Feld ausgebreitet, getrocknet, zu Garben gebunden, in die Scheune gebracht und die Leinsaat mit dem Dreschflegel ausgedroschen. Die Leinsamen wurden durch die Windmühle gedreht und aufgehoben, sie waren wertvoll, zum Teil wurde daraus Öl gewonnen. Die Samen waren eine wichtige Medizin für das Vieh, auch das Leinöl war gut für Mensch und Tier. In der Kriegs- und Nachkriegszeit war es unser Salatöl, bei Husten, Heiserkeit, Lungenentzündung und für die Haut eine Medizin.

Wenn im Spätherbst draußen die Arbeit fertig war, wurde gebrechelt*. Zuvor wurde der Flachs nochmals getrocknet und zwar im Backofen. Immer wenn die Mutter Brot gebacken hatte (im großen Brotbackofen, der mit Holz geheizt wurde), kamen, wenn er überkühlt war, etliche Garben Flachs bis zum nächsten Tag in den Ofen hinein, sodass die äußere Hülle ganz spröde wurde; dann war er leicht zu brecheln.

In den Bauernmuseen kann man heute noch die Brecheln* bestaunen, ganz einfache Werkzeuge, bestehend aus drei Brettern und vier Füßen. Mit ihnen wurden die Stängel gebrochen und daraus die Flachsfasern gewonnen. Diese wurde dann noch über die Riffel*, ein Brett mit Eisenstiften, gezogen, gekämmt, so war er dann fertig zum Spinnen.

Wir hatten zwei Spinnräder, eines gehörte der Marie-Tant' (sie war Vaters älteste Schwester und hatte nie geheiratet) und eines der Mutter. Diese beiden Spinnräder surrten an den langen Wintertagen und -abenden. Es wurde grobes Garn gemacht für das „rupferne Leinen", für Säcke, Alletagstischtücher und Strohsäcke*. Marie-Tant' machte ganz feines Garn für Leintücher, Handtücher und Unterwäsche.

Wenn eine Spule am Spinnrad voll war, durften wir Kleinen – meine Schwester und ich – sie abhaspeln*, sodass dann Strähne entstanden. Diese wurden gewaschen, gekocht, getrocknet, zu Knäuel abgewickelt und dann zum Weber gebracht.

Im Frühjahr war es dann der Stolz jeder Bäuerin, wenn sie recht viele Ellen* Leinen zum Bleichen hatte. Wenn die Wiese schön grün war und die Sonne schien, wurde das Leinen auf dem Rasen ausgerollt und immer wieder mit der Gießkanne begossen, bis es annähernd weiß geworden ist. Ich habe heute noch einen Ballen Hausleinen von meiner Mutter und allerlei Ziergegenstände aus grobem und aus feinem Leinen; es ist unverwüstlich.

Wie es beim Hausleinen war, so war es auch mit der Schafwolle. Wir hatten immer so ein halbes Dutzend Schafe, die mit ihrer Wolle die ganze Familie mit Fäustlingen, Socken, Strümpfen, Pullovern und Westen versorgten. Die Schafe wurden zweimal im Jahr geschoren. Im Frühjahr, wenn es warm wurde, hat man sie im Sautrog gewaschen, von Sonne und Wind trocknen lassen und geschoren. Die Wolle wurde dann nochmals gereinigt und zerfasert. Das war wieder so ein Extra-Gestell, ein Bankerl mit einem erhöhten Kastl drauf und zwei Brettern mit Drahtstiften. Damit wurde die Wolle gekämmt und gesäubert und war dann bereit zum Spinnen.

Mit Grauen erinnere ich mich noch an die Schafwollstrümpfe in der Kriegszeit, weil sie so steif waren und so gebissen* haben, in der Schule sitzen war eine Qual. Westen und Pullover waren dankbarer, sie waren warm und ein guter Regenschutz. Fäustlinge brauchte man viele. Es gab auch im Winter immer Arbeit auf der Tenne, in der Holzhütte und auch im Wald.

Auf der Tenne wurden im Winter die „Bandln"* geknüpft, für die kommende Ernte; mit ihnen band man die Garben zusammen. Das Drischeldreschen* war noch lange nach der Dreschmaschine aktuell, weil nämlich das Stroh vom Roggen zu Schab* verarbeitet wurde. Das war ein rentabler Nebenverdienst, weil Schabstroh immer gut verkauft werden konnte, für Strohdächer und für die Weinbauern zum Rebenanbinden. So war es einmal, schließlich brauchten die Dienstboten auch im Winter Arbeit.

Soweit ich mich zurückerinnern kann, war die Wasserknappheit, besonders in den strengen Wintern, die größte Geißel in unserem Haus. Wir lagen auf einer Anhöhe, und wenn es trocken wurde, war der Hausbrunnen leer. Das Vieh mussten wir zum Bach hinuntertreiben, das waren so drei Paar Ochsen, sechs Kühe und das Jungvieh. Das musste zweimal pro Tag geschehen, und die Strecke war ein guter Kilometer. Die Wäsche wurde daheim gewaschen, und zum Spülen ging es auch zum Bach hinunter, oft und oft bei eisiger Kälte. Das Wasser, das im Haushalt gebraucht wurde, wurde mit dem Karren, dem Schlitten oder dem Ochsengespann heimgeführt.

Das dauerte bis 1950, da wurde die Bucklige Welt elektrifiziert, und das Leben war nun viel leichter. Wir bekamen als Erstes eine Wasserleitung mit elektrischer Wasserpumpe. Damit begann eine Mechanisierung im Haus und in der Landwirtschaft – es hatte einfach ein neues Zeitalter begonnen.

Jetzt komme ich wieder zurück zu den Bräuchen. Die Faschingszeit ging ihrem Höhepunkt zu. Da wurde auf den Bauernhöfen meist geschlachtet, und es gab den „Sauschädelpfingsta", das war der Donnerstag vor dem Faschingsonntag. Der Sauschädel wurde gekocht, mit viel Kren und Sauerkraut verzehrt, ja, da wurde noch alles aufgegessen, „mit Butz und Stingl", wie man zu sagen pflegte – im Gegensatz zu heute.

Auch bei den Faschingskrapfen wurde nicht gespart, sie wurden in der Nachbarschaft ausgetauscht und gekostet, wer wohl die besten hatte. Dann zogen die Faschingsnarren von Haus zu Haus, das waren besonders die Schulkinder, und es gab damals noch viele Bettler und Zigeuner, die auf diese Weise zu ein paar Kreuzern oder Krapfen kommen wollten. Natürlich wurde an diesen drei Tagen auch noch einmal getanzt, am Faschingdienstag nur bis Mitternacht.

Der Aschermittwoch war dann ein ganz strenger Fasttag, wir mussten in die Kirche gehen um das Aschenkreuz. So begann die Fastenzeit, es war eine enthaltsame Zeit bezüglich Essen und Lustbarkeiten. Das war dann auch die Zeit, wo man den Leinsamen in die Stampferei brachte, um das Leinöl zu gewinnen. Diese Ölstampferei war meist an eine Mühle angeschlossen, weil das Mühlenrad die Stampferei angetrieben hat. Diese Stampfer* hatten die Aufgabe, die Leinsamen zu quetschen, dann wurde das Öl herausgepresst.

Langsam verging die Fastenzeit, es meldete sich das Frühjahr an. Es wurde wärmer, und allmählich begannen wieder die

Vorbereitungen für den Frühjahrsanbau. Der Stallmist wurde aufs Feld gebracht, das Saatgut gereinigt, der Anger* sauber gemacht, ebenso die Wiesen. Wenn es begann, grün zu werden, im Wald und auf den Feldern, da nahm uns die Mutter so manchen Abend auf einen Spaziergang mit. Zwischen Wald und Feld ging fast eben der Weg dahin, da beobachtete man die Natur, da wurden viele Gespräche geführt, Ratschläge erteilt, es wurde gefachsimpelt und bewusst die Natur erlebt. Palmzweige wurden geschnitten, geputzt* und mit Wacholderreisig zu einem Besen gebunden, der dann am Palmsonntag in die Kirche mitgenommen und gesegnet wurde.

Die ganze Karwoche war eine strenge Fastenzeit, da gab es kein Fleisch. Das erste Fleisch war das Weihfleisch am Ostersonntag, als Vorspeise zum Festtagsessen. Am Ostersonntag war dann das „Groagehen", ins Grüne gehen. Da wurden die Palmzweige in die Kornfelder gesteckt und mit Weihwasser besprengt, dabei wurde der Rosenkranz gebetet, um Schutz und das Gedeihen der Früchte. Am Abend des Ostersonntags wurde dann das Osterfeuer abgebrannt, wahrscheinlich um die letzte Finsternis des Winters zu vertreiben, dabei wurde auch Böller geschossen. In der Buckligen Welt war und ist das besonders schön, auf den Hügeln und Buckeln ringsum sah man die Osterfeuer. Ganz wichtig für uns Kinder war zu Ostern das Osterkipferl von der Godl*. Da kam die Godl mit dem Osterkipferl, allerhand Süßigkeiten und auch Geld.

Dann kam der 1. Mai. In der Nacht zum 1. Mai wurde von den Burschen ein Maibaum aufgestellt (das wurde erst wieder in der Nachkriegszeit belebt). Es war ein Privileg der Burschen, den schönsten und längsten Maibaum zu finden, zu schmücken und aufzustellen. Wenn der Mai zu Ende ging, wurde er wieder mit viel Musik und Trara umgeschnitten.

In den Mai hinein fielen auch die Bitttage, das waren die drei Tage vor Christi Himmelfahrt. Da gingen von der Kirche weg die Bittprozessionen hinaus auf die Felder, um den Segen und den Schutz für die Ernte zu erbitten.

Zu Pfingsten gab es dann den Pfingstesel, das war derjenige, der am Pfingstsonntag als Letzter aus dem Bett kam. Nach

Pfingsten kam dann noch das Fronleichnamsfest, das für uns Kinder immer wichtig war, denn da durften wir ein weißes Kleiderl anziehen, ein Kranzerl im Haar, und wir durften die Prozession anführen. Nachher durften wir ins Wirtshaus gehen, um ein Kracherl und ein Paar Würstel; es war einer der wenigen Tage im Jahr, wo wir das durften.

Auch das Johannis- oder Sonnwendfeuer, das von der Jugend immer abgebrannt wurde, war in der Buckligen Welt besonders schön, weil es weithin sichtbar war.

Vom Frühjahr bis zu Maria Himmelfahrt sammelte und trocknete man verschiedene Heil- und Würzkräuter, und am 15. August gab es in den Marien- und Wallfahrtskirchen die Kräuterweihe, um ihnen eben noch eine besondere Kraft zu verleihen.

Es kam dann der Herbst herbei, eine sehr arbeitsintensive Zeit. Vorher aber wurde noch das Erntedankfest gefeiert, die Jugend flocht eine sehr schöne Erntedankkrone. Diese wurde in feierlicher Prozession in die Kirche gebracht, um so für die Ernte, für das Arbeitenkönnen, für Segen, Schutz und Beistand dem Herrgott zu danken. Daheim gab es dann den Schnitterhahn, das waren die zu jener Zeit noch sehr raren Backhendl.

Dann kam wieder das Sorgen um die Wintersaat. Der Mist musste auf das Feld gebracht werden, der Boden bestellt, und schließlich mussten Roggen und Weizen angebaut werden. Die Kartoffel-, Rüben-, Kraut- und auch die Obsternte waren sehr arbeitsaufwendig und eigentlich Schwerstarbeit, aber es musste getan werden. Wenn das Wetter mittat und wenn man fleißig zupackte, so war man zu Allerheiligen mit der Feld- und Gartenarbeit fertig. Dann war noch das Holzmachen; mit einer Bogensäge wurde zu zweit das Holz für Ofen und Herd geschnitten.

So schloss sich langsam der Jahreskreis. Es ruhte die Natur, und auch der Mensch kam wieder zur Ruhe. Es gab keinen Lärm, kein Neonlicht, keine Reklame, kein Fernsehen, keine Hektik vor Weihnachten – es begann wieder die stille Zeit!

„Genau so wie mit dem Jahreskreis, so ist es auch mit dem Leben", sagte die Mutter immer. Da ist die Kindheit, die Jugend, man strebt dem Höhepunkt zu, heiratet, es kommen die Kinder. Man sät und erntet, es gibt viel Licht, viel Schatten, trübe Tage, lange Nächte, Freude und Leid, immer wieder Hoffnung; es kommt eine Zeit der Reife, man erntet wieder. Der Herbst vergoldet alles noch einmal, und dann die stille Zeit, wo das Leben seiner Vollendung zugeht. „Und wenn ich einmal nicht mehr bin", sagte die Mutter oft, „dann lasst mich weiterleben unter euch, redet mit mir, fragt mich um Rat. Gebt die Liebe und den Glauben weiter, so weiß ich, dass ich nicht umsonst gelebt habe."

So haben wir mit unseren Eltern gelebt, die Mutter war der Mittelpunkt in unserer Zelle. Es war eine schwere Zeit, die Not der Zwischenkriegszeit, verbunden mit Schicksalsschlägen, dann der Zweite Weltkrieg und das Jahr 1945, als wir die Situation der Besiegten erfahren haben – Plünderungen, Vergewaltigungen (auch meine Mutter und zwei ältere Schwestern waren davon betroffen). Aber es ging aufwärts.

Die Bräuche und Feste, die unsere Eltern mit uns gefeiert haben, haben uns zusammengehalten und dem Leben einen Sinn gegeben. Es gab Höhepunkte im Jahreskreis, wo nicht das Materielle im Mittelpunkt stand, sondern die Grundwerte Liebe, Glaube und die Achtung vor der Schöpfung und ihren Geschöpfen. Das war die Kultur unseres bäuerlichen Lebens und auch unserer Dörfer. Mit Wehmut sieht man heute, wie vieles davon nicht mehr gefragt ist. Die Wegwerfgesellschaft hat sich auch auf dem Land breitgemacht, das gilt für Grundwerte, für Feste und Bräuche, ebenso wie für das menschliche Leben. Wenn ich heute so hineinschaue in die Gesellschaft, muss ich mir oft denken: „Ihr habt eine allzu große Hypothek aufgenommen. Wehe denen, die sie einmal zurückzahlen müssen!"

„So haben wir aus Bäuerinsein einen Beruf gemacht"

Das erste Nachkriegsjahr brachte auch bei uns große Not – bis zur Ernte im Herbst, dann ging es wieder; wir hatten Erdäpfel, Äpfel und auch wieder Getreide zum Brotbacken, wir hatten Milch und Obst. Im Herbst gingen wir wieder zur Schule. Unser Oberlehrer wurde zwangspensioniert, er hatte acht Kinder und litt auch seine Not in dieser Zeit.

1946 kam ich aus der Schule, ich hätte gerne weiterstudiert, aber wohin? Ich besuchte dann die vierte Klasse Hauptschule in Edlitz, als Gastschülerin. Als ich damit fertig war, brauchte unsere Nachbarin, auch eine Bäuerin, ein Kindermädchen, und da war ich dann zwei Jahre versorgt.

Dann entschieden meine Eltern, dass ich eine bäuerliche Fachschule besuchen sollte. So kam ich vom Jänner bis Dezember in die bäuerliche Fachschule nach Tullnerbach. Ich kann sagen: Es war die Schaukel fürs Leben. Wir haben viel gelernt, für die Persönlichkeit, für Haushalt und Landwirtschaft. Mit bestem Erfolg habe ich diese Schule abgeschlossen und sollte die landwirtschaftliche Mittelschule in Sitzenberg besuchen, um landwirtschaftliche Lehrerin zu werden.

Aber da begegnete mir ein junger, fescher Mann. Er hatte ein Motorrad, und ich war total verliebt, und nichts war mehr wichtig. Ich blieb wieder daheim auf dem elterlichen Hof, und mein Vater sagte, diese Verbindung komme überhaupt nicht in Frage. Er war nicht standesgemäß, er war nur ein Holzknecht. Ich habe mich dann eine Zeit lang ganz zurückgezogen.

Im Laufe der Jahre hat sich unsere Landjugend formiert, da bin ich dann wieder eingestiegen und habe auch in dieser Karriere gemacht. Die Ziele der Landjugend (damals „Ländliches Fortbildungswerk") waren: Persönlichkeitsbildung, fachliche Ertüchtigung, Verhinderung der Landflucht (heute längst kein Thema mehr). In dieser Organisation fühlte ich mich wohl. Ich konnte gut reden, hatte ein solides Auftreten und wurde in dieser Organisation Bezirksleiterin, Beirat und 1956 Landesleiterin. Ich lernte Österreich kennen, seine Menschen, war bei internationalen Jugendveranstaltungen dabei – es war eine herrliche Zeit.

Nebenbei arbeitete ich auf dem elterlichen Hof mit, war aber viel unterwegs. 1958 war ich dann schwer krank, ich hatte Gelbsucht. Ich hatte einen guten Arzt, und so kam ich wieder auf die Höh'. Ich trauerte noch immer meiner Jugendliebe nach, und so war ich immer noch allein. Meine Schwestern heirateten inzwischen. Vater sagte: „Ich will ins Ausgedinge gehen, entscheide dich, was du willst." Ich war 28 Jahre alt, und es überkam mich Torschlusspanik. So heiratete ich den Nachbarn, fünf Minuten entfernt von daheim, eine schöne Landwirtschaft, ein schönes Haus, nur die Leute passten nicht. Sie waren mit allen in der kleinen Ortschaft zerstritten. So begann ein Kampf für den Frieden und die Anerkennung meiner Familie – ich habe gewonnen, heute bin ich hoch geschätzt in unserem kleinen Ort.

Ich hatte 27 Jahre eine Schwiegermutter, sie war und blieb eine Schwiegermutter, und weil sie die Küche allein beherrschte und ich nur für Wald, Feld und Stall zuständig war, engagierte ich mich in der Bäuerinnenarbeit der Landwirtschaftkammer.

Meine Mutter ist mit 75 Jahren verstorben, sie war verbraucht, abgerackert. Wir hatten ein ganz gutes Verhältnis zu ihr. Sie gab uns Kindern viel Lebensphilosophie mit, und sie erzählte aus ihrem Leben, war eine vielbelesene Frau und beklagte immer, dass sie keine Freizeit gehabt habe; sie war fast keine eigene Persönlichkeit vor lauter Arbeit und Sparen. Ich versprach ihr damals: „Wenn ich irgendeine Möglichkeit habe, für Bäuerinnen etwas zu tun, ich werde die Möglichkeit nutzen."

Man gründete in der Landwirtschaftskammer die AGB, die Arbeitsgemeinschaft der Bäuerinnen. Dabei bekam ich als Funktionärin die Möglichkeit, die Frauen zu vertreten und für sie einzutreten. Ich war Gemeindebäuerin, stellvertretender Obmann unseres Bauernbundes, Bezirksbäuerin, Kammerrat und Vorstandsmitglied in der Molkerei. So haben wir aus Bäuerinsein einen Beruf gemacht, haben sie gebildet, sodass Bäuerinnen ihre Probleme selber in die Öffentlichkeit tragen konnten. Wir haben sozial viel erreicht. Wir vertraten ja die Bäuerinnen in den gesetzgebenden Körperschaften. So wurde das Karenzgeld für die Bäuerinnen eingeführt, ein großer Erfolg war auch die Bäuerinnenpension (ich habe leider keine). So ist aus der Bäuerin, die früher einmal die letzte Dienstmagd war, eine gleichwertige Partnerin geworden. So hat sich auch auf unseren Höfen vieles geändert, die Jungen sind aufgeschlossener und auch die Ausnehmer*. Man richtet sich seinen eigenen Platz im Haus, sodass man nicht aufeinanderpickt.

Nun noch zu meiner eigenen Familie: Ich habe fünf Kinder, drei Burschen und zwei Mädchen, und ich bin stolz auf sie. Sie sind alle tüchtig und, was mich am meisten freut, sehr sozial. Der Älteste ist Bauer, er ist Landwirtschaftsmeister, sehr tüchtig, er hat unseren Betrieb schon groß gemacht, er hat 28 Hektar Wald und 22 Hektar Felder dazugekauft. Wir haben 75 Milchkühe, die in einem neuen Laufstall glücklich sind; wir haben einen Stalldurchschnitt von fast 9000 Liter Milch. Der zweite und der dritte Sohn sind bei der Polizei, einer davon bei der Cobra*. Das eine Mädchen ist eine tüchtige Bäuerin geworden, das zweite Mädchen lernte Optikerin, ist aber mit 26 Jahren wieder in die Schule gegangen und ist jetzt Lehrerin. Ich habe zwölf Enkelkinder und einen Urenkel. Der älteste Sohn vom Bauern hat schon geheiratet, so leben jetzt vier Generationen unter einem Dach, füreinander – miteinander – gegeneinander (aber ganz selten). Die Frau vom Enkel ist ganz super, und auch meine Schwiegertochter ist in Ordnung.

Heute ginge es mir wieder gut, aber es ist wieder etwas, was den Himmel hält: Mein Mann ist fast blind, und er hat noch dazu beginnenden Alzheimer. Damit ich meine Freundinnen nicht ganz verliere, gehe ich noch singen. Ich gründete als Bezirksbäuerin einen Bäuerinnenchor, und da haben wir fast wöchentlich Probe in Kirchschlag. Bäuerinnen aus Bad Schönau, Hochneukirchen, Krumbach, Lichtenegg, Kirchschlag, insgesamt 28, sind hier gut aufgehoben. Wir sind sehr geschätzte Gäste bei verschiedenen Veranstaltungen geworden.

Ich will auch noch berichten, dass ich ein engagierter Laie in der Kirche war. In der katholischen Frauenbewegung waren mir auch die Frauen ein großes Anliegen, denn auch diese Frauen hatten so ihre Probleme. Ich war Pfarrleiterin, Dekanatsleiterin, Vikariatsleiterin und stellvertretende Diözesanleiterin. Noch heute werde ich öfters eingeladen zu Seniorenveranstaltungen, um über das „Miteinander – Gegeneinander" zu reden.

Ich habe viele Auszeichnungen hängen: das goldene Ehrenzeichen des Landes Niederösterreich, die goldene Ehrennadel der Bäuerinnen, die des Bauernbundes, die große silberne Kammermedaille. Sie erinnern mich an verantwortungsvolle Aufgaben, an Freude und Wertschätzung, auch sind Missgunst und Neid dabei, aber für meine Bäuerinnen würde ich vieles wieder machen. Ich führe eine Hofchronik, damit nicht verloren geht, wie es früher bei den Bauern war, und weil ich gern reimen tu, sind da meine Gedichteln gut aufgehoben.

So war mein 72-jähriges Leben, öfter drohte der Himmel herunterzufallen, aber da muss man sich eben dagegenstemmen. Meine Mutter erzählte mir öfter eine kleine Geschichte: Ein Reiter war unterwegs, und da sah er vor sich einen kleinen Vogel auf dem Rücken liegen, und die Füße streckte er gegen den Himmel. Der Reiter stieg ab und fragte ihn, was er da mache, und der Vogel antwortete: „Ich habe gehört, der Himmel fällt herunter." Der Reiter sagte: „Na, da wirst *du* ihn sicher nicht halten." Und der Vogel sagte: „Ein jeder, wie er kann!"

GLOSSAR

26er-Steyrer – Traktor der Marke Steyr mit 26 PS, zwischen 1947 und 1953 produziert

abhaspeln – Garn oder Wolle von der Haspel, einer Winde, abwickeln

Ableger – eine von Pferden gezogene Mähmaschine

abwipfeln – abschneiden der Spitzen der Maispflanze, wodurch eine schnellere Reifung der Maiskolben erzielt wurde

abziehen, Mist abziehen – den Mist vom Anhänger abladen

Affe – hier: Alkoholrausch

Agrar-Post – landwirtschaftliche Fachzeitschrift, die erstmals 1924 unter dem Namen „Agrarische Post" herausgegeben wurde und seither – mit einer kurzen Unterbrechung im Jahr 1945 – durchgehend erscheint. Bis 1934 stand sie dem Landbund nahe, einer politischen Partei in der Ersten Republik, der vor allem evangelische oder freisinnige Bauern angehörten und die 1934 aufgelöst wurde. Das Blatt erschien bis 1991 wöchentlich, seither monatlich; der Namenswechsel erfolgte 1954.

Ahrn – Egge

Allentsteig, Truppenübungsplatz Allentsteig – Truppenübungsplatz im Waldviertel mit einer Fläche von fast 200 Quadratkilometern, der zur Zeit des Dritten Reichs angelegt wurde; ursprünglich benannt nach Döllersheim, dem wichtigsten der ungefähr 40 Dörfer (mit fast 7000 Einwohnern), die unmittelbar nach dem „Anschluss" im Jahr 1938 für militärische Zwecke abgesiedelt wurden. Nach dem Zweiten Weltkrieg war zunächst eine Wiederbesiedlung geplant, schließlich wurde das Areal jedoch 1957 dem neu gegründeten Österreichischen Bundesheer übergeben.

Amt – ehemals herrschaftlicher Verwaltungsbezirk; hier: die Heimatgemeinde Gföhleramt;

Anger – um einen Bauernhof gelegene (kleinere) Wiese

ankam, schwer ankommen – hier: schwerfallen, etwas setzt einer Person zu

anstehen, gut anstehen – zusagen, annehmlich sein

Arnt – Ernte

Apfelspatzen, Äpfelspatzen – Süßspeise aus kleinen Nockerln (Spätzle), vermischt mit gedünsteten Äpfeln, Zucker und Zimt

arrondieren – einen Grundbesitz durch Zukauf oder Zusammenlegung abrunden

Aschenmarkt – alte Bezeichnung für den Naschmarkt im vierten Bezirk in Wien; der Name leitet sich vermutlich von „Asch", einem Milcheimer aus Eschenholz, her

aufrebeln – bezeichnet beim Weinpressen das Auflockern der Treber, bevor sie ein zweites Mal gepresst werden

aufwällen – das gemähte Getreide zu Wällen, kleinen Haufen, schlichten

Augen – hier: Triebe, Keime

Ausbrennrein – große Pfanne zum „Ausbrennen" bzw. „Auslassen" von Schweinefett bei der Herstellung von Grammeln

ausnähen – eine Sticktechnik, Motivstickerei

Ausnahm' – auch: Ausgedinge, Auszug, Altenteil; die Altbauern sicherten sich durch einen Vertrag die weitere Existenz (Wohnung, Nahrungsmittel …) nach der Übergabe des Hofes

Ausnahmstüberl – Kleinwohnung für Altenteiler (Ausnehmer) auf Bauernhöfen

ausnehmen, Kartoffeln ausnehmen – ausgraben

Ausnehmer – Altbauern(paar), welche(s) den Hof bereits an die Nachkommen übergeben haben und von diesen Geld-, meistens jedoch Realleistungen erhalten

Ausnehmerhäusl, Häusl – kleines Nebengebäude für Altenteiler auf Bauernhöfen

aussackeln – jemanden ausnehmen, alles aus der Tasche ziehen

ausstehen, in: die Dienstboten standen aus – aus dem Dienst austreten, Wechsel des Dienstplatzes bei Dienstboten; im Gegensatz zu „einstehen" – den Dienst antreten; meistens erfolgte der Wechsel zu Mariä Lichtmess (2. Februar), manchmal auch zwischen dem Johannistag (27. Dezember) und dem Dreikönigstag (6. Jänner)

Bachgstätten – verwilderte, landwirtschaftlich nicht kultivierte Fläche entlang eines Bachlaufs, die allenfalls als Weide für Ziegen genutzt wird

Bandl, Strohbandl – Strohbänder aus Roggenstroh, die zum Binden von Getreidegarben, aber auch zum Aufbinden der Weinstöcke oder zum Bündeln von Reisig verwendet wurden

Barchent – ein Baumwollgewebe, Flanell

Barn, Futterbarn – Futtertrog

Barthelmai – 24. August, Festtag des heiligen Bartholomäus, traditionell ein wichtiger Lostag

Batschka – serb./kroat. Bačka, ungar. Bácska; Region in Südosteuropa, die heute zum Teil zu Ungarn, zum Teil zu Serbien gehört. Das Gebiet kam im 17. Jahrhundert in den Besitz der Habsburger, die dort eine intensive Kolonisation betrieben. Viele der deutschen Siedler, die sogenannten Donauschwaben, wurden nach dem Zweiten Weltkrieg aus dieser Region vertrieben

Bauernbündler – „Der österreichische Bauernbündler"; landwirtschaftliche Wochenzeitung, herausgegeben vom Niederösterreichischen Bauernbund, 1945 erstmals erschienen; 2001 umbenannt in „Österreichische Bauernzeitung"

Baumpresse – schon in römischer Zeit übliche Form der Weinpresse; ein Baustamm, der durch einen oft hunderte Kilo schweren Stein beschwert wird, übt Druck auf das Pressgut aus

Bäusche – Zweige, dünneres Geäst aus der Krone eines Baumes (mhd. bûsch, biusche)

beißen – hier: kratzen, jucken; die Wäsche aus grobem Leinen kratzt auf der Haut

Beuschel – Lunge; auch: eine Speise aus fein geschnittenen Innereien in einer sauren Soße

Bifangbau – durch das Zusammenackern von drei bis vier Ackerfurchen jeweils von zwei Seiten bilden sich über die gesamte Ackerlänge etwas erhobene Beete sowie Zwischenräume von etwa zwei Furchen Breite, die gut begangen werden können; gelegentlich wird nur an den Enden eines Ackers jeweils ein Beet quer geackert.

Bindemäher – von Pferden, später vom Traktor gezogene Erntemaschine, durch die das Getreide geschnitten und mit Garn zu Garben gebunden wurde

Bindwera – Bindwerk; gebundene Gefäße aus Holz wie Butten, Schaffeln usw.

Binkel – ein Bündel

Bitumenpappe – Teerpappe; feuchtigkeitsabweisendes Baumaterial

Blätschen – große Blätter

Blattern – Blasen

Blaudruck – alte Technik des Textildrucks, bei der Leinen- oder Baumwollstoffe mit Modeln bedruckt werden, wodurch ein blauweißes Muster entsteht

Bockerl – zum Trocknen aneinandergelehnte Getreidegarben, die unterhalb der Ähren mit einem Strohband zusammengebunden wurden

Bockshörndl – Johannisbrot, Karobe; braune, schotenförmige Frucht des Johannisbrotbaums; früher oft Naschwerk für Kinder

Boden – hier (und in Zusammensetzungen): Dachgeschoß, Dachboden

Boding – Bottich

bonitätsmäßig – ertragsmäßig

Bratl – Schweinsbraten

Braut verzahn – Hochzeitsbrauch; die Braut wird in ein nahe gelegenes Gasthaus verschleppt

Brautladen – persönliche Einladung zur Hochzeit durch das Brautpaar

brecheln, Brechelarbeit, Brechel – Arbeitsvorgang bei der Verarbeitung von Flachs; um die feineren Flachsfasern von den äußeren, härteren Teilen des Stängels zu trennen, werden Flachsstängel, nach einer gewissen Zeit des „Röstens" im Brechelofen, mit einer Brechel bearbeitet. Diese besteht aus zwei scharfkantigen Balken, von denen einer beweglich ist. Jeweils eine Hand voll gedörrter Flachs wird in die geöffnete Brechel gelegt und so lange geschlagen (gebrechelt), bis die hölzernen Stängelteile abfallen und die weichen, geschmeidigen Fasern zurückbleiben.

Breima – siehe: Bremfliegen

Bremfliegen, auch: **Breima** – Bremsen; Stechfliegen

Broatdrescher – Breitdrescher, auch: Schlagleistendrescher; spezielle Form der Dreschmaschine

Bröselpudding, auch: **Mostpudding** – Süßspeise aus Semmelbröseln, Eiern und Zucker, die mit verdünntem und gewürztem Most übergossen wird

bruatige Henne – eine Henne, die Eier ausbrütet; Gluckhenne

Brustzucker – Kandiszucker

Bumfliegen – Fleischfliegen

Bundschuhe – hier: Arbeitsschuhe mit Holzsohle

Bürdel – Bündel (von Zweigen, geschnittenen Weinreben usw.)

Bürdelhacken – dünne Zweige, Reisig oder auch abgeschnittene Weinreben wurden auf eine bestimmte Länge zurechtgeschnitten und gebündelt, um sie so zu trocknen und als Brennmaterial zum Unterzünden zu verwenden

Burgunder – Futterrübe

Bürstling – Borstgras; hartes, mit der Sense schwer zu mähendes Gras

Butte – hölzernes, gebundenes Gefäß, mit dem etwas getragen wird; bei der Weinlese z. B. werden die Trauben vorwiegend auf dem Rücken zum Fuhrfass („Load") getragen

CARE-Paket – Hilfspakete, die von der US-amerikanischen Hilfsorganisation CARE („Cooperative for American Remittances to Europe") nach dem Zweiten Weltkrieg auf Basis von privaten Geldspenden nach Europa, insbesondere nach Deutschland und Österreich, geschickt wurden. Das Standard-CARE-Paket enthielt Lebensmittel (Fleischkonserven, Getreide, Zucker, eingemachtes Obst und Gemüse, Kakao und Kaffee) für 30 Mahlzeiten sowie Zigaretten; manchmal auch Kleidung und Werkzeug.

Cobra – Spezialeinheit der österreichischen Polizei, spezialisiert auf Antiterroreinsätze

Der bayerische Hiasl – Matthäus Klostermayr (1736–1771), bayrischer Sozialrebell, Wilderer und Anführer einer Räuberbande, der 1771 hingerichtet wurde. Der Stoff wurde mehrfach literarisch bearbeitet; Matthäus Klostermayr gilt auch als historisches Vorbild für die Figur des Karl Moor in Schillers „Die Räuber".

Do-bleib-Sterz – Grießsterz mit Butter, Schmalz und Rosinen, den die Dienstboten zu Mariä Lichtmess bekamen

donagnomma, von: donanehma – hierher (in Richtung der sprechenden Person) nehmen

Dr.-Reis-Mehl – Säuglingsnahrungsmittel

Drahtpolster – hier: ein mit einem Drahtgeflecht bespannter, abgeschrägter Holzrahmen als Kopfunterlage

Drischel – Dreschflegel

Drischeldreschen – Ausschlagen der Getreidekörner mit Dreschflegeln

Eimer – altes Hohlmaß; 56,6 Liter

Einachser – Anhänger mit einer Achse

Einleger – alte, arbeitsunfähige Gemeindebewohner, meist ehemalige Dienstboten, die im Alter abwechselnd und jeweils für eine bestimmte Zeit auf verschiedenen Bauernhöfen einer Gemeinde untergebracht und verpflegt werden mussten; die Aufenthaltsdauer richtete sich nach der Steuerpflicht eines Hofs; dieses System der Altersversorgung war in Österreich bis 1939 gültig

Elle – altes Längenmaß; ursprünglich der Abstand zwischen Ellenbogen und Spitze des Mittelfingers; die Wiener Elle misst 77,77 cm

Fahrl – beladener Wagen, Heu- oder Getreidefuhre

Federnschleißen – das Abziehen des Flaums von den Kielen der Gänsefedern, eine Winterarbeit von Frauen, die meist in geselligem Beisammensein erledigt wurde

Fenigel – Fenchel

Ferkelbuchten, Abferkelbuchten – Stalleinheiten für Ferkel bzw. die Muttersau; bei Abferkelbuchten wird die Muttersau in einer Art Käfig von den Ferkeln ferngehalten, der diesen erlaubt zu trinken und sie zugleich vor Verletzungen schützt

Fisolenscharln – Fisolen, grüne Bohnen; Scharl bezeichnet die Schote von Hülsenfrüchten

flankeln – leicht schneien

Fleimen – Fleien, Getreidespreu

Fortbildungswerk – eigentlich „Ländliches Fortbildungswerk", in den 1920er-Jahren als ländliche Burschengemeinschaft gegründet, Vorgängerorganisation der „Niederösterreichischen Landjugend"

Fraisen – volksmedizinischer Sammelbegriff für (oft lebensbedrohliche) Krampfzustände im Kindesalter, die von unterschiedlichen Krankheiten herrühren konnten

Freimusik – öffentlich zugängliche Tanzveranstaltung, z. B. in einem Wirtshaus

fretten – ohne Aussicht auf Verbesserung der Lage am Existenzminimum leben oder arbeiten; sich abmühen; eigentlich: sich wund reiben

Frucht – hier allgemein für: Getreide, Getreidesorte(n)

füastehn – vorstehen; aufpassen, dass Tiere nicht weglaufen

Fünferlampe – kleinere Petroleumlampe

Futterbarn – siehe: Barn

g'riehrig – gerührig; munter, rege

G'riss – Geriss; große Nachfrage; etwas ist sehr begehrt, man reißt sich darum

G'rittert – von: Gerütte, wertloses Zeug; hier: Ährenreste, Spreu

gar sein – hier: aufgebraucht, zu Ende sein

Garbenbinder – zirka einen Meter lange Schnur, die an einem Ende mit einem kleinen Holzplättchen versehen war, und manchmal statt Strohbändern zum Binden von Getreidegarben verwendet wurde

Gebetläuten – auch: Angelusläuten; das Läuten der Kirchenglocken um 18.00 Uhr

gebrechelt – siehe: brecheln

Geißlschlitten – kleiner, leichter Schlitten

Geit – Holzrinne, über die die Maische vom Fuhrfass, der Load, ins Presshaus befördert wurde

Geitloch – Öffnung, durch die der Geit, eine Holzrinne, ins Presshaus geschoben wurde

gemandlt, von: mandln – Getreidegarben zu einem Kornmandl zusammenstellen

Germschober, auch: **Schober** – Kuchen aus Hefeteig, mit Rosinen

Gerstel – geriebene Gerste, Reibgerstel

Gesätzlein – zehn „Gegrüßet seist du Maria" bilden im Rosenkranzgebet ein Gesätzlein. In jeder Zehnergruppe wird nach dem Wort „Jesus" ein sogenanntes Rosenkranzgeheimnis eingefügt, das ist ein kurzer Glaubenssatz, der aus dem Neuen Testament stammt. Der freudenreiche, der schmerzhafte und der glorreiche Rosenkranz umfassen je fünf solcher Glaubenssätze, sodass ein gesamtes Rosenkranzgebet aus 50 „Gegrüßet seist du Maria" besteht.

geschlissen – siehe: Federnschleißen

Getreide, mundartlich: **Troad** – im Osten des bairischen Sprachraums, also in weiten Teilen Niederösterreichs, gängige Bezeichnung für Roggen

gezoast, zoasen – Schafwolle zausen, zerzupfen

Gitterrad – geschmiedeter Zwillingsreifen aus Metall, der das Abrutschen des Traktors im steilen Gelände verhindern soll

gnedi – genötig; von Arbeit bedrängt, mit Arbeit überladen sein, es eilig haben

Godl – Taufpatin

Golanhöhen – Landstrich im Nahen Osten, der völkerrechtlich zu

Syrien gehört, 1967 jedoch von Israel im Sechstagekrieg besetzt wurde. 1974 wurde von den Vereinten Nationen ein Friedensstützpunkt eingerichtet. In der dort stationierten UN-Truppe ist ein Kontingent von mehreren hundert österreichischen Soldaten im Einsatz.

Göpel, Göpelplatz, Göpelstange – alte Antriebsvorrichtung für Maschinen; die Kraft von eingespannten Zugtieren, die auf dem Göpelplatz im Kreis gehen, wird mechanisch über eine Stange und weitere Transmissionsteile auf die Maschine übertragen.

GPU – geheime Staatspolizei in der Sowjetunion in der Zeit von 1922 bis 1954

Grand, Grander – Trog, Wassertrog aus Stein

Grasst – Grass; zerkleinerte Nadelholzzweige, die v. a. als Einstreu verwendet werden

Groamat, Groamatheigna – Grummet, Grummet heuen; Grünmahd, die zweite Heumahd

gruben – auch: umgruben oder vergruben; Verfahren zur laufenden Verjüngung und Vermehrung der Weinstöcke bei unveredelten Altkulturen

Gutsteher – Bürge

Hakenmesser – auch: Rebmesser; Messer mit einer hakenförmigen Klinge zum Abschneiden der Trauben bei der Lese

Halmackern – Umpflügen der abgeernteten Getreideäcker

Halmrübe, auch: **Krautrübe** – Stoppelrübe; Speiserübenart, die erst im Sommer auf den abgeernteten Getreidefeldern angepflanzt und vorwiegend nur als Tierfutter verwendet wird; wie das Weißkraut kann sie aber auch eingesäuert oder als Salat zubereitet werden

Halter, Halterbua – Viehhirte, der das Weide- und Almvieh betreute; dazu wurden häufig auch Buben, die noch schulpflichtig waren, eingesetzt

harschtig – von mhd. harsch: rau; bzw. von „Harsch" hart gefrorener, tragfähiger Schnee

Häuslweib – auch: Häuslerin; Häusler waren Angehörige der ländlichen Unterschicht mit keinem oder geringem eigenen Grundbesitz; sie bewohnten meist ein zu einem bäuerlichen Anwesen gehöriges (evtl. auch ein eigenes) „Häusl" und verdingten sich v. a. als Taglöhner bei Bauern.

Haustrunk – Most oder Wein mit niedrigem Alkoholgehalt, der in Obst- bzw. Weinbaugebieten täglich zum Essen getrunken wird

Hautflankerln – hier: kleine Stücke Haut, die sich auf gekochter Milch bilden

Hechel, auch **Riffel** – Gerät mit kamm- oder bürstenförmig angeordneten dünnen Eisenstiften, durch die der gebrechelte Flachs gezogen wird, um die feineren Flachsfasern von den gröberen zu trennen

Heigna, Heugnen – Heuen, Heuernte, v. a. das Einbringen des Heus in den Stadel

Herrn deant (haben) – Herren gedient; als Dienstbote beschäftigt gewesen sein

Heuraupe – landwirtschaftliches Gerät zum Wenden des Heus

Heuschwanz – an Traktoren angebrachte gabelförmige Ladevorrichtung zum Einbringen von Heu oder Stroh

Hoa – Haue, Harke

Hoadara – Heidekraut

Hoanzlgoaß – Heinzelbank; Werkbank zum Bearbeiten von Holz; dieses wird mit einem großen Holzkopf festgehalten und kann so mit Werkzeugen bearbeitet werden.

Hoar – Haar; Flachs

Hoastiel – Hauenstiel(e)

Hochkultur – Anbaumethode im Weinbau, die nach dem Zweiten Weltkrieg allmählich die sehr arbeitsintensive Stockkultur ablöste; die Stöcke erreichen nun eine Höhe von über einen Meter und sind weniger dicht gesetzt, sodass in der Bewirtschaftung Maschinen eingesetzt werden können

Hoff, Klinik Hoff – Universitätsklinik für Neurologie und Psychiatrie in Wien; benannt nach dem damaligen Leiter, dem Psychiater Hans Hoff (1897–1969)

Hollerkrapfen – Süßspeise; in einen Teig aus Eiern, Milch, Mehl und einer Prise Salz getunkte und gebackene Holunderblüten

Holzbürdel – siehe: Bürdel

hölzerne Waschmaschine – auch: Bottich-Waschmaschine; Wäsche und Lauge wurden in einen Holzbottich gefüllt und durch ein darin befindliches Drehkreuz bewegt, das zuerst händisch mit einer Kurbel, später mit einem Motor angetrieben wurde

Hühnergeier – Bezeichnung für verschiedene Raubvogelarten, die für das Hausgeflügel eine Gefahr darstellen (v. a. Bussard, Habicht)

Irta – Dienstag

Jakobi – 25. Juli, Festtag des Apostels Jakobus, traditioneller Bauernfeiertag

Joch – altes Flächenmaß, in Österreich gesetzlich nicht mehr anerkannt; ein Joch entspricht 5 700 Quadratmetern; ursprünglich war ein Joch die Größe eines Ackers, den ein Bauer an einem Tag mit einen Ochsengespann (Joch) pflügen konnte

Jochnagel – Verbindungsstück zwischen Joch und Deichsel bei Ochsengespannen, Holz- oder Eisenstift

Johannnistag – hier: 27. Dezember, Festtag des heiligen Johannes (Apostel und Evangelist)

Judengarten – lokale Bezeichnung für das jüdische Viertel von Nikolsburg (Mikulov), in dem vor der NS-Zeit rund 2000 Menschen in eher ärmlichen Wohnungen und Häusern mit schlechter Bausubstanz wohnten; nach Kriegsende wurde das Viertel als Zwischenlager für die von ihren Häusern und Höfen vertriebene deutsche Bevölkerung verwendet

Judentempel – in Krumbach Nr. 14 wurde im Jahr 1870 im Zubau eines Wohnhauses ein jüdisches Bethaus eingerichtet; 1938 wurde das gesamte Gebäude arisiert, kam in den Besitz der Gemeinde Krumbach und dient seither u. a. als Gemeindeamt; 1989 wurde der ehemals als Bethaus verwendete Zubau wegen Baufälligkeit abgerissen

Kalberlgeld – Erlös für den Verkauf eines Kalbs

Kathreiner-Kaffee – Markenbezeichnung für einen Malzkaffee

Keaschpa – Kienspan bzw. Kienspäne; waren etwa einen Meter lang und wurden aus einem geklobenen Föhrenholz, das sich wegen seines Harzreichtums besonders für den Zweck der Beleuchtung eignete, gewonnen

kettenes Häfen – irdenes, topfförmiges Gefäß, Geschirr aus Ton (von: Kot)

Kimono – Kleidungsstück mit weiten Ärmeln (nach japanischer Art)

Kletzen – gedörrte Birnen

Kling – Name einer Wiese

knebeln, Knebel – mit Hilfe eines Holzstocks, des Knebels, wird das Roggenstroh, das für die „Strohbandln" benötigt wird, für die Lagerung fest zusammengebunden

Knödel, gebackene Knödel – Bauernkrapfen; Süßspeise aus gebackenem Hefeteig

Kochreindl – kleine Pfanne

Kondukt – feierliche Begleitung eines Sarges von der Aufbahrungsstätte zum Grab

Korbtüten – die Seitenteile von geflochtenen Körben, deren Boden durchgebrochen war, fanden als Unterlage beim Trocknen von Früchten Verwendung

Korn, auch: **Getreide, Troad** – Roggen

Körndlboden – Dachboden, auf dem das Getreide gelagert wurde

Kornmandl – siehe: Mandl

Kranzljungfrau – Brautjungfer

Krapferln – Kekse, Bäckerei

Krauthapl – Krauthäupl, (Weiß-)Kohlkopf

Krautrüben – siehe: Halmrübe

Krenzn – Krenze; Korb, der am Rücken getragen wird

Kreuzschlag – plötzlich auftretende Muskelerkrankung bei Pferden

Kuchlgeld – Haushaltsgeld; Einnahmen der Bäuerin aus dem Verkauf von Eiern, Butter usw.

Kukuruz – Mais

Kupfer – durch die Behandlung mit Kupfervitriol, einer Kupferkalkbrühe, sollte im Weinbau dem Falschen Mehltau, einer Pilzerkrankung, vorgebeugt werden

Lagerhaus – landwirtschaftliche Ein- und Verkaufsgenossenschaften; um die Wende vom 19. zum 20. Jahrhundert wurden nach dem Vorbild des deutschen Sozialreformers Friedrich Wilhelm Raiffeisen (1818–1888) auch in Österreich wirtschaftliche Selbsthilfeeinrichtungen wie Molkereien, Geldinstitute oder Lagerhäuser eingerichtet. Die erste Gründung erfolgte 1898 auf Anregung des niederösterreichischen Landtages in Pöchlarn durch Stadtpfarrer Matthäus Bauchinger. Seit der Eingliederung der Lagerhäuser in die Gewerbeordnung im Jahr 1974 sind auch Geschäfte mit Nichtmitgliedern möglich. Gegenwärtig ist ein Großteil der österreichischen Lagerhäuser im Besitz der Verbundgenossenschaft „Raiffeisen Ware Austria".

Lamperl – kleines Lamm

Lass – Rebstumpf mit Fruchtaugen

läuten, Brunnen läuten – Wasser pumpen

legen, Kartoffeln legen – anbauen, setzen

Leiblrock – eine Art Kleid; Frauenrock mit Oberteil (Leibl) in einem Stück

Leiten – auch: Leite; Hang, Abhang

Lierlisch – auch: Lierach, Lierich; Waldwildling, Waldrebe

Linsat – Leinsaat, Leinsamen

Linzerzeug – leichter Stoff, aus dem beispielsweise Schürzen genäht wurden

Load – Leit; Fass auf Rädern oder einem Wagengestell, Fuhrfass

Loatawagen – Leiterwagen; Holzwagen zum Transport von Heu oder Stroh

Loheisen – Gerät zum Entfernen der Rinde von gefällten Bäumen; die Lohe (Rinde) wurde zum Gerben benötigt

Lösch – sehr leichtes, hier zur Isolation verwendetes Abfallprodukt aus Verbrennungsprozessen bei der Glasherstellung

losen – zuhören, lauschen

Mahder – Mäher mit einer Sense

Mandl, auch: **Troadmandl, Kornmandl** – Getreideschober; Gebilde aus mehreren Getreidegarben, die zum Trocknen aufgestellt wurden; je nach Anzahl der verwendeten Garben spricht man von „Neunern", „Zehnern" usw.

Mantelmaria – Mariendarstellung; die Schutzmantelmadonna birgt unter ihrem Mantel bzw. ihren ausgebreiteten Armen betende Gläubige

Marien-Kongregation – von: Marianische Kongregation; katholische Vereinigung, die nach Alter, Geschlecht und Stand gegliedert, ein intensives religiöses Leben mit besonderer Verehrung Marias anstrebt; 1610 von den Jesuiten gegründet; ab 1967 Fortführung unter dem Namen „Gemeinschaften Christlichen Lebens"; v. a. Mädchen fanden bis zu ihrer Heirat in diesen ländlichen Jugendgruppen oft ihre wichtigsten Sozialkontakte.

Martini – 11. November, Festtag des heiligen Martin

Maschkerer – Bezeichnung für eine Gruppe von maskierten Personen, die bei winterlichen Bräuchen, beim Abschluss bäuerlicher Arbeiten sowie bei Hochzeiten auftritt

maskern – auch: maschkern; an einem Umzug oder Fest in Faschingsverkleidung teilnehmen

Maul- und Klauenseuche – hoch ansteckende Viruserkrankung bei Rindern und Schweinen

Maulgabe – mit Sakramentalien (meistens Weihwasser) versehenes Stück Brot (auch Kletzenbrot), das den Tieren verabreicht wird, um sie vor Krankheit und Unheil zu schützen

Mäuse, gebackene Mäuse – Süßspeise aus gebackenem Hefeteig

Mehltau – Sammelbezeichnung für verschiedene durch Pilze verursachte Pflanzenkrankheiten, die sich als weißer Belag auf den Blättern zeigen. Es wird zwischen Echtem und Falschem Mehltau unterschieden. Die Erreger des Echten Mehltaus befallen die Oberfläche der Blätter, die Erreger des Falschen Mehltaus (Peronospora) zerstören Blätter und Trauben. Der Falsche Mehltau trat um 1890 zum ersten Mal im Weinviertel auf und führte in der Folge zu totalen Ernteausfällen. Er dürfte über Frankreich aus Nordamerika eingeschleppt worden sein. Um einem Befall vorzubeugen, wurden die Stöcke mehrmals jährlich mit Kupfervitriol gespritzt.

Mensch – Mädchen, von: mhd. mensch: Dienstmagd, Buhlerin

Menscherfenster – Fenster jenes Raumes, in dem die „Menscher", die unverheirateten Mädchen und Frauen eines Hofes, schliefen

Mesl – schwerer Schlägel aus Eisen

Milchkammer – zentrale Milchsammelstelle im Ort

Mezzanin – Halbstock zwischen Erdgeschoß und erstem Stock, v. a. in Wiener Zinshäusern

Moam – veraltete Bezeichnung für Tante oder Kusine bzw. allgemein für weibliche Verwandte

Mostelschaff – ein etwa ein Meter hohes Fass mit doppeltem Boden, in dem die frisch gelesenen Trauben mit dem Mostler, einem Stoßgerät, zu Maische zerstampft werden

Mostpudding – siehe: Bröselpudding

Mosttriët – Festtagsspeise aus Weißbrotscheiben, Rosinen und verschiedenen Gewürzen, die mit Glühmost übergossen werden

Mutterbänder – Muskelstränge, durch die die Gebärmutter an der Kreuzbeinhöhle befestigt ist

Neunmahltag – auch: Neunrichteltag; Vortag des Dreikönigstags, an dem neun Gerichte auf den Tisch kamen

niederräumen – hier: ein Gebäude abreißen

Nirndl – Niere(n)

Nos cum prole pia benedicat virgo Maria – Maria mit dem Kinde lieb, uns allen deinen Segen gib

Novene – Frömmigkeitsübung, bei der bestimmte Gebete an neun aufeinander folgenden Tagen verrichtet werden (z. B. als Vorbereitung auf große Feste, bei wichtigen Lebensereignissen oder vor schwierigen Entscheidungen); zurückgehend auf die neun Tage zwischen Christi Himmelfahrt und Pfingsten, als sich Maria und die Apostel versammelten, um auf das von Jesus angekündigte Kommen des Heiligen Geists zu warten

Oagat – Eingart; Einschicht, Einöde, allein stehender Hof

Occhiarbeit – Handarbeitstechnik, bei der mittels eines auf ein Schiffchen aufgewickelten Fadens Spitzen hergestellt werden; die einzelnen Glieder der Spitze sehen wie kleine Augen (ital. occhi) aus

Ofenfleckerln – siehe: Schomblattln

Ofenschüssel – langstielige, hölzerne Schaufel zum Einschießen des Brotes in den Backofen

Om – Spreu

Oxford – bunter Baumwollstoff

Panjewagen – in osteuropäischen Ländern gebräuchlicher, kleiner, meist von einem Pferd gezogener Holzwagen; von poln. panje: Pferd

Patscherl – hier: ein zurückgebliebenes, behindertes Kind

patschert – ungeschickt, unbeholfen

Patschnudeln – eine Art Mohnnudeln; Erdäpfel, „gebranntes" (angeröstetes) Mehl und Salz werden im Mohnmörser zerstampft; dieser Teig wird zu Fleckerln geformt, die gekocht und schließlich in Mohn, Zucker und Butter gewendet werden

Percht, Perscht – von mhd. berht: glänzend, leuchtend; dämonische weibliche Sagengestalt aus der nordischen und slawischen Mythologie

Perchtnacht – die Nacht von 5. auf 6. Jänner

Perschtmilch – Milch mit Semmelbrocken, die in der Nacht von 5. auf 6. Jänner für die Percht und ihre Kinder bereitgestellt wird

Petrustag – 29. Juni, Festtag der Apostel Petrus und Paulus

Pfingsta – Donnerstag

Pflichtjahr – in der Zeit des Nationalsozialismus mussten alle unverheirateten bzw. kinderlosen Frauen unter 25 Jahren vor ihrem Eintritt ins Erwerbsleben verpflichtend einen einjährigen Dienst in der Land- oder Hauswirtschaft absolvieren, außer sie waren ohnehin in diesem Bereich beschäftigt; bereits absolvierte andere Dienste, z. B. Erntehilfe, Reichsarbeitsdienst u. a. konnten auf dieses vorgeschriebene Jahr angerechnet werden.

Pledern – Sense für die Getreidemahd; vorne am Holm der Sense ist eine gebogene Haselnussrute oder ein stabileres Gestänge befestigt, wodurch die Halme beim Mähen gleichmäßiger auf eine Seite fallen bzw. geschoben werden

Plocha – Plache; Tuch aus grobem Leinen

Pollen – Samenkapseln (besonders vom Flachs)

pracken – schlagen, klopfen

Präfektin – mit Führungsaufgaben betrautes Mitglied der Marianischen Kongregation

putzen, Korn putzen – das Getreide mit Hilfe einer Windmühle reinigen, z. B. von Unkrautsamen

putzen, Palmzweige putzen – an den unteren Enden der Weidenzweige, die zu Palmbuschen gebunden werden, wird die Rinde abgeschabt

Rahmkoch – traditionell von Sennerinnen zubereitete Süßspeise; saurer Rahm und Grieß (gegebenenfalls auch Rosinen) werden in einer Pfanne auf offenen Feuer eingekocht, mit Zucker und Zimt bestreut und heiß serviert

rauchen, anrauchen – hier: mit Weihrauch beräuchern

raufen, wegraufen – rupfen, abreißen

Rauhnacht, fette (foaste) und magere Rauhnacht – Die zwölf Rauhnächte liegen zwischen dem Thomastag, 21. Dezember (Wintersonnenwende) und dem Dreikönigstag, 6. Jänner. Die vier wichtigsten sind die Thomasnacht (21./22. Dezember), die Christnacht (24./25. Dezember), die Silvesternacht (31.12./1.1.) und die Nacht vor dem Dreikönigstag (5./6. Jänner). Dem Volksglauben nach kann in diesen Nächten durch verschiedene Bräuche Unheil von Haus und Hof abgehalten oder in die Zukunft geblickt werden. Je nachdem, welche Speisen auf den Tisch kommen, wird zwischen mageren Rauhnächten (21. und 31. Dezember) und fetten (auch feisten, „foasten") Rauhnächten (24. Dezember, 5. Jänner) unterschieden.

Reihaken – meist von Zugtieren bewegtes schweres Gerät aus Metall, bestehend aus einer Stange und einem großen Haken, mit der schwere Lasten wie Holzstämme und Steinblöcke bewegt werden können

Reiher – schmaler Gang zwischen benachbarten Häusern

Reiter – grobes Sieb, besonders zum Reinigen von Getreide

Roan – Rain; schmaler, unbebauter Streifen zwischen oder kleiner Abhang neben Äckern oder Weingärten

Riffel – siehe: Hechel

Roanl – hier: Ackerzeile bei Kartoffeln oder Rüben

Rockatänze – auch: Rockaroas; ursprünglich das gemeinsame Spinnen, Singen und Geschichtenerzählen in einem Bauernhaus, wohin die Frauen und Mädchen der umliegenden Höfe mit ihren Spinnrocken (dem Spinnrad) „roasn" (reisen). Besonders reizvoll wurden die Rockaroas durch das „Untertatzn", d. h., wenn sich auch verkleidete Burschen in den Bauernstuben einfanden. Der Ausdruck wird auch im übertragenen Sinn für fröhliches Beisammensein gebraucht

Roder, ausrodern – auch: Erdäpfel- oder Kartoffelroder; landwirtschaftliches Gerät, mit dem die Erdäpfel aus der Erde geschleudert werden

Roratemesse – Morgenmesse im Advent; der Name leitet sich vom Eröffnungsvers „Rorate caeli desuper" (Tauet, ihr Himmel, von oben) her; auch ein bekanntes vorweihnachtliches Kirchenlied beginnt mit den Worten „Tauet Himmel den Gerechten"

Rosa von Tannenburg – Erzählung des Kinderbuchautors Christoph von Schmid (1768–1854); von ihm stammt auch das Weihnachtslied „Ihr Kinderlein kommet"

Ruatoschat – Rübenblätter (von mhd. torse: Kohlstrunk)

rupfenes, auch: **rupfernes Leinen** – aus gröberen Flachsfasern gewobenes Leinen, das vor allem für Arbeitskleidung Verwendung fand

Sachs – hier: Motorrad mit Sachsmotor

Safürta – Sä-Fürtuch; Schürze, die beim Aussäen des Getreides getragen wird

Sagschneider – Sägewerksarbeiter

Sauen – mdal. Plural von: Sau; hier: die höchsten Spielkarten, Asse

Saupech – natürliches Harz; Kollophonium ist der feste Rückstand, der bei der Destillation von Terpentin aus Baumharzen entsteht; es wird v. a. beim Schweineschlachten zum Entfernen der Borsten verwendet

Schab(l), Strohschabl – Schaub; Bündel aus gedroschenem Roggenstroh

schabeln – Strohbündel binden

Schabstroh – gedroschenes Roggenstroh; wurde v. a. für Strohbänder, Strohdächer oder Strohsackfüllungen verwendet

scheren – Tätigkeit, bei der (vor allem bei Hackfrüchten wie Rüben) der Ackerboden aufgelockert und Unkraut entfernt wird;
geschert wird mit einem Arbeitsgerät mit langem Stiel und
schmaler Schar, z. B. einer Haue

Scherhaufen, Scherhübel – Maulwurfshügel

Schett – Maß für Flachs; 1 Schett sind 20 bis 30 Reisten; ein Reisten
ist eine Doppelhand voll gebrochener Flachs (soviel man auf
einmal durch die Hechel zieht)

schiach – hässlich

schiebern, zusammenschiebern – Heu oder Stroh zu Haufen zu-
sammentragen

Schlankl – Schlankel, Schlingel, Schelm

schlaunen – sich beeilen, es eilig haben

Schleich – Schleichhandel; aufgrund der herrschenden Knappheit
an allen Lebens- und Genussmitteln etablierte sich nach Kriegsende 1945 – ungeachtet der staatlichen Rationierungen – vor
allem in den größeren Städten ein florierender Schwarzmarkt,
auf dem knappe Güter aller Art zu stark überhöhten Preisen
erstanden bzw. eingetauscht werden konnten. Lebensmittel,
die vom Land in die Stadt geschmuggelt und verkauft werden konnten, erbrachten eine enorme Gewinnspanne. Erst mit
der Verbesserung des Warenangebots ab etwa 1948 verlor der
Schleichhandel in Österreich seine Grundlage.

Schleifen – Wagenbremse, Radbremse

Schleifholz – Fichtenholz, aus dem Papier erzeugt wird

Schloapfa – Schleipfe; schlittenähnlicher Anhänger für den Las-
tentransport

Schmatt – auch: Schmattes; Trinkgeld

schneckern – schnitzen, an Holz herumwerken

Schnittling – Jungochse

Schnittware – zu Brettern geschnittenes Holz

Schober, Germschober – Gugelhupf aus Hefeteig

Schöberlteig – hier: Rührteig aus Eiern, Milch, Mehl, evtl. Zucker
und einer Prise Salz, der in heißem Fett herausgebacken wird

Schöberweidling – gusseiserner, breiter Topf mit Griffen und abgerundetem Boden, der nach Entfernen des Ofenrings direkt ins Feuer gehängt wird (v. a. zum Herausbacken in Fett)

Schomblattln, auch: **Ofenfleckerln** – von: Schabenblattln; aus den Resten des Brotteigs werden Nudelflecken ausgewalkt, resch gebacken, in kleine Stücke zerbrochen und in Leinensäcken aufbewahrt. Vor dem Verzehr werden sie mit heißem Wasser übergossen und mit verschiedenen Zutaten verfeinert, z. B. mit in Schmalz gerösteten Zwiebeln oder mit Mohn und Zucker.

schoppen – (hinein)stopfen

Schorn – Scharkeil; Spaltkeil aus Eisen

Schupfen – Schuppen

Schürzenbandl – zu einer Masche geformtes Gebäck aus Mürbteig

Schüsselkorb – Hängebrett zur Aufbewahrung von Schüsseln, Tellern und sonstigem Küchengeschirr

Schüsserlwaage – Schüsselwaage; bestehend aus einem Querbalken mit zwei Waagschalen; in eine wird das Wiegegut gefüllt, in der anderen sind die Gewichte

Schwaden – eine Reihe gemähten Grases oder Getreides

Schweizer Bloch – astfreies Föhrenholz von bester Qualität

Schwinge, auch: **Erdäpfelschwingerl** – flacher Korb, z. B. zum Tragen von Brennholz oder Häckselgut

Segen – hier: Segensandacht

Seihtenn – rechteckiges Holzgefäß im Presshaus, das auf drei Seiten dicht ist; nur eine Wand lässt sich hochheben, sodass der Most unten durchfließen kann, während die Trauben zurückgehalten werden

Selbsttränke(r) – Viehtränke, die durch einen Mechanismus, meistens auf Druck durch die Tiere selbst, Wasser spendet

seltsam – hier: rar, etwas Besonderes

Servitutsweide – im Grundbuch eingetragenes Nutzungsrecht an einer Almweidefläche

Simperl – flacher, geflochtener Korb (von mhd. simber)

sommerbefreit, Sommerbefreiung – aufgrund starker Widerstände (v. a. des Bauernstands) gegen die im Reichsvolksschulgesetz von 1869/70 festgeschriebene allgemeine Schulpflicht eröffnete eine Novelle von 1883 zahlreiche Möglichkeiten für „gekürzten" Unterricht, die vor allem den Einsatz von Kindern bei Arbeiten in der Landwirtschaft zu besonders arbeitsintensiven Zeiten ermöglichen sollten. So konnte der Schulbesuch von Kindern ab der 7. Schulstufe in der Zeit zwischen Ostern und Allerheiligen auf Antrag der Erziehungsberechtigten weitgehend eingeschränkt werden. Offiziell waren diese Schulbesuchsbefreiungen bis 1962 möglich.

Sommerseite – lokale Bezeichnung für die an der Hauptstraße des Orts gelegenen und stärker der Sonne zugewandten Gehöfte

Sparherd – kleiner, transportabler Herd, im Gegensatz zum traditionellen eingemauerten Küchenherd

Spenzer – kurzes, eng anliegendes Jäckchen

Sprengamper – von: Amper; längliches Holzgefäß zum Wassertragen, hier zum Besprengen von Leinen verwendet

Sprengel, Sprengelleiter – Organisationseinheit der Niederösterreichischen Landjugend (bzw. der Vorgängerorganisation „Ländliches Fortbildungswerk"); mehrere Gemeinden bilden einen Sprengel, dem ein Sprengelleiter vorsteht

Stachelbügeleisen – Bügeleisen mit einem Hohlraum, in welchen ein immer aufs Neue in der Ofenglut erhitzter Metallstab („Stachel") gesteckt wurde

Stampf, Stampfe, Stampfer – Gerät zum Stampfen (z. B. von Sauerkraut, Erdäpfeln); auch zur Gewinnung von Öl (Ölstampf)

Standeslehre – religiöse Unterweisungen, die im Zusammenhang mit der Osterbeichte oder einer Pfarrmission, getrennt nach Geschlecht und Familienstand, erteilt werden

Staudenschock – ein Haufen Äste von gefällten Bäumen

Steirerwagerl – vor allem im ländlichen Bereich gebräuchliche Form der Kutsche

Stich d' Katz o! – Merksprücherl beim Dreschen mit dem Dreschflegel, das den Beteiligten half, gemeinsam den Takt zu halten; es hatte jeweils so viele Silben wie Personen am Dreschen beteiligt waren

Stiermilch – Speise aus Milch, die mit Mehl und Butter eingekocht wird, und Rosinen

Stiftlmaschine – auch: Stiftendrescher, Langdrescher; spezielle Form der Dreschmaschine, hier mit Göpel betrieben

Stoakobel – Steinkobel; ein Haufen aufgeschlichteter Steine, ein Verschlag

Stockkultur – bis Mitte des 20. Jahrhunderts vorherrschende Anbaumethode im österreichischen Weinbau; die Stammhöhe betrug nur etwa 20 Zentimeter, die Reihen waren sehr eng gesetzt (10 000 Stöcke auf einem Hektar), sodass die Weingärten nur in Handarbeit bewirtschaftet werden konnten

Stola – Nackenbinde des katholischen Priestergewandes

Stoma – künstlicher Darmausgang

Stör, Störschuster – Arbeit, die ein Handwerker im Haus des Kunden erledigt und nicht in einer eigenen Werkstatt; Störhandwerker (v. a. Schuster, Schneider, Weber) wurden für die Dauer ihrer Tätigkeit auf Bauernhöfen einquartiert und verpflegt

Stößel – auch: Mostler; Stoßgerät, mit dem die Trauben zu Maische zerstampft werden

Stosuppe – Suppe aus Wasser, Mehl, Rahm oder Buttermilch, gewürzt mit Salz und Kümmel; dazu werden gekochte Erdäpfel gegessen, oder es wird Brot eingebrockt (vermutlich von slaw. sto in der Bedeutung von gerinnen)

Strohsack – mit Stroh gefüllter Leinensack, der als Schlafunterlage dient

stupfen – Samenkörner in die Erde drücken

Sudetendeutsche – erst im 20. Jahrhundert gebräuchlich gewordene Bezeichnung für die schon seit dem Mittelalter in den Grenzgebieten Böhmens und Mährens sowie in Teilen Schlesiens angesiedelte deutschsprachige Bevölkerung (Deutschböhmen). Nach dem Zerfall der Habsburgermonarchie, 1918, kamen diese Gebiete gegen den Willen der deutschen Bevölkerung an die neu gegründete Tschechoslowakei (CSR); in der Folge verschärften sich Nationalitätenkonflikte. 1938 erreichte Adolf Hitler im Münchner Abkommen die Zustimmung Frankreichs, Englands und Italiens zur Eingliederung der sogenannten Sudetengebiete ins Deutsche Reich. Mit der Wiedererlangung der staatlichen Souveränität der CSR nach Kriegsende wurden die von der tschechischen Exilregierung unter Edvard Beneš ausgearbeiteten Beneš-Dekrete in Kraft gesetzt. Diese sahen die Enteignung und Aussiedlung der deutschstämmigen Bevölkerung vor, die zu einem hohen Prozentsatz das nationalsozialistische Regime unterstützt hatte. Bis zu drei Millionen Menschen mussten in den Jahren 1945/46 die CSR verlassen und fanden vor allem in Deutschland Aufnahme; viele verloren bei gewalttätigen Übergriffen oder aufgrund von widrigen Umständen, z. B.

in überfüllten Sammellagern, ihr Leben. Rund 150 000 Personen kamen, vor allem aus den südmährischen Gebieten, über die Grenze nach Österreich, wo ihnen die Integration keineswegs leicht gemacht wurde. Aufgrund der schwierigen wirtschaftlichen Lage im Nachkriegsösterreich und dem politischen Kalkül, Österreich als erstes Opfer (und nicht etwa als Zufluchtsort) des Nationalsozialismus im internationalen Staatenbund neu zu verankern, gab es u. a. auch Bemühungen, staatenlose Personen nach Deutschland abzuschieben.

Tenndlboss – ein Dreschflegel, manchmal auch das letzte Büschel Stroh bei Beendigung des Dreschens. Der Tenndlboss dürfte den Korngeist symbolisieren und ist in verschiedenen Bräuchen in bestimmten Gegenden Ober- und Niederösterreichs überliefert (von: Tenne und mhd. bôz: Schlag, Stoß).

Theresiamarkt – im Herbst stattfindender traditioneller Markttag in Groß Gerungs

Thomaszoll – in der Ötschergegend verbreitetes Gespenst der Thomasnacht; eines der ungetauften Kinder der Percht

Tollen, Kukuruztollen – Maiskolben

Tour – hier: ein Durchgang beim Dreschen

Transmission – Vorrichtung zur mechanischen Kraftübertragung mit Riemen, Zahnrädern oder Wellen

Treber(n) – Pressrückstände, z. B. von Weintrauben; Trester

Triste – Gebilde aus einer oder mehreren Stangen, das zum Trocknen von Heu, Stroh, Reisig usw. dient

Troad – siehe: Getreide

Troaddrescher – Dreschmaschine, zunächst durch einen Göpel, später mit Dampf oder einem Motor angetrieben. Nach der Ernte fuhr im Herbst und bis in den Winter hinein ein „Maschinführer" mit der Dreschmaschine von Dorf zu Dorf, um gegen Entlohnung bei den Bauern das Getreide zu dreschen. In der zweiten Hälfte des 20. Jahrhunderts wurde die Dreschmaschine nach und nach vom Mähdrescher verdrängt.

Troadmandl – siehe: Mandl

Trud – weibliches Nachtgespenst, das sich (wie der Alp) nachts auf die Brust setzt

Türkensturz – Kalkfelsen bei Scheiblingkirchen im südlichen Niederösterreich; der Sage nach soll von diesem Felsen 1532 eine Schar türkischer Soldaten in die Tiefe gestürzt sein, nachdem diese von der Gottesmutter Maria in die Irre geführt worden waren.

Tuscher – Knall

Übernehmer – Hofnachfolger, Hoferben

Unternachten – auch: Unternächte, Zwischennächte; die Zeit zwischen Weihnachten und Neujahr, Rauhnächte

verbauen (Feld) – bebauen, anbauen

Vetter – veraltete Bezeichnung für Onkel oder Cousin bzw. allgemein für männliche Verwandte

viehstark (wirtschaften) – der Futterbedarf des gehaltenen Viehs übersteigt tendenziell die Ernteerträge der eigenen Felder, sodass Futter zugekauft werden muss

Vierradler – Anhänger mit zwei Achsen

Visitation – auch: Pfarrvisitation; Besuch einer Pfarre durch die Diözesanleitung, den Bischof

Volkssturm – Grundlage für die Bildung des Deutschen Volkssturms zur Verstärkung der an allen Fronten zurückgedrängten deutschen Wehrmacht war ein Führererlass Adolf Hitlers vom 25. September 1944. Darin wurden alle noch nicht eingezogenen Jungen und Männer zwischen 16 und 60 Jahren zum Verteidigungsdienst mit der Waffe verpflichtet. Die schlecht ausgebildeten und zum Teil auch wenig motivierten Einheiten konnten den Vormarsch der Alliierten im Frühjahr 1945 nicht wesentlich aufhalten.

Vorsegnung – Segnung der Mutter nach dem Wochenbett bei ihrem ersten Kirchgang

Wachsstöckl – mit Wachs überzogene Dochte, die zu verschiedenen Gebilden geformt und oft kunstvoll verziert wurden; beliebt als Geschenke

Wandersäge – hier: eine Gattersäge, die gegen Entgelt verliehen wurde

Werch – gröbere Fasern des Flachses, die beim Hecheln von den feineren getrennt und zur Erzeugung des groben Bauernleinens (Rupfen) verwendet wurden

Werfel – Kurbel

Wicke – Futterpflanze aus der Familie der Hülsenfrüchte; mit Hilfe von Wickelranken klettert sie an anderen Pflanzen empor

Wied(en) – eine Rute zum Bündeln von Holz

Wilde Jagd – ein Heer von Geistern und Dämonen, das in den Rauhnächten durch die Luft jagt; sie hat ihren Ursprung in der germanischen Mythologie und geht vermutlich auf einen Ahnenkult zurück

winden – das Getreide säubern, durch die Windmühle treiben

Windmühle – ursprünglich mit einer Handkurbel angetriebenes Gerät zum Reinigen („Putzen") des gedroschenen Getreides durch Luftzug; die leichteren Unkrautsamen bzw. sonstige Verunreinigungen wurden „hinausgeblasen" und so von den schwereren Körnern getrennt

Winterseite – lokale Bezeichnung für die an einer Nebenstraße des Ortes gelegenen Anwesen, die der Sonne eher abgekehrt sind

wipfelte ab – siehe: abwipfeln

Wischbam – Wiesbaum; eine stärkere, über eine Heufuhre gelegte Stange, die an beiden Enden mit einem Strick am Wagen festgebunden wird, um der Fuhre besseren Halt zu geben

Woaz, Woazauslösen – Mais; Abrebeln der Maiskolben

Wuchteln – Buchteln; Mehlspeise aus Hefeteigstücken, die im Rohr gebacken und meist mit Powidl oder Marmelade gefüllt werden

Wurstel – Kasperl; benannt nach der Gestalt des Hanswurst (aus Sebastian Brants „Narrenschiff", erstmals gedruckt 1494)

Zaug – Zuggespann

Zehner – je nach Anzahl der Garben, die zu einem Kornmandl zusammengestellt wurden, nannte man diese Zehner oder Elfer

Zenen – Jammern, Weinen

Zille – flaches Boot

Zoderwascherln – unschuldige (ungetaufte) Kinder, die die Percht mit sich herumführt

Zucker – hier: Bewegung, Lebenszeichen

Zug'raste – Zugereiste; Zugezogene, von ihrer Umgebung nicht als einheimisch Empfundene

zusammenschiebern – auch: schöbern; Heu oder Stroh zu Schobern aufhäufen

Zwetschkenpfeffer – Speise aus gedörrten Zwetschken; diese werden mit Gewürzen gekocht, anschließend zerkleinert, indem sie durch das sogenannte „Tresterhäfen" gedrückt werden, und schließlich mit Rahm, Zucker und Mehl vermengt

Zylinder – Teil der Petroleumlampe; Glasschirm, der für den richtigen Zug der Verbrennungsluft sorgt und die Flamme vor Wind schützt; musste regelmäßig geputzt werden

Literaturverzeichnis

Eminger, Erwin: „Bei Schweiß und Müh nur gedeih' ich recht …"
Zeitbilder zur Geschichte des Weinbaus von 1900 bis 1970 aus
dem östlichen Weinviertel. Gösing/Wagram 2001.

Grimm, Jacob; Grimm, Wilhelm: Deutsches Wörterbuch Leipzig 1854–1960. Siehe auch: http://woerterbuchnetz.de/DWB
(15.7.2015)

Hellwig, Gerhard: Lexikon der Maße und Gewichte. München
1988.

Hornung, Maria: Wörterbuch der Wiener Mundart. Wien 2002.

Jungmaier, Otto; Etz, Albrecht (Hrsg.): Wörterbuch zur oberöster-
reichischen Volksmundart. Linz 1989.

Lexer, Mathias: Mittelhochdeutsches Taschenwörterbuch. Leipzig
1986.

Maier-Bruck, Franz: Vom Essen auf dem Lande. Das große Buch
der österreichischen Bauernküche und Hausmannskost. Wien
1999.

Maritschnik, Konrad: Steirisches Mundart-Wörterbuch. Unter Mitarbeit von Karl Sluga. Gnas 2000.

Pfalz, Anton: Bauernlehr und Bauernweis. Wien 1914.

Pöttler, Viktor Herbert: Österreichisches Freilichtmuseum. Graz
1985.

Riepl, Reinhard: Wörterbuch zur Familien- und Heimatforschung
in Bayern und Österreich, Waldkraiburg [2]2004.

Schott, Anselm: Das Messbuch der heiligen Kirche. Mit litur-
gischen Erklärungen und kurzen Lebensbeschreibungen der
Heiligen. Freiburg im Breisgau 1936.

Stepan, Eduard: Das Waldviertel. Ein Heimatbuch. Wien 1925.

Tatzberger, Josef: Mostviertellexikon. Kematen/Ybbs 2002.

Unger, Theodor: Steirischer Wortschatz. Graz 1903.

Wehle, Peter: Sprechen Sie Wienerisch? Von Adaxl bis Zwutsch-
kerl. Wien 1980.

Wia de Oidn gredt haums. Mundartausdrücke aus dem mittleren
Pielachtal, eine kleine Sammlung von Mundartausdrücken und
deren Erklärung. Zusammengestellt von der Arbeitsgemein-

schaft Heimatforschung (Hofstetten und Grünau). Hofstetten 1992.

Ziller, Leopold: Was nicht im Duden steht. Ein Salzburger Mundart-Wörterbuch. Salzburg 1995.

Zuckriegl, Hans: Wörterbuch der südmährischen Mundarten und ihre Verwendung in Sprache, Lied und Schrift. Wien 2001.

Fotonachweis

1–2: Rosalia Pichler, Kirchschlag in der Buckligen Welt
3–7: Margarete Wurm, Gaming
8–9: Emma Jagersberger, Hollenstein an der Ybbs
10–13, 49–50 : Maria Neuhauser, St. Leonhard am Forst
14–17: Juliane Veitinger, Rabenstein an der Pielach
18: Berta Dörrer, Hohenwarth am Manhartsberg
19–20, 52, Friederike Hahn, Groß Gerungs
21–23: Maria Widauer, Thaya
24–26: Maria Huber, Schönberg am Kamp
27–29, 47–48: Maria Schneider/Daniela Hienert, Hobersdorf/Wien
30–32, 45, 53–54: Katharina Gassler/Maria Gassler/Erika Meissl,
    Hautzendorf
33–34: Marianne Handler, Lichtenegg
35, 39, 51, Rückseite des Buches: Karl Lackner, Hochneukirchen
36-38, 40: Fotosammlung des Bauernbunds Hochwolkersdorf
41–42, 44, 46: Angela Haslinger, Groß Gerungs
43, Titelbild: Helene Schreivogl, Achau

Titelbild: Beim winterlichen Federnschleißen (Achau, um 1955)

Bild auf der Rückseite: Mutter und Tochter warten in der Scheune
auf das nächste „Fahrl" (Gemeinde Krumbach, um 1965)

Wir danken den Autorinnen, den Überlasserinnen und Überlas-
sern von Fotos sowie allen anderen Kontakt- und Auskunftsper-
sonen, die zum Werden dieses Bandes beigetragen haben, für ihr
freundliches Entgegenkommen.

„*Damit es nicht verlorengeht ...*"

ist ein Leitmotiv vieler Menschen, die sich im fortgeschrittenen Alter verstärkt mit ihrer Lebensgeschichte beschäftigen und selbst Erlebtes in der einen oder anderen Form zu dokumentieren versuchen. Daran orientiert sich der Titel dieser Buchreihe, die seit 1983 besteht und vom Verein „Dokumentation lebensgeschichtlicher Aufzeichnungen" herausgegeben wird.

Persönliche Erinnerungstexte bieten vielfältige Einblicke in vergangene Lebens-, Arbeits- und Beziehungsverhältnisse und können das Verständnis für historischen Wandel sowie für unterschiedliche Denkweisen und Traditionen erweitern. Über den privaten Familienkreis hinaus haben solche Lebensaufzeichnungen in den letzten Jahrzehnten in vielen gesellschaftlichen Bereichen als sozial-, kultur- und zeitgeschichtliche Dokumente Aufmerksamkeit gefunden.

Aus diesem Grund wurde am Institut für Wirtschafts- und Sozialgeschichte der Universität Wien die „Dokumentation lebensgeschichtlicher Aufzeichnungen" eingerichtet, ein Textarchiv, in dem schriftliche Lebensaufzeichnungen aller Art (Autobiographien, kürzere Erinnerungstexte, Tagebücher, Familiengeschichten, Chroniken usw.) gesammelt, wissenschaftlich genutzt und für fachlich Interessierte bereitgestellt werden.

Die Leserinnen und Leser sind eingeladen, Beiträge zu dieser Textsammlung zu leisten, indem sie eigene lebensgeschichtliche Texte oder überlieferte Aufzeichnungen von Vorfahren zur Verfügung stellen oder uns auf entsprechende Materialien in Privatbesitz aufmerksam machen. Ebenso freuen wir uns über Kontakte zu schreibfreudigen Menschen, die sich durch das Motto der Buchreihe angesprochen fühlen.

Kontaktadresse:
Institut für Wirtschafts- und Sozialgeschichte, Universität Wien
„Dokumentation lebensgeschichtlicher Aufzeichnungen"
Universitätsring 1, 1010 Wien (z. H. Mag. Günter Müller)
Tel. +43 (0)1/4277-41306
Mail: lebensgeschichten@univie.ac.at
http://lebensgeschichten.univie.ac.at
http://www.MenschenSchreibenGeschichte.at

böhlau

THERESIA OBLASSER

EIGENE WEGE

EINE BERGBÄUERIN ERZÄHLT

(DAMIT ES NICHT VERLORENGEHT …, BAND 68)

Im Jahr 1965 heiratet Theresia Oblasser einen Bergbauern. Die folgenden Jahre als Bäuerin und junge Mutter auf dem Brandstätthof nahe Taxenbach im Salzburger Unterpinzgau sind arbeitsreich. Wohnhaus und Stall werden renoviert, die Wirtschaftsweise muss modernen Erfordernissen angepasst werden. Zur Lebensmitte, als ihre Kinder eigene Wege gehen, sucht auch Theresia Oblasser nach neuen Herausforderungen … Die Auseinandersetzung mit überkommenen Traditionen ebenso wie mit oberflächlichen Zeiterscheinungen ist ihr ein großes Anliegen. Der Besuch von Seminaren zu gesellschaftspolitischen und religiösen Fragen bestärkt sie in ihrem Bemühen um selbstständiges Denken und nachhaltiges Handeln, nicht zuletzt auch in Bezug auf ihre eigene Stellung als Bäuerin und als Frau. Theresia Oblasser beginnt zu schreiben und erschließt sich damit eine neue Welt. Sie arbeitet in Kulturinitiativen mit, engagiert sich in der Bergbauernvereinigung, setzt sich für die Einführung der Alterspension für Bäuerinnen ein, gründet mit anderen Frauen in der Region eine Schreibgruppe und hinterlässt Spuren weit über das eigene bergbäuerliche Anwesen hinaus.

2013. 232 S. 30 S/W-ABB. GB. MIT SU. 120 X 200 MM | ISBN 978-3-205-78928-4

BÖHLAU VERLAG, WIESINGERSTRASSE I, A-IOIO WIEN, T:+43 I 330 24 27-0
INFO@BOEHLAU-VERLAG.COM, WWW.BOEHLAU-VERLAG.COM | WIEN KÖLN WEIMAR

KURT BAUER (HG.)
BAUERNLEBEN
VOM ALTEN LEBEN AUF DEM LAND

Wie war das Leben im Dorf und auf dem Land früher wirklich? Erzählungen von mehr als zwanzig Frauen und Männern, die auf dem Bauernhof aufgewachsen sind und oft ihr ganzes Leben in der Landwirtschaft tätig waren, geben Einblicke in diese fast gänzlich verschwundene Welt. Von Idylle oder rustikaler Romantik ist da keine Spur. Karge Verhältnisse und schwere körperliche Arbeit, aber auch Lebensfreude, prägten den Alltag. Zahlreiche Fotografien ergänzen diesen Rückblick auf die bäuerliche Existenz einer vergangenen Zeit.

4., DURCHGES. AUFL. 2014. 240 S. 49 S/W-ABB. GB. 155 X 235 MM.
ISBN 978-3-205-79568-1

böhlau

BÖHLAU VERLAG, WIESINGERSTRASSE I, A-IOIO WIEN, T:+43 I 330 24 27-0
INFO@BOEHLAU-VERLAG.COM, WWW.BOEHLAU-VERLAG.COM | WIEN KÖLN WEIMAR